深大基坑工程技术

黄俊光　编著

中国建筑工业出版社

序

  轨道交通连接在城市之间，贯通于地下空间。地下空间的发展正在唤醒着深大基坑这头沉睡的犀牛。行业主管部门虽三令五申提示着深大基坑的危险，设计中也层层设防把控深大基坑的风险，施工中亦处处检控深大基坑的建设，但深大基坑事故依然时有发生，并为此付出了沉重的代价。究其原因，深大基坑工程涉及学科众多，计算理论仍待完善，多是经验引导实践。但深大基坑工程是实践与技术的结合，正如中医把脉，虽有《黄帝内经》阐明经脉所在、精气之行，以及天人合一之术，但具体到治病时还需辨证施治。

  为了对深大基坑进行"辨证施治"，广州市设计院集团有限公司黄俊光团队编撰了《深大基坑工程技术》一书，引导基坑支护方案的优化，指明基坑工程技术的要点，并用典型案例加以印证。这些典型案例就如中医典方，如遇对应之症只需稍增减几味药便可治病。《深大基坑工程技术》一书以深大基坑设计流程为切入点，概括深大基坑支护类型的特点，梳理各个阶段工程的风险点，并翔实列举了排查基坑设计风险的步骤，全面系统地介绍了深大基坑的设计和施工过程中的风险源控制。据此，书中精选大量工程实例，既有代表不良地质与特殊性土地基的基坑实例，又有代表复杂地下条件基坑与复杂基坑群的实例，还有代表地铁基坑及深厚砂层的基坑实例。书中案例针对工程风险点及各种疑难杂症，结合结构和岩土概念设计，思路清晰，严谨分析，对症下药，时有奇思妙想化解之。

  岐黄之道治病于未发，化草木为神奇。《深大基坑工程技术》集作者团队多年经验，以基坑工程概念设计为核心，以风险源识别及控制为思路，扼风险苗头于设计之初，未有艰深晦涩之理论推导，化理论概念为精巧妙招。书中众多基坑实例犹如中药之方，化繁为简，为基坑设计和施工等从业人员提供了有效的参考和借鉴。

全国勘察设计大师：

2021.8.20

前　　言

随着我国经济建设的飞速发展，城市建设步伐不断加快，开发和利用城市地下空间成为城市朝着更好、更快方向发展的一条必经之路。基坑工程是开发和利用城市地下空间中的一项重要工程技术，它是集地质工程、岩土工程、结构工程和岩土测试技术于一身的系统工程。其中，深基坑工程已成为高层建筑地基基础和地下空间开发的重要环节。由于高度的工业化、城市化发展，重大工程在所难免地向地下空间发展，向"越来越差"的工程地质环境区域延伸。因此，地下建筑在实施过程中涉及的基坑工程围护和开挖问题越来越复杂。随着基坑工程面积越来越大，开挖深度越来越深，对周围环境保护的要求也越来越高，同时还要遵循工程建设可持续发展的要求，使得基坑工程成为当前工程界的一大技术热点，因此需要整体提升基坑的设计水平，并建立完善的基坑评审过程。

本书以广州市基坑工程项目实施情况为案例，结合近几年广州地区大量的深基坑工程实践，介绍了基坑工程设计方案论证与应急抢险技术。主要包括广州地区基坑方案论证的流程和评审内容，总结评审过程设计文件中普遍存在的问题，以期减少基坑设计的失误，从整体上提升广州市基坑设计的专业化水平。本书总结了基坑工程中的常见事故，并对常见基坑工程事故进行分析，提出了处理意见和建议，为基坑设计、施工等从业人员提供类似事故处理的经验。同时，本书也总结了大量成功案例。在评审内容方面，系统地提出了各种支护设计的评审要点及其评审流程，基坑评审是基坑设计中重要的步骤，可以有效地解决基坑设计过程中出现的遗漏和可能出现的问题，为基坑工程安全施工提供有力的技术支持，预测事故发展趋势，避免事故进一步发展，减少不必要的经济损失和不良的社会影响。在评审案例分析方面，列举了广州地区几个典型的基坑工程评审案例，详细介绍了广州地区基坑的总体设计思路、监测数据分析、专家评审意见。经过评审之后可以避免将设计中潜在问题遗留到下一个工程环节，为确保基坑工程安全发挥作用，该过程实际上是将专家智慧与实际工程需求相结合，从而回馈社会的实践活动。同时，书中还介绍了基坑支护常见监测报警分析和处理措施，以及基坑工程风险分析与应急处理措施，让大家深刻地意识到在进行深基坑支护工程建设时，要清楚地识别容易出事故的工序及其原因，做好各项预防措施，提高工程质量。最后，书中对基坑工程应急抢险案例进行了详细分析，让读者深刻地了解基坑工程的各种事故情况及其成因。

本书的编写得到很多相关专业人士的支持，在此表示感谢。

本书以基坑设计方案论证与工程应急抢险技术为主线，融入了基坑工程领域的一些实际案例分析，为基坑工程的设计评审以及工程应急抢险提供了非常重要的指导作用，如有疏漏以及不当之处，敬请广大读者不吝指正。

目　　录

1 绪 论

如今，工程建设如火如荼，城市高楼林立，隧道管线密布如织，基坑开挖也需要与周围环境和谐相处。随着城市基坑往深、大发展，其面临的复杂性也越来越大，风险也越来越高。根据住房和城乡建设部 2018 年 3 月 8 日发布的《危险性较大的分部分项工程安全管理规定》（住房城乡建设部令第 37 号）和《住房和城乡建设部办公厅关于实施〈危险性较大的分部分项工程安全管理规定〉有关问题的通知》建办质〔2018〕31 号，危险性较大的分部分项工程也包括基坑工程，主要是指：

（1）开挖深度超过 3m（含 3m）的基坑（槽）的土方开挖、支护、降水工程。

（2）开挖深度虽未超过 3m，但地质条件、周围环境和地下管线复杂，或影响毗邻建（构）筑物安全的基坑（槽）的土方开挖、支护、降水工程。

开挖深度超过 5m（含 5m）的基坑（槽）的土方开挖、支护、降水工程的基坑工程被列为超过一定规模的危险性较大的分部分项工程范围。

《危险性较大的分部分项工程安全管理规定》第六条明确规定："设计单位应当在设计文件中注明涉及危大工程的重点部位和环节，提出保障工程周边环境安全和工程施工安全的意见，必要时进行专项设计。"

因此，基坑工程设计文件中应明确重要节点、最不利条件下的基坑保护等，包括：

（1）应当结合实际的施工场地布置、施工工况、作业流程及使用年限复核支护结构的安全性。

（2）应明确危险性较大的重要工程部位与施工节点。

（3）应当充分考虑台风、暴雨、周边动静荷载及基础施工对深基坑安全的影响。

（4）应当对相邻设施采取保护措施。当不能确定周边建（构）筑物基础形式及埋深时，应当按最不利基础条件进行保护。

（5）根据工程及周边环境特点，提出相应的预警流程与应急处理措施。

1.1 基坑工程概述

由于高度的工业化、城市化发展，广州市城市中心区土地被高度使用，高层建筑林立，人流、车流高度集中，城市地面的使用程度已趋于饱和，绿化用地紧张，生活空间日趋狭窄，城市环境综合问题日趋突出。因此，重大工程在所难免地向地下发展，甚至是向"越来越差"的工程地质条件区域延伸，这些地下建筑在施工过程中必然涉及基坑工程的围护和开挖问题。

为保护地下主体结构施工和基坑周边环境的安全，对基坑采用的临时性支挡、加固、保护与地下室控制等措施的工程被称为基坑工程。基坑工程是集地质工程、岩土工程、结构工程和岩土测试技术于一身的系统工程。其主要内容有：工程勘察、支护结构设计与施工、土方开挖与回填、地下水控制、信息化施工及周边环境保护等。基坑包括深基坑和浅基坑，其中应重点关注深基坑。常见的深基坑支护结构体系如图 1.1-1 所示。

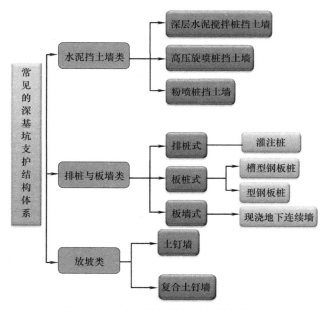

图 1.1-1 常见的深基坑支护结构体系

另外，为增强基坑围护结构体系的稳定性，采用锚索、钢支撑、混凝土支撑、双排桩等结构，同时充分发挥岩土体的自稳作用，形成系统的基坑支护体系。

在基坑工程建设迅速发展的同时，基坑事故也频繁发生。根据基坑工程事故的统计分析，基坑工程事故数占基坑总数的 1/4 以上，事故主要表现为支护结构产生较大位移，支护结构被破坏，出现基坑坍塌及大面积滑坡，基坑周围道路开裂和塌陷，与基坑相邻的地下设施变位直至破坏，邻近建筑物开裂甚至倒塌。基坑工程作为一个系统工程，它涉及地质、水文、气象等条件及土力学、结构、施工组织和管理学科的各个方面，特别是岩土的物理力学性质和支护结构的受力情况都会随着工况的变化而不断变化，恰当地模拟这些变化对基坑工程施工是非常必要的。

1.2 基坑工程设计及风险管控

1.2.1 基坑工程设计简介

随着地下工程的迅速发展，深基坑工程被广泛应用，其施工复杂性与风险性也急剧增加。深基坑工程具有系统性、区域差别性、环境敏感性、动态性等特点，作为建设工程项目中重要的分部工程，设计工作是基坑工程的重要组成部分。一般来说，主要包括以下内容：

（1）计算模型的选择和岩土物理力学参数的选取，应结合岩土工程地质条件、支护形式和经验进行。

（2）对各种工况下的支护或围护结构的承载力（受压、受拉、受弯、受剪）、稳定和变形计算。

（3）对基坑内外土体的稳定性进行验算。

（4）对锚杆或支撑结构构件（包括内支撑、腰梁、压顶梁、立柱等）进行承载力计算，变形计算及稳定性验算。

（5）对基坑周边环境安全性进行验算或评估。

（6）对地下水控制计算和验算。一般应进行基坑底抗突涌稳定性验算，必要时进行基底抗渗透稳定性验算和地下水位控制计算。

（7）支护结构计算书内容应完整真实，主要包括：①输入的原始数据；②输出数据和相关图表。

（8）对于周边环境复杂及采用内支撑体系的基坑，应进行空间整体计算或有限元分析。

在基坑工程设计时需考虑以下方面内容。

1）基坑设计荷载

基坑支护结构设计应考虑下列荷载：

（1）基坑内外土的自重（包括地下水）。

（2）基坑周边既有和在建的建（构）筑物荷载。

（3）基坑周边施工材料和设备荷载。

（4）基坑周边道路车辆荷载。

（5）冻胀、温度变化等产生的作用。

（6）支护结构作为主体结构一部分时，上部结构的作用。

土压力及水压力的计算应考虑下列影响因素：

（1）土的物理力学性质。

（2）地下水位及其变化。

2）基坑受力分析

（1）水平抗力标准值的确定。

（2）岩土参数取值。

（3）结构计算：除了需要考虑空间效应的超小基坑、超深基坑和岩石基坑，基坑支护结构可按平面问题计算。

（4）对结构构件（包括排桩、地下连续墙及支撑体系混凝土结构）应进行承载力计算。

3）基坑稳定性验算

（1）各种工况下的支护或围护结构稳定计算。

（2）基坑内外土体的稳定性验算。

（3）对锚杆或支撑结构构件（包括内支撑、腰梁、压顶梁、立柱等）应进行稳定性验算。

（4）基坑开挖采用放坡或支护结构上部采用放坡时，应按规定验算边坡的滑动稳定性，边坡的圆弧滑动稳定安全系数 K_s 不应小于1.2。

4）基坑变形估算

（1）各种工况下的支护或围护结构的变形计算。

（2）对锚杆或支撑结构构件（包括内支撑、腰梁、压顶梁、立柱等）应进行变形分析。

（3）对基坑周边环境安全性进行验算或评估。

5）地下水渗流分析

地下水控制计算和验算：一般应进行基坑底抗突涌稳定性验算，必要时进行基底抗渗透稳定性验算和地下水位控制计算。

1.2.2 基坑工程风险控制简介

深基坑工程属于国家确定的"危险性较大的分部分项工程"，最大限度地减小深基坑工程施工中的事故发生概率以及事故造成的损失，已成为一个迫切需要解决的课题，而深基坑工程的风险管控在基坑工程的实施过程中起到决定性作用。因此，基坑风险管控成为不可缺失的一环。

目前，我国建筑基坑工程施工安全管控主要的依据是：

（1）《中华人民共和国安全生产法》。

（2）《建设工程安全生产管理条例》。

（3）《危险性较大的分部分项工程安全管理规定》。

主要原则包括：

（1）安全风险管理应从规划、可行性研究、勘察设计、招标、施工直至竣工验收并交付使用，实施全过程的建设风险管理。

（2）安全风险管理方针为："安全第一、预防为主、综合治理"。管理原则为："风险评估、动态监督，预测预警、科学决策；全面监控、分级管理，消除盲点、抓住重点"。管控工作遵循全面性、系统性、科学性、专业性、经济性、动态性和实效性原则。

（3）建设单位、施工单位、监理单位、勘察设计单位、第三方监测单位等参建各方应建立健全施工安全风险管控的体制机制，制定工作制度，明确责任主体，采取有效措施，全面、系统地识别风险，科学分析、评价风险，在工程项目活动全过程中对施工安全风险进行有效管控。

（4）施工安全风险应被分级、分类、分层、分专业进行管控，明确风险的严重程度、管控对象、管控责任、管控主体。

1.3 本书的背景和意义

本书根据多年来大量实际工程的教训及经验，结合复杂深大基坑工程实践，全面系统地介绍了深大基坑的设计、施工过程中的风险源控制思想，以创新思维指导工程实践，内容深刻且弥足珍贵，对于技术的传承和传播具有重要的意义。

本书始终遵循一个原则——实用性，内容主要包括：岩溶空洞、孤石等不良地质基坑工程，软土、残积土等特殊性土地基基坑工程，复杂周边环境基坑工程，地铁等深基坑工程，强透水条件下超深基坑工程及大型基坑群的设计要点、风险源及工程实践案例。同时，结合基坑工程中的基坑设计评审工作，系统总结了不同类型基坑工程的风险点及评审意见，为基坑设计和施工等从业人员提供参考。

2 深大基坑工程设计指引

2.1 设计依据

2.1.1 主体条件

基坑设计所需要的相关主体建筑结构设计条件表见表2.1-1。

基坑设计所需要的相关主体建筑结构设计条件表   表 2.1-1

类型	图纸内容	备注
建筑	规划总平面图,包括±0.00相当的绝对高程及地下室边线	—
	建筑地下室相关的平面及剖面图纸	地下室各层标高须提供
	核心筒及柱网	内撑方案必需
	塔楼、电梯井、消防水池、集水井等坑中坑	靠边坑中坑须优先提供
	地下室内靠近基坑边的地下车道	内撑方案必需
结构	地下室基础外边线、基础类型及其分布、底板及基础承台标高	靠边大承台须重点关注
	楼板厚度、底板及基础承台厚度、垫层厚度	—
	基坑边软土换填厚度	软土区域须重点关注

2.1.2 地质条件

1)勘察范围:在基坑开挖范围内和开挖边界或地下室边线外按开挖深度的1~2倍范围内布置勘探点,对于复杂场地和斜坡场地,应布置适量勘探点。若因存在既有建(构)筑物、道路、水系或用地红线外等难以布点的情况,则应调查收集相应基坑周边的勘察资料。对于存在软土的场地,宜将勘察范围扩大至开挖深度的3倍以上范围。

2)勘探深度:钻孔深度不宜小于2倍开挖深度,并应穿过主要的软弱土层和含水层。当在2倍基坑开挖深度内遇到微风化岩时,控制性勘探点可钻入微风化岩3.0~5.0m,一般性勘探点可钻入1.0~2.0m。每一条侧边控制性勘探点的数量不宜少于该侧边勘探点数的1/3。当基坑开挖面以上有软弱沉积岩露出时,控制性钻孔应进入基坑底面以下3.0~5.0m。

3)勘探点间距:应视地层复杂程度而定,一般为15~25m,但每一条侧边勘探点不宜少于3个。存在暗沟、暗塘、岩溶、花岗风化球等地层结构突变的特殊地层,应适当加密勘探点,进一步查明其分布及工程特性。

4)地下水:勘察报告应提供地下水的主要类型、水位埋深及其变化、主要含水层的分布特征及其富水性分析。如基坑开挖范围内存在砂层，须提供砂层的渗透系数、影响半径和承压水头。

5）岩土性能指标：勘察报告应提供常规物理力学性能指标、抗剪强度指标、岩石抗压强度、标准贯入击数和岩土设计参数建议值等。

6）对于存在不良地质作用与地质灾害的地层和其他特殊地层，应查明对基坑设计和施工安全影响的潜在危险源。

2.1.3　周边环境

要对基坑开挖边界外，按开挖深度的2～3倍范围内的建（构）筑物、道路和管线分布现状进行探测，具体要求如下：

1）应查明基坑周边2～3倍开挖深度范围内建（构）筑物的地上及地下结构类型、层数、基础类型及埋深、使用现状和质量情况。

2）应查明基坑周边2～3倍基坑深度范围内的给水排水、供电供气和通信等管线系统的分布、走向及其与基坑边线的距离，管线系统的材质、接头类型，管内流体压力大小，管线埋设时间等。

2.1.4　施工布置

施工总平面布置，含前期施工道路、办公区、出土口等。

2.1.5　甲方需求

主要是关注地块开发建设顺序，特别要注意有无地下室售楼部，要注意不同深度地下室、小学及幼儿园等的施工时间。

2.1.6　主要控制风险源

1）支护结构的强度不足，结构构件被破坏。

2）支护桩嵌固不够。

3）支撑体系设计不合理。

4）基底土失稳。

5）施工质量差，管理不善。

6）不重视现场监测。

7）降水措施不当。

8）基坑暴露时间过长。

2.2　常用支护和截水形式的适用范围

2.2.1　常用支护形式

基坑常用支护形式见表2.2-1。

基坑常用支护形式 表 2.2-1

支护类型	适用条件			
	基坑等级	基坑深度	环境条件	地质及水文条件
坡率法	一级、二级:与其他支护形式结合使用	适用基坑深度较浅	要求周边空旷、施工场地不受限制,不存在建(构)筑物、重要管线等	①适用于地质条件较好、地下水位较深的场地 ②砂层、淤泥应注意放坡坡率 ③高填土应注意放坡坡率
水泥土重力式挡土墙	二级、三级	独立挡土高度≤6m	①周边环境对变形要求不高 ②不存在较多地下障碍物 ③表层杂填土较厚或土中含直径≥100mm石块时慎用	①适用于淤泥、淤泥质土、素填土、粉土、无流动地下水的砂土、软塑黏性土等土体 ②有机质土、塑性指数大于25的黏土,地下水具有腐蚀性以及无工程经验的地区,应通过现场试验确定其适用性 ③不得用于泥炭土和泥炭质土
排桩(混凝土灌注桩、管桩、咬合桩)	一级、二级、三级	①悬臂挡土≤6m ②单、多支点适用基坑深度较深	当靠近建(构)筑物及地下管线时,管桩应采用静压施工,并控制压桩速率	①岩溶地区慎用管桩 ②混凝土灌注桩适用于条件复杂的地质
双排桩(混凝土灌注桩、管桩)	一级、二级、三级	①混凝土双排桩挡土不宜大于8m ②管桩双排桩挡土不宜大于6m ③单、多支点适用于基坑深度较深	①适用于周边环境对变形要求较严格 ②适用于无法设置锚索或内支撑不合适	①岩溶地区慎用管桩 ②混凝土灌注桩适用于条件复杂的地质
地下连续墙	一级、二级	适用于基坑深度较深	①适用于周边环境对变形要求严格 ②无法满足外墙施工操作空间时,可采用两墙合一	适用于地质条件复杂
土钉墙和复合土钉墙	二级、三级	①土钉墙适用于基坑深度≤10m ②复合土钉墙适用于基坑深度≤12m	当基坑潜在滑动面内有建筑物、重要地下管线时,不宜采用土钉墙	①土钉墙适用于有一定黏性的填土、黏性土、粉土、黄土和弱胶结的砂土边坡 ②复合土钉墙适用于除深厚软土以外的各种地质 ③开孔位于地下水位以下的砂层、卵石层宜慎用 ④填土、软塑黏性土等软弱土层,需微型桩或搅拌桩增强整体性、复合体强度及开挖时临的自稳定性
锚索	一级、二级、三级	适用于基坑深度较深	①当邻近基坑有建筑物地下室、地下构筑物等,锚索的有效锚固长度不足时,不应采用锚索 ②当锚索施工会造成基坑周边建(构)筑物的损害或违反城市地下空间规划等规定时,不应采用锚索	开孔位于地下水位以下的砂层、卵石层时宜慎用

续表

支护类型	适用条件			
	基坑等级	基坑深度	环境条件	地质及水文条件
钢板桩	二级、三级	适用于基坑深度较浅	①适用于邻近无重要建(构)筑物或重要地下管线 ②当邻近无重要建(构)筑物或重要地下管线时,应完善打入和拔除过程的相关保护措施	适用于砂层、粉土、黏性土、局部淤泥及淤泥质土
内支撑	一级、二级	适用于基坑深度较深	适用于周边环境对变形要求严格	适用于地质条件复杂
中心岛法	一级、二级	适用于基坑深度较深	周边存在对变形敏感的建(构)筑物的基坑宜慎用	场地存在较厚、软弱土层的基坑宜慎用
逆作法	一级、二级	适用于基坑深度较深	适用于周边环境复杂且严格控制基坑变形	适用于地质条件复杂
SMW工法桩	二级、三级	适用于基坑深度较浅	周边环境对变形要求不高	①当基岩埋深较浅时慎用 ②卵石、砾石土层慎用

1)放坡

(1)适用条件:

① 基坑周边开阔,满足放坡条件。

② 允许基坑边土体有较大水平位移。

③ 开挖面以上一定范围内无地下水或已经进行降水处理。

④ 可独立或与其他结构组合使用。

(2)不宜采用的条件:

① 淤泥和流塑土层。

② 地下水位高于开挖面且未经降水处理。

(3)遇到下列情况之一时,应进行边坡稳定性验算:

① 坡顶有堆积荷载和动荷载。

② 边坡高度和坡度超过规范允许值。

③ 有外倾软弱结构面的倾斜地层。

④ 岩层和主要结构层面的倾斜方向与边坡开挖面倾斜方向一致且两者走向的夹角小于45°。

(4)土质边坡宜按圆弧滑动简单条分法验算。岩质边坡宜按由软弱夹层或结构面控制的可能滑动面进行验算。

(5)放坡应控制边坡高度和坡度,当土(岩)质比较均匀且坡底无地下水时,可根据经验或参照同类土(岩)体的稳定坡高和坡度确定。

(6)当放坡高度较大时,应采用分级放坡并设置过渡平台。土质边坡的过渡平台宽度宜为1~2m,岩石边坡的过渡平台宽度不宜小于0.5m。

2)土钉墙

(1)适宜条件:

① 允许土体有较大位移。

② 岩土条件较好。

③ 地下水位以上为黏土、粉质黏土、粉土、砂土。

④ 已经降水或截水处理的岩土。

⑤ 开挖深度不宜大于 12m。

（2）不宜采用的条件：

① 场地 3m 以下软弱土层（含砂层）厚度累计超过 3m。

② 基坑周边 2 倍开挖深度范围内有建（构）筑物、道路和地下市政管线，且开挖深度大于或等于 7m 的基坑工程。

（3）安全等级为一级的基坑禁止使用土钉墙或复合土钉墙支护。

（4）土钉墙、预应力锚杆复合土钉墙的坡度不宜大于 1：0.2；当基坑较深、土的抗剪强度较低时，宜采用较小坡度。对砂土、碎石土、松散填土，确定土钉墙坡度时尚应考虑开挖时坡面的局部自稳能力。微型桩、水泥土桩复合土钉墙，应采用与土钉墙面层贴合的垂直墙面。

（5）对易坍孔的松散或稍密的砂土，稍密的粉土、填土，或易缩径的软土宜采用打入式钢管土钉。对洛阳铲成孔或钢管土钉打入困难的土层，宜采用机械成孔的钢筋土钉。

（6）土钉水平间距和竖向间距宜为 1～2m。当基坑较深、土的抗剪强度较低时，土钉间距应取小值。土钉倾角宜为 5°～20°，其夹角应根据土性和施工条件确定。土钉长度应按各层土钉受力均匀、各土钉拉力与相应土钉极限承载力的比值接近相等的原则确定。

3）重力式水泥土墙

（1）适宜条件：

① 开挖深度不宜大于 7m，允许坑边土体有较大的位移。

② 填土、可塑（流塑）黏性土、粉土、粉细砂及松散的中、粗砂。

③ 墙顶超载不大于 20kPa。

（2）不宜采用的条件：

① 周边无足够的施工场地。

② 周边建筑物、地下管线要求严格控制基坑位移变形。

③ 墙深范围内存在富含有机质淤泥。

（3）水泥土墙宜采用水泥土搅拌桩相互搭接形成的格栅状结构形式，也可采用水泥土搅拌桩相互搭接形成实体的结构形式。搅拌桩的施工工艺宜采用喷浆搅拌法。重力式挡墙的平面布置和构造应符合下列规定：

① 当水泥土墙采用格栅布置时，水泥土的置换率为：对淤泥不宜小于 0.8，对淤泥质土不宜小于 0.7，对黏土及砂土不宜小于 0.6。格栅长宽比不宜大于 2，横向墙肋的净距不宜大于 2m。

② 水泥土桩与桩之间的搭接宽度应根据挡土及截水要求确定，当考虑抗渗作用时，桩的搭接宽度应符合广州地区相关的建筑基坑支护的技术规定；当不考虑截水作用时，搭接宽度不宜小于 100mm。

③ 挖土填料式挡墙的钢筋混凝土护壁的厚度不宜小于 150mm，护壁混凝土强度等级不宜小于 C15，竖向钢筋不宜少于 $\phi 8@150$，上、下护壁竖向筋的搭接不宜少于 200mm，环向钢筋不宜少于 $\phi 6@200$。

④ 挖土填料式挡墙的封底混凝土厚度不宜小于 0.5m，强度等级不宜低于 C15。

⑤ 用于水泥土重力式挡墙结构的水泥强度等级不宜低于 32.5 级，水泥掺量应根据水泥土强度设计要求确定，当采用深层搅拌桩作重力式挡墙时，水泥掺入比不宜小于 12%，当采用高压旋喷桩作重力式挡墙时，水泥掺入比不宜小于 30%。

⑥ 水泥土重力式挡墙宜在墙顶面设置钢筋混凝土盖板，盖板高不宜小于 200mm，盖板宽不宜小于墙宽，盖板宜通过插筋与桩体连接，混凝土强度等级不宜低于 C25。

⑦ 挖土填料式挡墙宜在桩顶设置冠梁，梁高（竖向）不宜小于 500mm，梁宽不宜小于挡土结构宽度。护壁竖向钢筋插入冠梁不宜少于 300mm，混凝土强度等级不宜低于 C15。

（4）水泥土墙体 28d 无侧限抗压强度不宜小于 0.8MPa。当需要增强墙身的抗拉性能时，可在水泥土桩内插入杆筋。杆筋可采用钢筋、钢管或毛竹。杆筋的插入深度宜大于基坑深度。杆筋应锚入面板内。

4）排桩

（1）悬臂排桩适用条件：开挖深度不大于 6m。不适用条件：周边环境不允许基坑土体有较大水平位移。

（2）桩锚适用条件：场地狭小且需深开挖。周边环境对基坑土体的水平位移控制要求严格。不适用条件：基坑周边不允许锚杆施工；锚杆锚固段只能设在淤泥或土质较差的软土层。

（3）桩撑适用条件：场地狭小且需深开挖。周边环境对基坑土体的水平位移控制要求更严格。基坑周边不允许有锚杆施工。

（4）支护桩底端处于土层或强风化岩层中，禁止使用吊脚桩或吊脚墙。在中风化软质岩层（单轴抗压强度≤15MPa）中严格限制使用吊脚桩支护形式，使用吊脚桩时应使用锁脚措施。

（5）悬臂式排桩结构的桩径不宜小于 600mm，桩间距应根据排桩受力及桩间土稳定条件确定。钻、冲孔桩最小桩净距不宜小于 150mm。当场地土质较好，地下水位较低时，可利用土拱稳定桩间的土体，否则应采取措施维护桩间土的稳定，如采用横向挡板、砖墙、钢丝网水泥砂浆或喷射混凝土等。

（6）排桩支护结构应采取可靠的地下水控制措施，当基坑周边环境不允许降低地下水位时，应采取截水措施。

（7）灌注桩的混凝土强度等级不应低于 C25。

（8）排桩顶部应设钢筋混凝土冠梁，冠梁应将相邻的排桩连接起来，桩顶纵向钢筋应锚入冠梁内。锚固长度不小于 30 倍纵向钢筋直径。冠梁混凝土强度等级不应低于 C25。对处于转角及高差变化部位的冠梁应予以加强。

（9）支锚式排桩支护结构应在支点标高处设水平腰梁，支撑或锚杆应与腰梁连接，腰梁可用型钢或钢筋混凝土梁，腰梁与排桩的连接可用预埋铁件或锚筋。

5）钢板桩

（1）钢板桩宜采用定型轧制产品，当基坑要求不高时也可因地制宜采用钢管、钢板、型钢等焊制的非定型产品。

（2）钢板桩的边缘应设通长锁口。

（3）钢板桩的平面布置宜平直，不宜布置不规则的转角，平面尺寸应符合板桩模数，地下结构的外缘应留有足够的工作面。

（4）钢板桩支护宜设置不少于一道锚杆或内支撑。

6）双排桩

（1）双排桩排距宜取（2～5）d。连梁的宽度不应小于 d，高度不宜小于 $0.8d$，连梁高度与双排桩排距的比值宜取 $1/6～1/3$。注：d 为排桩直径。

（2）双排桩结构的嵌固深度，对淤泥质土，不宜小于 $1.0h$；对淤泥，不宜小于 $1.2h$；对一般黏性土、砂土，不宜小于 $0.6h$。前排桩桩端宜处于桩端阻力较高的土层。采用泥浆护壁灌注桩时，施工时的孔底沉渣厚度不应大于 $50mm$，或应采用桩底后注浆加固沉渣。注：h 为基坑深度。

（3）双排桩应按偏心受压、偏心受拉构件进行截面承载力计算，连梁应根据其跨高比按普通受弯构件或深受弯构件进行截面承载力计算。双排桩结构的截面承载力和构造应符合现行国家标准《混凝土结构设计规范》GB 50010—2010 的有关规定。

（4）双排桩与桩连梁节点处，桩与钢架梁受拉钢筋的搭接长度不应小于受拉钢筋的锚固长度的 1.5 倍。其节点构造上应符合现行国家标准《混凝土结构设计规范》GB 50010—2010 对框架顶层端节点的有关规定。

7）地下连续墙

（1）适宜条件：适用于所有截水要求严格以及各类复杂土层的支护工程；适用于任何复杂周边环境的基坑支护工程。

（2）不宜采用条件：悬臂或与锚杆联合使用的地下连续墙使用范围不宜与排桩相同。

（3）地下连续墙底端处于土层或强风化岩层中禁止使用吊脚桩或吊脚墙。中风化软质岩层（单轴抗压强度≤15MPa）中严格限制使用吊脚墙支护形式，使用吊脚墙时应使用锁脚措施。

（4）当基坑深度超过 10m、地面以下 15m 内砂层厚度大于 4m 的一级基坑宜采用地下连续墙支护结构形式。

（5）地下连续墙的构造应符合下列规定：

① 单元槽段的平面形状应根据基坑的开挖深度、支撑条件以及周边环境状况等因素选用"一""U""T""Ⅱ"等形状。

② 墙厚应根据计算并结合成槽机械的规格确定，但不宜小于 600mm。

③ 墙体混凝土的强度等级不宜低于 C30。

④ 受力钢筋应采用Ⅲ级钢筋，直径不宜小于 20mm，构造钢筋可采用Ⅰ级钢筋，也可采用Ⅲ级钢筋，直径不宜小于 14mm；纵向钢筋的净距不宜小于 75mm，构造钢筋的间距不应超过 300mm。

⑤ 钢筋的保护层厚度，对临时性支护结构不宜小于 50mm，对永久性支护结构不宜

小于 70mm。

⑥ 纵向受力钢筋中至少应有一半数量的钢筋通长配置，钢筋笼下端 500mm 长度范围内宜按 1：10 收拢。

⑦ 当地下连续墙与主体结构连接时，预埋在墙内的受拉、受剪钢筋，连接螺栓或连接钢板，均应满足受力计算要求，锚固长度满足混凝土结构规范要求；预埋钢筋直径不宜大于 20mm，并应采用 I 级钢筋，直径大于 20mm 时，宜采用预埋套筒连接。

⑧ 地下连续墙顶部宜设置刚度足够大的钢筋混凝土冠梁，梁宽不宜小于墙宽，梁高不宜小于 500mm，配筋率不应小于 0.4%，墙的纵向主筋应锚入梁内。

⑨ 地下连续墙的混凝土抗渗等级不宜小于 P6（现行《混凝土质量控制标准》GB 50164 中的规定）。

⑩ 地下连续墙槽段之间的连接接头可用抽拔接头管接头、工字形钢板接头及冲孔桩接头。在槽段间如对整体刚度或防渗有特殊要求时，应采用带单"十"字形或双"十"字形钢板的刚性防水接头。

8）SMW 工法

（1）型钢水泥搅拌墙应根据基坑开挖深度，周边的环境条件、场地土层条件、基坑形状与规模、支撑体系的设置综合确定。

（2）采用型钢水泥土搅拌桩应满足以下条件：

① 坑外超载不宜大于 20kPa。当坑外地面为非水平面，或有邻近建（构）筑物荷载、施工荷载、车辆荷载等作用时，应按实际情况取值计算。

② 除环境条件有特别要求外，内插型钢应拔除回收并预先对型钢采取减阻措施。在型钢拔除前，水泥土搅拌墙与地下主体结构之间必须回填密实。型钢拔除时须考虑对周边环境的影响，应对型钢拔除后形成的空隙采用注浆填充等措施。

③ 对于影响搅拌桩成桩质量的不良地质条件和地下障碍物，应事先予以处理后再进行搅拌桩施工，同时应适当提高搅拌桩水泥掺量。

（3）型钢水泥土搅拌墙中搅拌桩应满足如下要求：

① 搅拌桩达到设计强度后方可进行基坑开挖。

② 搅拌桩养护龄期不应小于 28d。

③ 搅拌桩的深度宜比型钢适当加深，一般桩端比型钢端部深 0.5～1.0m。

（4）型钢水泥土搅拌墙中内插型钢截面应满足如下要求：

① 内插型钢材料强度应满足设计要求。

② 内插型钢宜采用热轧型钢。

③ 型钢宜采用整材，当需要采用分段焊接时，应采用坡口焊接。

9）锚杆

（1）锚杆的应用应符合下列规定：

① 锚拉结构宜采用钢绞线锚杆。当设计的锚杆抗拔承载力较低时，也可采用普通钢筋锚杆。

② 在易坍孔的松散或稍密的砂土、碎石土、粉土层，高液性指数的饱和黏性土层，高水压力的各类土层中，钢绞线锚杆、普通钢筋锚杆宜采用套管护壁成孔工艺。

③ 锚杆注浆宜采用二次压力注浆工艺。

④ 锚杆锚固段不宜设置在淤泥、淤泥质土、泥炭、泥炭质土及松散填土层内。

⑤ 在复杂地质条件下，应通过现场试验确定锚杆的适用性。

（2）锚杆设计长度尚应符合下列规定：

① 锚杆自由段长度不宜小于 5m，并应超过潜在滑裂面 1.5m。

② 土层锚杆锚固段长度不小于 6m。

③ 锚杆杆体下料长度应为锚杆自由段、锚固段及外露长度之和，外露长度应满足锚座或腰梁尺寸及张拉作业要求。

（3）沿锚杆轴线方向每隔 1.5～2.0m 宜设置一个定位支架。

（4）锚杆灌浆材料宜用水泥浆或水泥砂浆，灌浆体设计强度不宜低于 20MPa。当锚杆入岩时，灌浆体设计强度不宜低于 25MPa。

（5）锚杆布置应符合以下规定：

① 上下排锚杆垂直间距不宜小于 2.0m，水平间距不宜小于 1.5m。

② 锚杆锚固段上覆土层厚度不宜小于 4.0m。

③ 锚杆倾角宜为 10°～30°，且不应大于 45°。

10）内支撑

（1）内支撑的平面布置应符合下列规定：

① 除逆作法外，支撑轴线应避开主体工程地下结构的柱网轴线。

② 相邻支撑之间的水平距离，用人工挖土时不宜小于 3m，采用机械挖土时不宜小于 6m，还应考虑方便后续施工和拆除。

③ 基坑平面形状有向内凸出的阳角时，应在阳角的两侧同时设置支撑点。

④ 各层支撑的标高处沿支护结构表面应设置水平腰梁。沿腰梁长度方向水平支撑点的间距：钢腰梁不宜大于 4m，混凝土腰梁不宜大于 6m。

⑤ 当用人工挖土时，钢结构支撑宜采用相互正交、均匀布置的平面支撑体系。当采用机械挖土时，宜采用桁架式支撑体系。

⑥ 平面形状比较复杂的基坑可采用边桁架加对撑或角撑组成的混凝土支撑结构。当基坑平面近似方形时，水平支撑宜采用环梁放射式混凝土支撑。当基坑平面近似圆形时，可采用圆形、拱形支护结构。

（2）支撑体系的竖向布置应符合下列规定：

① 上、下水平支撑的轴线应布置在同一竖向平面内，层间净高不宜小于 3m。当采用机械开挖及运输时，层间净高不宜小于 4m。

② 竖向布置应避开主体工程地下结构底板和楼板的位置，支撑底面与主体结构之间的净距离不宜小于 700mm，支撑顶面与主体结构之间的净距不宜小于 300mm。

③ 立柱应布置在纵横向支撑的交点处或桁架式支撑的节点位置上，并应避开主体工程梁、柱及承重墙的位置。立柱的间距应根据支撑构件的稳定要求和竖向荷载的大小确定，但不宜超过 12m。

（3）钢筋混凝土支撑应符合下列要求：

① 钢筋混凝土支撑体系应在同一平面内整体浇筑，基坑平面转角处的腰梁连接点应按刚性节点设计。

② 混凝土支撑的截面高度宜不小于其竖向平面内计算跨度的 1/20；腰梁的截面高度（水平向尺寸）不宜小于水平方向计算跨度的 1/8，腰梁的宽度宜大于支撑的截面

高度。

③ 混凝土支撑的纵向钢筋直径不宜小于 16mm，沿截面四周纵筋的间距不宜大于 200mm。箍筋直径不应小于 8mm，间距不宜大于 250mm。支撑的纵向钢筋在腰梁内的锚固长度宜大于 30 倍钢筋直径。

④ 腰梁（包括冠梁）纵向钢筋宜直通，直径不宜小于 16mm。

（4）钢支撑应符合下列构造规定：

① 水平支撑的现场安装节点宜设置在支撑交汇点附近。两支点间的水平支撑的安装节点不宜多于两个。

② 纵横向水平支撑宜在同一标高交汇。

③ 纵横向水平支撑若不在同一标高交汇，连接构造的承载力应满足平面内稳定的要求。

④ 钢结构各构件的连接宜优先采用螺栓连接，必要时可采用焊接，节点承载力除满足传递轴向力的要求外，尚应满足支撑和腰梁之间传递剪力的要求。支撑和腰梁连接部位的翼缘和腹板均应加焊加劲板，加劲板的厚度不宜小于 10mm。

（5）钢腰梁应符合下列构造规定：

① 安装钢腰梁前，应在围护结构上设置安装牛腿。安装牛腿可用角钢或将钢筋直接焊接在围护墙的主筋或预埋件上。

② 钢腰梁与混凝土围护墙之间应预留宽度 100mm 的水平通长空隙，腰梁安装定位后，用强度等级不低于 C30 的细石混凝土充填。

③ 竖向斜撑与钢腰梁相交处，应考虑竖向分力的影响，应有可靠的构造措施，宜在支撑点腰梁上部加设倒置的牛腿。

④ 当采用水平斜支撑（如角撑）时，腰梁侧面上应设置水平方向牛腿或其他构造措施以承受支撑和腰梁之间的剪力。

⑤ 钢支撑和钢腰梁连接时，支撑端头设置厚度不小于 10mm 的钢板作封头端板，端板与支撑和腰梁侧面全部满焊，必要时可增设加劲肋板。

⑥ 当支撑标高在冠梁高度范围内时，可用冠梁代替腰梁。冠梁除符合结构设计要求外，还应符合上述有关腰梁的构造要求。

11）逆作法

（1）逆作法施工的支护结构宜采用地下连续墙或排桩，其支护结构宜作为地下室主体结构的全部或一部分。

（2）当地下室层数较多、基坑深度较大、周围环境条件要求严格且围护结构不允许有较大位移时，可采用逆作法。

（3）逆作法施工应在适当部位（如楼梯间或无楼板处等）预留从地面直通地下室底层的施工孔洞，以便土方、设备、材料等的垂直运输。孔洞尺寸应满足垂直运输能力和进出材料、设备及构件的尺寸要求，运输道路通过的楼板应进行施工荷载复核。

（4）各施工阶段中临时立柱的承载力和稳定性验算，立柱的长细比不宜大于 25。

（5）逆作法的竖向支承宜采用钢结构构件（型钢、钢管柱或格构柱），也可利用原结构钢筋混凝土柱；梁柱节点的设计应顾及梁、板钢筋施工及柱后浇筑混凝土的方便，在各楼层标高位置应设置剪力传递构件，以传递楼层剪力。

（6）地下室中柱采用挖孔桩时，宜在底板面以上挖孔井内壁用低强度等级砂浆抹成平整规则的内表面。

12）组合式支护结构

（1）当采用单一支护结构体系不能满足基坑支护的安全和经济要求时，应考虑在同一支护段采用两种或两种以上不同支护形式的组合式支护体系。

（2）组合式支护结构的形式应根据工程地质条件、水文地质条件、环境条件和基坑开挖深度等因素，结合当地的施工能力和工程经验合理确定，考虑各支护结构单元的相互作用，并采取保证支护结构整体性的构造措施。

（3）混合型组合支护结构是在同一支护段采用两种或两种以上的结构，各支护形式应相互紧密作用，形成整体性支护结构体系。混合型组合支护结构应符合下列规定：

① 当采用排桩与高喷组合支护时，应严格控制支护结构位移。

② 当场地地下水位较高、土层渗透系数较大、基坑工程需要截水时，可采用水泥土搅拌桩和排桩的组合支护，搅拌桩和排桩之间应保持适当的距离。

③ 拱形排桩与拱形水泥土墙的支护结构宜被看作薄壳按整体位移控制设计，当无经验时，可按单一的排桩支护结构设计，并应验算旋喷桩或水泥土墙的承载力。

2.2.2 常用截水形式

基坑常用截水形式见表 2.2-2。

基坑常用截水形式　　　　　　　　　　　　　　　　表 2.2-2

方式	环境条件	地质及水文条件	直径、深度
明排	要求周边空旷、施工场地不受限制，不存在建（构）筑物、重要管线等	①适用于地质条件较好②深厚砂层慎用	—
小直径搅拌桩	周边环境对变形要求不高	①卵石、砾石土层慎用②含较多障碍物且不宜清除的杂填土慎用	直径≤600mm、深度不超过 12m
大直径搅拌桩	周边环境对变形要求较严格	①卵石、砾石土层慎用②含较多障碍物且不宜清除的杂填土慎用	直径 600～1000mm、深度不宜超过 20m
高压旋喷桩	周边环境对变形要求不高	存在地下动水时慎用	①单轴直径 500～600mm、深度≤30m②双轴直径 600～700mm、深度≤50m③三轴直径 700～1000mm、深度≤50m
双轴搅拌桩	周边环境对变形要求较严格	①卵石层慎用②含较多障碍物且不宜清除的杂填土慎用	直径 700mm、深度≤18.0m
三轴搅拌桩	周边环境对变形要求较严格	含较多障碍物且不宜清除的杂填土慎用	直径 650mm、850mm深度≤35m
五轴搅拌桩	周边环境对变形要求较严格	含较多障碍物且不宜清除的杂填土慎用	直径 650mm、850mm深度≤35m
搅拌桩、高压旋喷桩组合	周边环境对变形要求较严格	适用于透水层与岩层直接接触	—

续表

方式	环境条件	地质及水文条件	直径、深度
竖向截水与水平封底组合	周边环境对变形要求较严格	适用于含水层厚度较大、截水桩无法穿透	—
TRD	周边环境对变形要求严格	适用于各种土层、软岩	厚度550～850mm、深度≤60m
双轮铣搅拌桩	周边环境对变形要求严格	①平齿适用于软土层 ②锥齿适用于软岩层 ③滚齿适用于硬岩层	厚度650～1200mm、深度≤65m
地下连续墙	周边环境对变形要求严格	适用于地质条件复杂	厚度600mm、800mm、1000mm、1200mm等
咬合桩	周边环境对变形要求严格	适用于地质条件复杂	直径800mm、1000mm、1200mm等
钢板桩	①适用于邻近无重要建(构)筑物或重要地下管线 ②当邻近无重要建(构)筑物或重要地下管线时,应完善打入和拔除过程的相关保护措施	适用于砂层、粉土、黏性土、局部淤泥及淤泥质土	钢板桩长度≤21.0m

2.3 设计选型

2.3.1 选型原则

总体方案主要是顺作法和逆作法两类基本形式,同时在同一个基坑中,顺作法和逆作法也可以在不同的区域组合使用。

1) 顺作法

顺作法常用的总体方案包括放坡开挖、自立式围护体系和板式支护体系三大类。其中自立式围护体系又可分为重力式水泥土墙和土钉墙,以及悬臂板式围护墙;板式支护又包括围护墙结合内支撑系统和围护墙结合锚杆系统两种形式。

(1) 放坡开挖

一般适用于浅基坑。

优点:工艺简便、造价经济、施工进度快。

缺点:需要足够的施工场地与放坡范围。

(2) 自立式围护体系

① 重力式水泥土墙和土钉墙

优点:经济性较好,由于基坑内部开放,土方开挖和地下结构的施工均比较便捷。

缺点:需要占用场地空间,因此在设计时应考虑用地红线的限制。此外,二者均有工程地质条件与水文地质条件的适用性问题。由于围护体施工质量难以被直观地监督，易引起施工质量不佳的问题，从而导致较大的环境变形乃至工程事故发生。

② 悬臂板式围护墙

一般采用具有一定刚度的板式支护体，如钢板桩、管桩、钻孔灌注柱或地下连续墙。

优点：可散开式开挖，可用于对围护体占地宽度有一定限制的基坑工程。

缺点：一般用于浅基坑，在工程实践中，由于其变形较大且材料性能难以被充分发挥，适用范围较小。

（3）板式支护体系

板式支护体系由围护墙和内支撑（或锚杆）组成。围护墙的种类较多，包括地下连续墙、灌注排柱围护墙、型钢水泥土搅拌墙、钢板柱围护墙及钢筋混凝土板柱围护墙等。内支撑可采用钢支撑或钢筋混凝土支撑。

① 围护墙结合内支撑系统

优点：在基坑周边环境条件复杂、变形控制要求高的软土地区，围护墙结合内支撑系统是常用与成熟的支护形式。当基坑面积不大时，该技术经济性较好。

缺点：当基坑面积达到一定规模时，由于需设置和拆除大量的临时支撑，经济性较差。此外，支撑体系被拆除时，围护墙会发生二次变形，拆撑爆破以及拆撑后被废弃的混凝土碎块也会对环境产生不利的影响。

② 围护墙结合锚杆系统

围护墙结合锚杆系统采用锚杆来承受作用在围护墙上的侧压力，它适用于大面积的基坑工程。

优点：基坑敞开式开挖，为挖土和地下结构施工提供了极大的便利，可缩短工期，经济性良好。

缺点：锚杆需依赖土体本身的强度来提供锚固力，土体强度越高，锚固效果越好，反之越差。这种支护方式不适用于软弱地层。当锚杆的施工质量不好时，可能会产生较大的地表沉降。

③ 中心岛法

在坑底先保留围护墙处一定宽度的土体，以抵抗坑外侧的土压力，然后，将基坑中部的土体挖除，再对中部的主体结构施工，并利用中部已施工好的主体结构提供支座反力，架设支撑，然后将周围的土体挖除，再施工周围部分的主体结构，最后拆除支撑。

优点：解决了超大面积的基坑工程存在的支撑太长、支撑传力效果不佳和支撑量大等问题，出土便捷，经济性好。

缺点：基坑周边的地下结构需要二次施工，工艺复杂。

2）逆作法

相对于顺作法，逆作法是在每开挖一定深度的土体后，支设模板浇筑永久的混凝土结构梁板，用以代替常规顺作法的临时支撑，以平衡作用在围护墙上的土压力，因此当开挖结束时，已完成地下结构的施工。在逆作地下结构的同时，还进行地上主体结构的施工，被称为全逆作法。仅逆作地下结构，地上主体工程待地下主体结构完工后再进行施工的方法，被称为半逆作法。

当工程具有以下特征或技术经济要求时，可以考虑选用逆作法：①大面积的深基坑工程，采用逆作法，可节省临时支撑体系费用。②基坑周边环境条件复杂，基坑对变形敏感，采用逆作法有利于控制基坑的变形。③施工场地紧张，可利用逆作的地下首层楼板作为施工平台。④工期进度要求高，采用上下部结构同时施工的全逆作法，可缩短施工总工期。

优点：①楼板刚度大于常规顺作法的临时支撑，基坑开挖的安全度得到提高，基坑的变形较小，对基坑周边环境的影响较小。②当采用全逆作法时，地上和地下结构同时施工，可缩短工程的总工期。③当地面楼板施工完成后，可为施工提供作业空间，解决施工场地狭小的问题。④逆作法采用支护结构与主体结构相结合，可以减少常规顺作法中大量临时支撑被设置和拆除，经济性好，有利于降低能耗、节约资源。

缺点：①技术复杂，垂直构件连接处处理困难，接头施工复杂。②对施工技术要求高，例如对每一根柱的定位和垂直度控制要求高，对立柱之间及立柱与地下连续墙之间的差异沉降控制要求高。③采用逆作暗挖，作业环境差，结构施工质量易受影响。④逆作法设计与主体结构设计的关联度大，受主体结构设计进度的制约。

3）顺逆结合

为了同时满足多方面的要求，采用了顺作法与逆作法相结合的方案，通过充分发挥顺作法与逆作法的优势，取长补短，从而实现工程的建设目标。在工程中常用的顺逆结合方案主要有：①主楼先顺作、裙楼后逆作方案。②裙楼先逆作、主楼后顺作方案。③中心顺作、周边逆作方案。

2.3.2 排水和截水帷幕选型

1）排水选型

基坑常用的排水方法选型表见表 2.3-1。

基坑常用的排水方法选型表 表 2.3-1

适用范围 降水方法	渗透系数 （cm/s）	降水深度 （m）	适用地层
集水明排	$1\times10^{-7}\sim1\times10^{-4}$	<5	粉砂、砂质粉土、黏质粉土、含薄层粉砂的粉质黏土和淤泥质粉质黏土
轻型井点	$1\times10^{-7}\sim1\times10^{-4}$	$\leqslant6$	
多级轻型井点	$1\times10^{-7}\sim1\times10^{-4}$	$6\sim10$	
喷射井点	$1\times10^{-7}\sim1\times10^{-4}$	$8\sim20$	粉砂、砂质粉土、黏质粉土、粉质黏土、含薄层粉砂的粉质黏土和淤泥质粉质黏土
管井	$>1\times10^{-5}$	>6	卵石、砾砂、各类砂土、砂质粉土、含薄层粉砂的粉质黏土
真空管井	$>1\times10^{-6}$	>6	粉砂、砂质粉土、黏质粉土、含薄层粉砂的粉质黏土、富含薄层粉砂的黏土和淤泥质粉质黏土

2）截水帷幕选型

基坑常用的截水帷幕选型表见表 2.3-2。

基坑常用的截水帷幕选型表   表 2.3-2

截水类型		帷幕深度(m)	改良土体直径/厚度(mm)	适用地层
水泥土搅拌桩	单轴水泥土搅拌桩	15	500~700	水泥土搅拌桩适用于处理淤泥、淤泥质土、素填土、软-可塑黏性土、松散-中密粉细砂、稍密-中密粉土、松散-稍密中粗砂和砾砂、黄土等土层。不适用于含大孤石或障碍物较多且不易被清除的杂填土、硬塑及坚硬的黏性土、密实的砂类土以及地下水渗流影响成桩质量的土层; 当地基土的天然含水量小于30%(黄土含水量小于25%)、大于70%时不应采用干法。在寒冷地区冬期施工时,应考虑负温对处理效果的影响; 在砂性土中宜用螺旋叶片式为主的搅拌钻机,黏性土中宜用叶片式为主的搅拌钻机,砂砾土中宜用螺旋式搅拌钻机; 随着搅拌桩轴数的增加,设备功率、处理深度、咬合精度及施工效率均有所增加,但单价也随之增高
	双轴水泥土搅拌桩	18	700	
	三轴水泥土搅拌桩	30	650、850	
	五轴水泥土搅拌桩	35	650、850	
高压旋喷注浆法	高压喷射注浆(单管)	30	300~800	高压喷射注浆法主要适用于处理淤泥、淤泥质土、黏性土、粉土、黄土、砂土、人工填土和碎石土等地基。高压喷射加固软弱土层效果较好,但对土中含有较多的大粒径块石、坚硬黏性土、卵砾石、大量植物根茎或有较多的有机质地层,喷射质量稍差,应根据现场试验结果确定其适用程度; 对地下水流速过大、浆液无法在注浆管周围凝固的情况,对无填充物的岩溶地段,永冻土以及对水泥有严重腐蚀的地基,则不宜采用高压喷射注浆; 单管法的喷射管仅喷射高压水泥浆液;二重管法通过同轴双通道二重管复合喷射高压水泥浆和压缩空气;三重管法通过同轴三重管复合喷射高压水流和压缩空气并注入水泥浆液; RJP工法是在三重管基础上改进的双高压喷射工法,分别输送水、气、浆,与原三重管工法不同的地方是,用高压喷射水泥浆,并在周围环绕空气流,进行第二次冲击切削土体。RJP工法固结直径大于三重管工法
	高压喷射注浆(双管)	50	600~1200	
	高压喷射注浆(三管)	50	700~1600	
	双高压旋喷(RJP)	60	700~1800	
	超级旋喷	100	1000~3500	
其他	TRD	60	550~850	TRD工法构建的等厚度水泥土搅拌墙深度大、垂直度好、墙体均质性好、隔水性能可靠。不仅适用于黏性土、砂土、直径小于100mm的砂砾及砾石层,也适用于标准贯入击数达50~60击的密实砂层和无侧限抗压强度不大于5MPa的软岩地层。对于坚硬地基(砂砾、泥岩、软岩等)具有较高的切削能力
	双轮铣	65	650~1200	双轮铣铣轮上刀具可根据地层的岩性和强度进行调换,主要的刀具形式有三种:平齿(适用于软土层)、锥齿(适用于岩层)和滚齿(用于硬岩层)

2.3.3 竖向支护体系选型

1)土钉墙

优点：施工设备及工艺简单，对基坑形状适应性强，经济性较好。坑内无支撑体系，可实现敞开式开挖。支护结构柔性大，有良好的延性。墙面密封性好，可配钢筋混凝土面板防止水土流失及雨水、地下水对坑壁的侵蚀。施工所需场地小，支护结构基本不占用场地内的空间。由于孔径小，与桩等施工工艺相比，其穿透卵石、漂石及填石层的能力更强。可以边开挖边支护，便于信息化施工，能够根据现场监测数据及开挖暴露的地质条件及时调整土钉参数。

缺点：土钉长度较长，需占用坑外地下空间，而且土钉施工与土方开挖交叉进行，对现场施工组织要求较高。

适用范围：适用于地下水位以上或经人工降水后的人工填土、黏性土和弱胶结砂地层中的基坑支护。一般用于开挖深度不大于12m，周边环境保护要求不高的基坑工程。由于土钉墙主要靠土钉与土层之间的锚固力保持坑壁的稳定，因此在以下土层中的基坑不适宜采用土钉墙：含水丰富的粉细砂、中细砂及含水丰富且较为松散的中粗砂、砾砂及卵石层等。黏聚力很小，过于干燥的砂层及相对密实度较小且均匀度较好的砂层。有深厚新近填土、淤泥质土、淤泥等软弱土层的地层及膨胀土地层。此外，对基坑变形要求较为严格的工程，以及不允许支护结构超越红线或邻近地下建（构）筑物，在可实施范围内土钉长度无法满足要求的基坑工程也不适宜采用土钉墙。

2）重力式水泥土墙

优点：基坑周边可结合重力式挡墙的水泥土桩形成封闭隔水帷幕，隔水性能可靠；使用后遗留的水泥土墙体相对比较容易处理。

缺点：重力式水泥土墙占用空间较大；围护结构变形较大；由于其采用水泥土搅拌桩或高压喷射注浆成墙，围护墙施工对邻近环境影响较大。

适用范围：重力式水泥土墙一般在软土地层中应用较多。适用于软土地层中开挖深度不超过7.0m、周边环境保护要求不高的基坑工程。周边环境有保护要求时，采用重力式水泥土墙围护的基坑不宜超过5.0m；当基坑周边1~2倍开挖深度范围内存在对沉降和变形敏感的建（构）筑物时，应慎重选用。

3）地下连续墙

优点：地下连续墙墙体施工具有低噪声、低振动等优点，对环境的影响小；墙体刚度大、整体性好，基坑开挖过程中安全性高，支护结构变形较小；墙身具有良好的抗渗能力，坑内降水时对坑外的影响较小；可作为地下室结构的外墙，可配合逆作法施工。

缺点：地下连续墙存在弃土和废泥浆处理、粉砂地层易引起槽壁坍塌及渗漏等问题，需采取相关的措施保证地下连续墙施工的质量。由于地下连续墙水下浇筑、槽段之间存在接缝的施工工艺特点，地下连续墙墙身以及接缝位置存在防水的薄弱环节，易产生渗漏水现象。

适用范围：深度较大的基坑工程，一般开挖深度大于10m才有较好的经济性。邻近存在保护要求较高的建（构）筑物，对基坑本身的变形和防水要求较高的工程。基地内空间有限，地下室外墙与红线距离极近，采用其他围护形式无法满足留设施工操作空间要求的工程。围护结构亦作为主体结构的一部分，且对防水、抗渗有较严格要求的工程。采用逆作法施工，地上和地下同步施工时，一般采用地下连续墙作为围护墙。在超深基坑中，例如30~50m的深基坑工程，采用其他围护体无法满足要求时，常采用地下连续墙作为围护体。

4）灌注桩排桩

灌注桩排桩是采用连续的柱列式排列的灌注桩形成的围护结构。在工程中常用的灌注桩排桩有分离式、咬合式、双排式、相切式、交错式、格栅式等多种形式。

（1）分离式排桩

分离式排桩是工程中灌注桩排桩围护墙最常用，也是较简单的围护结构形式。灌注桩排桩外侧可结合工程的地下水控制要求设置相应的隔水帷幕。

优点：分离式排桩施工工艺简单，工艺成熟，质量易被控制，造价经济；噪声小，无振动，无挤土效应，施工时对周边环境影响小；可根据基坑变形控制要求灵活调整围护桩刚度；此外，由于排桩围护墙在基坑开挖阶段仅被用作临时围护体，在确定主体地下室结构平面位置、埋置深度后即有条件设计、实施。

缺点：在有隔水要求的工程中需另行设置隔水帷幕，其隔水帷幕可根据工程的土层情况、周边环境特点、基坑开挖深度以及经济性等要求综合选用。

适用范围：分离式排桩地层适用性广，对于从软黏土到粉砂性土、卵砾石、岩层中的基坑均适用，但在软土地层中，一般适用于开挖深度不大于 20m 的深基坑工程。

（2）咬合桩

优点：咬合桩受力结构和隔水结构合一，占用空间较小；整体刚度较大，防水性能较好。施工速度快，工程造价低；施工中可干孔作业，无须排放泥浆，机械设备噪声低、振动少，对环境污染小。

缺点：咬合桩对成桩垂直度要求较高，施工难度较高。

适用范围：一般适用于淤泥、流砂、地下水富集的软土地区，以及邻近建（构）筑物对降水、地面沉降较敏感等环境保护要求较高的基坑工程。

（3）双排桩

为增大排桩的整体抗弯刚度和抗侧移能力，可将桩设置成为前后双排，将前后排桩桩顶的冠梁用横向连梁连接，就形成了双排门架式挡土结构。

优点：双排桩抗弯刚度大，施工工艺简单、工艺成熟、质量易被控制、造价经济。可作为自立式悬臂支护结构，无须设置支撑体系。

缺点：围护体占用空间大。自身不能隔水，在有隔水要求的工程中需另设隔水帷幕。

适用范围：双排桩适用于场地空间充足，开挖深度较深，变形控制要求较高，且无法设置内支撑体系的工程。

5）型钢水泥土搅拌墙（SMW 工法）

型钢水泥土搅拌墙是一种在连续套接的三轴水泥土搅拌桩内插入型钢形成的复合挡土隔水结构。

优点：型钢水泥土搅拌墙将受力结构与隔水帷幕合二为一，围护体占用空间小；墙体防渗性能好；施工过程无须回收处理泥浆，型钢可被回收，环保、节能、经济性好；适用土层范围较广，结合辅助措施可用于较硬质地层；成桩速度快，围护体施工工期短。

缺点：型钢被拔除后在搅拌桩中留下的孔隙需采取注浆等措施进行回填，特别当邻近有对变形敏感的建（构）筑物时，对回填质量要求较高。

适用范围：从黏性土到砂性土，从软弱的淤泥和淤泥质土到较硬、较密实的砂性土，其至在含有砂卵石的地层中被经过适当的处理后都能够进行施工。软土地区一般用于开挖深度不大于13m的基坑工程。在施工场地狭小，或距离用地红线、建（构）筑物等较近时，有较好的适用性。型钢水泥土搅拌墙的刚度相对较小，变形较大，在对周边环境保护要求较高的工程中，例如基坑紧邻运营中的地铁隧道、历史保护建筑、重要地下管线等，应慎重选用。当基坑周边环境对地下水位变化较为敏感，搅拌桩身范围内大部分为砂（粉）性土等透水性较强的土层时，应慎重选用。

6）钢板桩

钢板桩是一种带锁口或钳口的热轧（或冷弯）型钢，钢板桩被打入后靠锁口或钳口相互连接咬合，形成连续的钢板桩围护墙，用来挡土和隔水。

优点：钢板桩具有轻型、施工快捷的特点。基坑施工结束后钢板桩可被拔除，可被循环利用，经济性较好。在防水要求不高的工程中，可采用自身防水。

缺点：在防水要求高的工程中，须另行设置隔水帷幕。由于钢板桩抗侧刚度相对较小，一般变形较大。钢板桩的打入和拔除对土体扰动较大，钢板桩被拔除后需对土体中留下的孔隙进行回填处理。

适用范围：由于其刚度小、变形较大，钢板桩一般适用于开挖深度不大于7m、周边环境保护要求不高的基坑工程。由于钢板桩被打入和拔除对周边环境影响较大，邻近有对变形敏感的建（构）筑物的基坑工程则不宜采用。

2.3.4 水平锚撑体系选型

1）内支撑系统

优点：内支撑具有支撑刚度大、控制基坑变形能力强，而且不侵入周围地下空间形成障碍物等优点。

缺点：相对于锚杆系统，工程造价较高，而且支撑的设置对地下结构的施工将造成一定程度的影响。

支撑结构选型包括支撑材料和体系的选择以及支撑结构布置等内容。支撑结构选型从结构体系上可分为平面支撑体系和竖向斜撑体系；从材料上可分为钢支撑、钢筋混凝土支撑以及钢和混凝土组合支撑的形式。

（1）钢支撑体系

钢支撑体系是在基坑内将钢构件用焊接或螺栓拼接起来的结构体系。由于受现场施工条件的限制，钢支撑的节点构造应尽量简单，节点形式也应尽量统一，因此钢支撑体系通常采用具有受力直接、节点简单的正交布置形式，不宜采用节点复杂的角撑或者桁架式的支撑布置形式。钢支撑体系目前常用的形式一般有钢管和 H 型钢两种，钢管大多为 $\phi 609$，壁厚可为 10mm、12mm、14mm；型钢支撑大多选用 H 型钢。

优点：钢支撑架设和拆除速度快，架设完毕后不需等待其到达一定强度后，即可直接开挖下层土方，而且支撑材料可被重复使用，对节省基坑工程造价和加快工期具有显著优势。

缺点：钢支撑节点构造和安装复杂，目前常用的钢支撑材料截面承载力较为有限。

适用范围：适用于开挖深度一般、平面形状规则、狭长形的基坑工程。钢支撑几乎成为地铁车站基坑工程首选的支撑体系。以下几种情况下不适合采用钢支撑体系：基坑形状不规则，不利于钢支撑平面布置；基坑面积巨大、单个方向钢支撑长度过长、拼接节点多易积累形成较大的施工偏差，传力可靠性难以被保证；由于基坑面积大且开挖深度深，钢支撑刚度相对较小，不利于控制基坑变形和保护周边的环境。

（2）钢筋混凝土支撑体系

钢筋混凝土支撑具有刚度大、整体性好的特点，而且可采取灵活的平面布置形式适应基坑工程的各项要求。布置形式目前常用的有正交支撑，对撑、角撑结合边桁架支撑，圆环支撑。

① 正交支撑

优点：传力直接且受力明确，具有支撑刚度大、变形小的特点，在所有平面布置形式的支撑体系中，它最具控制变形的能力。

缺点：该布置形式的支撑系统主要缺点是支撑杆件密集、工程量大，出土空间比较小，不利于加快出土速度。

适用范围：十分适合在敏感环境下，面积较小或适中的基坑工程中应用，如邻近有要被保护的建（构）筑物、地铁车站或隧道的深基坑工程；或者当基坑工程平面形状较为不规则，采用其他平面布置形式的支撑体系有难度时，也适合采用正交支撑。

② 对撑、角撑结合边桁架支撑

优点：对撑、角撑结合边桁架支撑近年来在深基坑工程中得到了广泛的使用，具有十分成熟的设计和施工经验。对撑、角撑结合边桁架支撑具有受力十分明确的特点。且各支撑受力相对独立，因此该支撑布置形式无须等到支撑系统全部形成后才开挖下层土方，可实现支撑分块施工和土方分块开挖的流水线施工。在一定程度上可缩短支撑施工的绝对工期。而且采用对撑、角撑结合边桁架支撑布置形式，支撑面积小，出土空间大。通过在对撑、角撑局部区域设置施工栈桥，还可大大加快土方的出土速度。

缺点：相对锚杆而言工期较长，对撑区域出土效率不高。

适用范围：在敏感环境下，面积较小或面积适中的基坑工程中适用，如邻近有要被保护的建（构）筑物、地铁车站或隧道的深基坑工程等。

③ 圆环支撑

优点：受力性能合理；加快土方挖运的速度；经济效益十分显著；可适用于狭小场地施工。

缺点：土方开挖的流程应确保圆环支撑受力的均匀性，圆环四周坑边土方应被均匀、对称地挖除，同时要求土方开挖必须在上道支撑完全形成后进行，因此对施工单位的管理与技术能力要求相对较高。不能实现支撑与挖土流水化施工。

适用范围：圆环支撑适用于超大面积的深基坑工程，以及多种平面形式的基坑，特别适用于方形、多边形的基坑及塔楼在中间的基坑。

（3）竖向斜撑

具体施工流程为：首先在基坑中部放坡盆式开挖，形成中心岛盆式工况，依靠基坑周边的盆边留土，平衡围护体所受的土压力，在完成中部混凝土基础底板浇筑之后，再利用中部已浇筑并达到设计强度的混凝土基础底板作为支撑基础，设置竖向斜撑，支撑基坑周边的围护体，最后挖除周边盆边留土，浇筑形成周边的混凝土基础底板。在地下室整体形成之后，将基坑周边用土回填密实后，再拆除竖向斜撑。

优点：当基坑工程的面积大，而开挖深度一般时，采用常规的方法按整个基坑平面布置水平支撑，支撑和立柱的工程量巨大，而且施工工期长，但是使用中心岛结合竖向斜撑的支护设计方案可有效地解决此难题。

缺点：竖向斜撑一般采用钢管支撑，在端部穿越结构外墙段用 H 型钢代替，以方便穿越结构外墙并设置截水措施。

适用范围：基坑工程的面积大，而开挖深度一般，塔楼不在边上的基坑。

2）锚杆系统

锚杆作为一种支护形式应用在基坑中已近 50 年。它的一端与围护墙连接，另一端锚固在稳定地层中，使作用在围护结构上的水土压力通过自由段传递到锚固段，再由锚固段将锚杆拉力传递到稳定土层。

优点：与其他设置内支撑的支护形式相比，采用锚杆的支护形式，减少了大量内支撑和竖向支撑钢立柱的设置和拆除，经济性相对于内支撑支护形式具有较大的优势。由于将锚杆设置在围护墙的背后，为基坑工程的土方开挖和地下结构施工创造了开阔的空间，有利于提高施工效率和地下工程的质量。

缺点：锚杆支护受到地层条件和环境锚固条件的限制，要关注地质条件能否使锚杆力被有效地传递，以及锚杆有可能超越用地红线，对红线以外的已建建（构）筑物形成不利影响或者对将来地下空间的开发形成障碍。

2.3.5　换撑（回填）体系选型

1）换撑

大体上可将换撑的设计分成两个部分：一是基坑围护体与地下结构外墙之间的换撑设计；二是地下结构内部结构开口、后浇带等水平结构不连续位置的换撑设计。

（1）围护体与结构外墙之间的换撑

当基坑围护体采用临时围护体时，由于围护体与结构外墙之间通常会留设不小于 800mm 的施工作业面，作为地下室外墙外防水的施工操作面，地下结构施工阶段需对该施工空间进行换撑处理，该区域的换撑标高应分别对应地下各层结构平面标高，以利于水平力的传递。

① 围护体与基础底板间换撑

为了施工的便利，基础底板周边的换撑板带通常采用与基础底板相同强度等级的混凝土进行充填。由于仅起到支挡围护体的抗压作用，无须对换撑板带进行配筋。

② 围护体与地下各层结构间换撑

临时支撑的拆除需在其下方的地下混凝土结构浇筑完成并设置好换撑之后方可进行，围护体与地下各层结构之间的换撑一般采用钢筋混凝土换撑板带的方式，换撑板带与地下混凝土结构同步浇筑施工，混凝土强度等级与相邻地下结构构件的混凝土强度等级相同，换撑板应考虑施工作业荷载，根据计算结果配筋。

应在换撑板带上间隔设置开口，将开口作为施工人员拆除外墙模板和外墙防水施工作业的通道，作为将来围护体与外墙之间回填土的通道，开口大小应能满足施工人员的通行要求，一般不应小于 1000mm×800mm，开口的间距一般控制在 6m 左右，也可根据实际施工要求适当调整其大小。

（2）地下结构的换撑

在地下结构由下往上顺作施工的过程中，临时支撑会被逐层拆除，围护体外侧的水土压力将被逐步转移至刚施工完毕的地下结构上，因此必须进行地下结构的换撑设计，主要是施工后浇带、楼梯坡道或设备吊装口等结构开口、局部高差、错层较大等结构不连续位置的水平传力设计。

① 后浇带位置换撑

可通过在框架梁或次梁内设置小截面的型钢实现后浇带位置水平力传递。由于型钢抗弯刚度相对混凝土梁的抗弯刚度小许多，不会约束后浇带两侧的单体的自由沉降。

② 结构缺失位置的换撑设计

楼梯、车道以及设备吊装口位置的结构缺失区域如比较大时，应设置临时支撑以传递缺失区域的水平力，临时支撑的材料应根据工程的实际情况确定，钢筋混凝土和型钢或钢管均可采用。另外，结构缺失区的边梁根据计算，必要时应加强其截面以及配筋。结构缺失区的换撑需待整个地下结构全部施工完毕，形成整体刚度，并在基坑周边密实回填之后方可拆除。

2）回填选型

承台和地下室外墙与基坑侧壁间隙可灌注素混凝土或搅拌流动水泥土，或采用灰土、级配砂石、压实性较好的素土分层夯实。

在敏感环境下面积较小或适中的基坑工程中优先采用素混凝土，如邻近保护建（构）筑物、地铁车站或隧道的深基坑工程。

2.3.6 加固体系选型

按照土体加固的用途不同主要划分为以下几类。

1）基坑周边被动区土体加固

在软土地基中，当周边环境保护要求较高时，基坑开挖前宜对被动区土体进行加固处理，以提高被动区土体抗力，减少基坑开挖过程中围护结构的变形。采用墩式加固时，土体加固一般多布置在基坑周边阳角位置或跨中区域；必要时也可以考虑采用抽条加固或裙边加固。

通常采用水泥土搅拌桩进行基坑被动区土体加固。根据加固深度不同可以选择不同的加固工艺，单轴水泥土搅拌桩的加固深度一般在 15m 以内，加固深度超过 18m 时，应采用三轴水泥土搅拌桩。采用水泥土搅拌桩重力式挡墙作为周边围护结构时，被动区土体加固应与重力式挡墙相互搭接同步施工；采用其他围护结构形式时，围护结构与被动区土体加固之间的空隙应采用压密注浆或高压旋喷桩进行填充加固。

2）基底深坑处理

出于建筑功能的需要，电梯井和集水井等通常都比基底开挖更深。基底深坑加固应综合考虑基坑土体残余应力、落深深度、地下水处理等因素，按重力式挡墙进行加固体深度和厚度的估算，必要时应进行封底加固处理。

基底深坑加固的施工工艺选择较多，可以采用单轴水泥土搅拌桩、三轴水泥土搅拌桩、高压旋喷桩、压密注浆等，其中基底深坑的周边加固多采用水泥土搅拌桩，也可以采用高压旋喷桩，深坑底部的封底加固可以采用压密注浆或高压旋喷桩。

3）基坑周边运输通道区域加固

基坑工程施工势必需要进行大量土方开挖以及运输车辆的频繁进出。在软土地区的基坑工程中，宜事先对重载车辆频繁行驶的出入口区域进行必要的土体加固处理，并采用铺设走道板等方式扩散重载引起的压力，减少开挖过程中对邻近围护结构的受力和变形影响。

2.4 设计图纸审查要点

2.4.1 各主要部分图纸审查要点

各主要部分图纸审查要点如表 2.4-1 所示。

各主要部分图纸审查要点 表 2.4-1

序号	审查要点
1	图纸应注明坐标、高差系统及建筑正负零，并复核是否与建筑图纸、勘察报告一致
2	图纸应有概况说明，包括基坑参数（面积、周长、深度等）、周边环境及建（构）筑物管线情况等
3	复核基坑深度是否与建筑、结构图纸一致
4	分析结构基础图纸，复核基坑深度是否应考虑基础厚度，明确工程桩与支护结构施工顺序
5	复核是否存在塔楼跨越支护结构及坑中坑情况
6	检查设计依据规范、勘察报告是否更新
7	是否注明支护等级、使用年限，宜结合周边地形等因素区分不同的支护等级
8	注明地形地貌、主要岩土层参数及地下水等内容
9	检查是否有结构材料表，注明水泥强度等级、水泥掺量、混凝土强度等级、钢筋等级、钢材等级、钢绞线规格、砖强度、钢筋搭接等内容
10	检查深厚软土地区搅拌桩水泥掺量不宜小于 20%
11	应有支护结构方案必要说明
12	应有支护截水、降水、排水方案必要说明
13	注明土方开挖技术要求
14	是否包括专家意见落实情况
15	复核基坑顶标高与平面图是否一致
16	地下室底板找坡时，复核基坑底标高与平面图是否一致
17	复核剖面图孔口标高与地面标高是否准确
18	复核剖面图基坑四周距离与平面图是否一致
19	同一个剖面选用地质钻孔时不宜差异太大

2.4.2 平面图

各平面图审查要点如表 2.4-2 所示。

各平面图审查要点 表 2.4-2

序号	审查要点
1	检查支护结构是否出红线
2	各类平面图应标示指北针
3	总平面图应明确出土口位置及宽度
4	总平面图四面应标出地下室边线、支护边线、用地红线及周边建(构)筑物距离关系
5	总平面图检查地下室边线坐标与建筑总图是否一致,复核支护结构边线坐标
6	若多层地下室边线不重合,应检查基坑边线是否完全包络地下室
7	总平面图是否标注拐点、不同剖面图划分点等坐标
8	复核结构基础图纸以检查基坑深度计算是否准确
9	若采用三轴搅拌桩截水,弧线段桩机移机困难,宜拉直布置
10	搅拌桩施工空间至少 1.5m,若空间狭窄,应检查是否修改截水工艺
11	若地形坡度较陡,应复核搅拌桩施工是否可行,是否修改截水工艺
12	检查支护桩桩径(墙厚)、间距是否与剖面图一致,尤其是采用不同桩径的项目
13	若场地狭窄,应检查支护桩(地下连续墙)施工空间是否满足,特殊情况需注明成孔工艺
14	若场地狭窄且紧贴建筑物等,应复核支护桩(地下连续墙)是否与建筑物基础重叠,检查是否修改成孔工艺
15	若场地狭窄,采用钢板桩应复核是否具备施工空间
16	若锚索(杆)、土钉需避开周边建(构)筑物桩基础,在取得周边建筑基础前提下,应标示锚索以避开桩基础
17	平面图坑底被动区加固时应标示加固桩以避开工程桩
18	平面图坑底被动区加固时应标示加固桩施工标高
19	平面图坑底被动区加固遇深厚软土时宽度不宜太小
20	若坑中坑采用钢支撑,应复核施工可行性
21	支护段划分平面图原则上每边至少一个、每段不宜大于50m,周边环境复杂处应单独设置剖面图
22	支护段划分平面图原则上计算钻孔取所在支护范围最差的地质钻孔
23	支护段划分剖面图出土口位置宜单独设置剖面图
24	内支撑平面图原则上每层内支撑单独一张平面图
25	采用腰梁的内支撑应检查肥槽宽度,避免基坑回填困难
26	内支撑平面图应检查钢构柱是否与主体结构立柱、工程桩、剪力墙、集水井及人防墙等重叠
27	在条件允许的情况下,内支撑平面图钢构柱宜避开基础、承台
28	在条件允许的情况下,内支撑平面图应检查钢构柱是否避开主框架梁
29	内支撑平面图应检查钢构柱是否与主撑平行
30	内支撑平面图采用板撑范围应允许开洞以便肥槽回填
31	内支撑平面图板撑兼作材料堆场时,应加大板厚度及配筋
32	内支撑钢构定位平面图应复核支撑间距,原则上角撑不大于10m,对撑不大于18m
33	内支撑钢构定位平面图应复核支撑跨度,原则上不大于18m
34	内支撑钢构定位平面图应复核钢构柱与工程桩净距不宜小于500mm
35	内支撑钢构定位平面图应检查落于承台内或紧贴承台的钢构柱嵌固深度应从承台底起算
36	内支撑钢构定位平面图应检查钢构柱是否有定位坐标及嵌固深度标高

序号	审查要点
37	管线图应检查是否注明影响支护结构施工的管线的处理措施
38	管线图因场地狭窄受高压电线、煤气管等影响时,应注意支护桩(地下连续墙)的施工可行性
39	监测图应标示各种监测点图例
40	监测图检查周边每栋建筑物的沉降监测点每边不少于2个
41	监测图检查每道预应力锚索是否设置轴力监测点
42	监测图必要时基坑四周可设置回灌井
43	疏干井间距不宜大于50m,深度较开挖面深2.0m
44	内支撑钢构柱与人防墙及各类现浇构件净距不小于500mm
45	限荷布置图按需绘制
46	场地平整标高宜结合总图设计标高及地形标高综合考虑
47	地下室有多个开挖标高时,分界须清晰,宜在基坑平面图上用图例标示各开挖面

2.4.3 支护结构

各支护结构审查要点如表2.4-3所示。

各支护结构审查要点   表 2.4-3

序号	审查要点
1	支护桩及地下连续墙
1.1	支护桩、地下连续墙嵌固深度应采用双控标准
1.2	嵌固深度:悬臂结构不应小于$0.8h$,单支点不应小于$0.3h$,多支点不应小于$0.2h$(h为基坑深度)
1.3	嵌固深度入岩控制换算标准宜根据勘察报告侧阻换算
1.4	支护桩(包括长短桩中短桩)、地下连续墙桩端不宜置于软弱土中
1.5	支护桩采用长短桩布置时,若采用长桩计算应预留较大的富余度
1.6	岩溶地区,支护桩遇溶洞应注明处理措施
1.7	岩溶地区,支护桩不宜采用旋挖桩工艺
1.8	管桩桩长宜按模数设计,注意锤击及静力桩地区适用性
1.9	地下连续墙兼作侧壁时应验算竖向承载力及裂缝
1.10	地下连续墙接头位置宜加强防水措施,特别是兼作侧壁时
1.11	周边位移控制严格的深厚软土、砂层地区,地下连续墙宜设置护槽桩
1.12	用地狭窄,无法施工较深地下连续墙导墙时,冠梁宜在平地面,避免冠梁下移施工时导墙吊脚
1.13	地形起伏大时,地下连续墙墙顶宜平直
1.14	地下连续墙导墙可单侧配筋
1.15	地下连续墙兼作侧壁时,底板位置以植筋或凿毛搭接,不宜预留螺纹套筒
2	钢板桩
2.1	钢板桩桩顶应高出土面500mm,以便回收
2.2	钢板桩遇坚硬以上土层则难以进尺

续表

序号	审查要点
2.3	钢板桩最大长度不宜大于18m
2.4	钢板桩回收后应注明采用砂回填空隙
2.5	内支撑基坑坑底施工钢板桩时应注意是否具备施工空间
2.6	钢板桩桩端可以置于淤泥中
3	SMW工法及水泥土墙
3.1	SMW工法桩遇强风化岩以上难以成孔,应复核其适用范围
3.2	SMW工法桩不宜加腰梁,影响回收
3.3	水泥土应结合盖板、插筋联合使用
3.4	水泥土墙桩端可以置于软土中
3.5	水泥土墙、SMW工法较适用深厚软土地区
3.6	水泥土墙应注明到龄期后方可开挖
3.7	坑底被动区加固应注明施工标高
3.8	深厚软土地区坑底被动区加固效果
4	放坡
4.1	砂层放坡坡率宜缓于1:2.5、淤泥放坡坡率宜缓于1:3.0
4.2	放坡喷锚宜间隔30m设缝,避免护面开裂
4.3	高填土放坡喷锚应设置深层泄水孔避免护面开裂
5	土钉墙
5.1	土钉间距不宜大于1.5m
5.2	土钉墙坡度宜缓于45°,因实际施工中多一坡到底
5.3	土钉宜上长下短,抗拔值不宜太大
5.4	因桩前土容易溜塌,复合土钉墙宜垂直
5.5	复合土钉墙垂直高度不宜大于4.0m
6	内支撑
6.1	内支撑与板面净距不宜小于800mm,板面多个标高时应重点检查
6.2	深厚承台坑中坑不宜设置多道支撑影响承台浇筑
6.3	冠梁层内支撑不宜下移,否则变形较大
6.4	应检查拆撑后悬臂高度
6.5	双排桩盖板宜双层双向配筋,不设置暗梁以便施工
7	锚杆及锚索
7.1	锚索应采用双控标准
7.2	锚索入岩控制换算标准宜根据勘察报告侧阻换算
7.3	腰梁锚索角度大于45°时应验算腰梁抗剪
7.4	检查锚索设计值、锁定值、标准值之间数值换算关系
7.5	锚索施工应用套管,否则锚索无法人工送达预定深度
7.6	钢板桩结合锚索时,锚索宜较现地面适当下移

序号	审查要点
7.7	垂直复合土钉墙锚索宜设置在冠梁标高
7.8	复合土钉墙锚索非冠梁标高时,土钉墙坡度宜小于 45°
7.9	复合土钉墙锚索腰梁宜用槽钢
7.10	深厚软土地区不宜采用土钉墙
7.11	锚杆钢筋无法施加预应力
7.12	岩溶地区锚索通过调整角度避开溶洞不现实,考虑补打锚索
7.13	若锚索施工可能造成周边建筑物损伤,或者违反城市地下空间规划等规定时,不应采用锚索
7.14	锚索与支护桩配合使用时,第二道以下按桩间模数布置
7.15	全在土中锚索轴力设计值不宜大于 500kN,锚索索数不宜小于 3 索
7.16	锚索间距较密时,宜单双号锚索变换角度
7.17	扩大头锚索宜在好土中扩孔,全在淤泥中扩大须注意地区适用性

2.4.4 截水体系

基坑截水体系审查要点如表 2.4-4 所示。

基坑截水体系审查要点　　　　表 2.4-4

序号	审查要点
1	大直径三轴搅拌桩长度不宜大于 35m
2	大直径普通搅拌桩长度不宜大于 20m
3	普通搅拌桩长度不宜大于 14m,且遇坚硬土层、粗砂及砾石等搅不动
4	截水桩终孔应采用双控标准
5	基坑深度较深时砂岩交界位置应采用旋喷桩搭接处理
6	若截水层未穿透承压水砂层,检查是否有压底黏土层
7	截水帷幕后方可开挖土方
8	卵石层宜采用咬合桩或地下连续墙
9	岩溶地区承压水丰富时,不宜在坑底施工工程桩
10	动水地区应复核搅拌桩成桩效果
11	存动水地区不得采用旋喷桩截水
12	周边变形控制严格时慎用旋喷桩
13	图纸应注明搅拌桩冷缝处理措施
14	新旧截水桩搭接时应注明处理措施
15	多个基坑相邻时,截水帷幕宜沿大基坑外缘布置

2.4.5 监测

基坑监测审查要点如表 2.4-5 所示。

基坑监测审查要点 表 2.4-5

序号	审查要点
1	注明监测技术要求,包括监测点数量、频率、报警值等内容
2	检查总说明中监测点数量与平面图是否一致
3	检查报警值、控制值是否合理,一般报警值＝(0.8～0.9)倍控制值
4	复核地下水位报警值与勘察报告季节水位波动幅度的关系

2.4.6 荷载考虑情况

基坑周边荷载考虑情况审查要点如表 2.4-6 所示。

基坑周边荷载考虑情况审查要点 表 2.4-6

序号	审查要点
1	注明荷载取值标准,包括土压力、超载、出土口等
2	注明计算使用的软件版本
3	复核计算书与图纸荷载是否一致

2.4.7 风险源控制措施

基坑周边风险源考虑情况审查要点如表 2.4-7 所示。

基坑周边风险源考虑情况审查要点 表 2.4-7

序号	审查要点
1	注明应急抢险技术措施
2	注明支护结构施工相关工艺技术要求
3	是否包括风险说明及岩土工程安全生产专篇
4	根据实际情况检查是否包括地铁保护专项说明

2.4.8 甲方需求落实情况

甲方需求落实情况审查要点如表 2.4-8 所示。

甲方需求落实情况审查要点 表 2.4-8

序号	审查要点
1	若周边建筑、台地施工顺序对支护有影响,应明确支护施工顺序
2	若采用内支撑支护或在溶洞地区,建议注明工程桩施工标高
3	是否包括前提条件不利情况说明(勘察不全,管线不明或建筑结构条件不稳定)
4	复核肥槽是否满足侧壁防水施工要求

2.4.9 使用年限

临时支护一般自开挖至底起算,使用超过设计年限后,需要重新评估。

1）放坡、土钉墙、重力式水泥土墙，使用年限不超过 1 年。

2）采用灌注桩或地下连续墙支护，使用年限不超过 2 年。

2.5　质量检测及监测要点

2.5.1　质量检测要点

1）检测要点

基坑常用支护类型质量检测要点见表 2.5-1。

基坑常用支护类型质量检测要点　　　　　　　表 2.5-1

支护结构类型	检测目的	检测方法	检测要求	备注
混凝土灌注桩	完整性	低应变动测法	检测数量不宜少于总桩数的 20%，且不得少于 10 根	低应变动测法判定的桩身缺陷可能影响桩的水平承载力时，应采用钻芯法进行补充检测
		钻芯法	检测数量不宜少于总桩数的 2%，且不得少于 3 根	
地下连续墙	完整性	声波透射法	检测槽段数不宜少于总槽数的 20%，且不得少于 3 个槽段，每个检测墙段的预埋超声波管数不应少于 4 个	声波透射法判定的墙身质量不合格时，应采用钻芯法进行验证
		垂直度检测	检测槽段数不宜少于总槽数的 20%，且不得少于 10 个槽段	当地下连续墙作为主体地下结构构件时，应对每个槽段进行垂直值检测
		沉渣厚度检测	检测槽段数不宜少于总槽数的 20%，且不得少于 10 个槽段	当地下连续墙作为主体地下结构构件时，应对每个槽段进行槽底沉渣厚度检测
锚杆	抗拔力	抗拔验收试验法	抗拔验收试验数量为锚杆总数的 5%，且不得少于 6 根	锚杆锁定质量应通过在锚头安装测试元件进行检测，若发现锁定锚固力达不到设计要求，应重新张拉。检测数量不宜少于 5%，且不得少于 5 根
土钉	抗拔力	抗拔验收试验法	抗拔验收试验数量为锚杆总数的 1%，且不得少于 10 根	
喷射混凝土面层	厚度	钻芯法	钻孔数为每 100m² 墙面积一组，每组不得少于 3 个点	
水泥土墙	完整性	钻芯法	检测的数量不宜少于总桩数的 1%，且不得少于 6 根	
	强度	抗压强度试验	检测的数量不宜少于总桩数的 1%，且不得少于 6 根	
截水搅拌桩及坑内加固搅拌桩	完整性	钻芯法	检测的数量不宜少于总桩数的 1%，且不得少于 6 根	
	强度	抗压强度试验	检测的数量不宜少于总桩数的 1%，且不得少于 6 根	
SMW 工法搅拌桩	完整性	钻芯法	抽检数量不应少于总桩数的 2%，且不得少于 3 根	每根取芯数量不少于 5 组，每组 3 件试块。取样点应设置在基坑坑底以上 1m 范围内和坑底以上最软弱土层处的搅拌桩内
	强度	抗压强度试验	每台班应抽检 1 根桩，每根桩不应小于 2 个取样点，每个取样点应制作 3 件试块	

2)监测要点

基坑常用监测项目相关要点见表 2.5-2，监测频率见表 2.5-3 监测报警值及控制值见表 2.5-4。

基坑常用监测项目相关要点

表 2.5-2

序号	量测项目	位置或监测对象	测试元件	监测精度	测点布置	图例	备注
1	土体侧向位移	靠近围护结构的周边土体	测斜管,测斜仪	1.0mm			
2	邻近建(构)筑物沉降、位移	基坑周边需保护的建筑物	水准仪、经纬仪	1.0mm			
3	土体地面沉降	基坑周围地面	水准仪	1.0mm			
4	地下管线沉降和位移	道路路面,管线接头	水准仪、经纬仪	1.0mm			
5	基坑顶位移与沉降	基坑顶土体	水准仪、经纬仪	1.0mm			
6	支护桩(墙)测斜	支护桩(墙)测斜内置测斜孔	测斜管,测斜仪	1.0mm			
7	冠梁顶水平位移量测	冠梁顶面	水准仪、经纬仪	1.0mm			
8	地下水位	基坑周边	水位管,水位计	5.0mm			
9	锚索拉力	锚头	荷载计	$\leqslant 1/100(F \cdot S)$			
10	钢筋混凝土内支撑支撑轴力	支撑	应力应变计	$\leqslant 1/100(F \cdot S)$			
11	内支撑立柱沉降监测	支撑立柱顶	水准仪	1.0mm			

监测频率

表 2.5-3

监测内容	开挖期间		底板浇筑后时间(d)				备注
	正常开挖阶段	开挖卸载急剧阶段	≤7	7~14	14~28	>28	
水平/竖向位移	1次/3d	1次/1d	1次/(2~3)d	1次/(3~5)d	1次/(5~7)d	1次/(10~15)d	发现异常情况,应提高监测频率
地下水位	1次/3d	1次/(1~2)d	1次/(2~3)d	1次/(3~5)d	1次/(5~7)d	1次/(10~15)d	
周边沉降	1次/3d	1次/1d	1次/(2~3)d	1次/(3~5)d	1次/(5~7)d	1次/(10~15)d	
支撑轴力/锚索拉力	1次/3d	1次/(1~2)d	1次/(2~3)d	1次/(3~5)d	1次/(5~7)d	1次/(10~15)d	

注:监测频率可参考《建筑基坑工程监测技术标准》GB 50497—2019 与《建筑基坑工程技术规程》DBJ/T 15—20—2016 相关条文调整。

监测报警值及控制值

表 2.5-4

监测项目	报警值	控制值
基坑顶部水平及竖向位移	一级:0.8~0.9 倍控制值 二级、三级:0.8~0.9 倍控制值	一级:30~35mm 二级、三级:30~40mm
深层水平位移(土体、支护结构)	一级:0.8~0.9 倍控制值 二级、三级:0.8~0.9 倍控制值	一级:50mm 二级、三级:50~60mm
地下水位	2500mm	3000mm

监测项目	报警值	控制值
周边地面	一级：0.8～0.9倍控制值 二级、三级：0.8～0.9倍控制值	一级：30～40mm 二级、三级：50～60mm
锚杆拉力	0.8～0.9倍轴力设计值	0.9～0.95倍轴力设计值
支撑轴力	0.8～0.9倍承载力设计值	0.9～0.95倍承载力设计值
管线监测	压力管：0.8～0.9倍控制值 非压力管：0.8～0.9倍控制值	压力管：10～30mm 非压力管：10～40mm
建（构）筑物	0.8～0.9倍控制值	10～60mm

注：监测数值可参考《建筑基坑工程监测技术标准》GB 50497—2019与《建筑基坑工程技术规程》DBJ/T 15—20—2016相关条文调整。

2.5.2 基坑监测要求

应明确对基坑及其周边环境监测的要求，主要内容包括基坑监测项目、基准点布置、测点布置、监测频率、监测时限、控制值和报警值等。

1）砂层场地的地下水位监测为必做项目，且监测点水平间距不大于20～30m。

2）周边每栋建（构）筑物沉降监测点每边不少于2个。

3）基坑水平位移及支护结构测斜监测点间距不宜大于30m。

4）应布置轴力监测点，支撑立柱监测点宜设置在基坑中部、支撑交汇处及地质条件较差的立柱上。

5）每道预应力锚索应进行内力监测。

6）基坑工程监测项目见表2.5-5内容选择。

基坑工程监测项目   表 2.5-5

序号	现场监测项目	基坑支护安全等级		
		一级	二级	三级
1	支护结构(边坡)顶部水平位移	√	√	√
2	支护结构(边坡)顶部沉降	√	√	√
3	周边建(构)筑物的沉降	√	√	√
4	周边地表的沉降	√	√	△
5	周边地表裂缝	√	√	√
6	支护结构裂缝	√	△	△
7	基坑周围建(构)筑物的裂缝	√	√	√
8	周边地下管线的变形	√	√	/
9	周边地面超载状况	√	√	△
10	渗漏水状况	√	√	△
11	立柱竖向位移	√	√	△

序号	现场监测项目	基坑支护安全等级		
		一级	二级	三级
12	周边建(构)筑物的倾斜	√	△	○
13	周边建(构)筑物的水平位移	√	△	○
14	支撑与锚杆内力	√	△	○
15	地下水位	√	△	○
16	支护结构(土层)深层水平位移	√	△	○
17	支护结构内力	△	△	○
18	立柱与土钉内力	△	△	○
19	支护结构侧向土压力或孔隙水压力	△	△	○
20	坑底软土回弹和隆起	△	△	○

注:1. √为应测项目,△为宜测项目,○为可不测项目,/ 表示不存在这种情况;
　　2. 对深度超过15m的基坑宜设坑底土回弹监测点。

2.5.3 基坑周边建(构)筑物保护的内容和要求

1)优化设计方案

在设计上,控制基坑外土体沉降变形,将对建(构)筑物的影响降至最低。采取的主要措施有:

(1)在基坑外侧设置观测井来观测站外水位的变化。

(2)保证地下连续墙的施工质量,特别是接头质量,此部分地下连续墙接头用工字钢接头代替柔性接头,增加防水截水效果。

(3)在施工过程中,适当加密钢管支撑的布置,让地面的沉降变形控制在规范允许范围内。

2)施工措施控制

(1)减少振动对建(构)筑物的影响。

(2)按照地质报告,控制好泥浆的配比,防止在成槽过程发生槽壁坍塌。

(3)基坑的降水:加强监测基坑外水位变化,如有较大漏水引起水位下降,应立刻停止降水,对漏水部位围护结构进行加固补强,减少地面沉降变形,避免不均匀沉降对建(构)筑物造成的威胁。

3)地铁保护措施

应加强对地铁的保护,广东省地铁保护的相关规范也说明了对地铁在50m范围内保护的要求。措施有:

(1)进行土层分块挖掘,充分发挥土层的抗变形能力,减少土体移位。而对地铁沿线两侧的土体,需要坚决依照"分层挖掘""分块施工""对称建设"和"施工限时"等指标,在保证分块挖掘时土方大小适中的情况下使用抽条式间隔挖土。同时,在施工和检测上保证工程的绝对安全。

(2)在维护设计环节中,就要做好对管线的排查、维护。在设计的同时应该准确安置监测点和检测设备，如遇轻型管道线路，可以采取迁移法，将其换至安全的、不影响施工的地段，或者挖出，对其变形位置进行跟踪、处理，及时调节，待该工程完工后再填埋。如遇口径较大、无法迁移的管道线路，可采取隔断法处理，如果管道的水平移动符合要求而沉降无法实现时，可采用注浆法处理，加强施工监测，并保证注浆法的深度比影响界限高。

3 基坑工程风险识别与管控

3.1 深大基坑工程风险类别

3.1.1 基坑失稳坍塌和流砂突涌风险

1) 风险因素分析

导致基坑发生失稳坍塌、流砂突涌等重大安全事故风险的主要因素有：

（1）未查明拟建场地地层分布规律、地基均匀性及其物理力学性质。

（2）在现有技术设备条件下，超大、超长桩基础，或地下连续墙等深基坑围护结构体施工难以实现。

（3）未查明水文地质条件，如地下水类型、赋存条件、水头高度等，地下水控制方案（降水、截水和回灌措施）不当。

（4）深大建筑基坑、地铁车站基坑和工作井等抗隆起稳定性、抗渗流稳定性、整体稳定性不足。

2) 风险控制要点

（1）采用多种勘探、测试和室内试验等方法，发挥各种方法的互补性，进行综合勘探，查明地基土分布规律及其特征，取得岩土物理力学性质参数，对地质条件复杂的场地进行工程地质单元划分。

（2）建议合理的深基坑支护形式，提供准确的岩土物理力学参数，尤其是抗剪强度指标，要说明其试验方法和适用工况条件。

（3）针对深基坑工程降排水需要，进行专项水文地质勘察，查明地下水类型、补给和排泄条件，进行地下水的长期观测，提供随季节变化的最高水位、最低水位值，建议设计长期设防水位；分析评价各含水层对基坑工程的影响，包括突涌、流砂的可能性，根据地质条件和周边环境条件，建议合理可行的降水、截水及其他地下水控制方案。

（4）当需要采用降水控制措施时，应提供水文地质计算模型。

（5）收集深基坑开挖施工影响范围内的相邻建（构）筑物的结构类型、层数、地基、基础类型（天然地基、复合地基、桩基础等）、埋深、持力层等情况，周边地下各类管线及地下设施，对基坑支护结构、周边环境和设施进行监测提出建议。

（6）对于深基坑工程重大技术问题，应在定性分析的基础上进行定量分析，对理论依据不足且缺乏实践经验的工程问题，需通过现场模型试验或足尺试验进行分析评价。

3.1.2 地下结构上浮风险

1) 风险因素分析

导致地下结构上浮的主要因素有：

（1）未查明水文地质条件，如地下水类型、赋存条件、水头高度等。

（2）提供的抗浮设防水位不准确或地下结构抗浮措施不当。

（3）施工阶段地下水控制方案（降水、截水和回灌措施）建议不当。

2）风险控制要点

（1）查明地下水类型、补给和排泄水条件，进行地下水的长期观测，提供随季节变化的最高水位、最低水位值，建议设计长期设防水位。

（2）分析评价各含水层对地下结构工程的影响，建议合理可行的降水、截水及其他地下水控制方案。

（3）当需要采用降水控制措施时，应提供水文地质计算模型。

（4）水文地质条件复杂时，应进行专项水文地质勘察。

3.1.3　基坑坍塌风险

1）风险因素分析

随着目前基坑工程越挖越大，越挖越深、周边环境越挖越复杂，基坑设计面临的风险也越来越重，造成基坑坍塌的风险在设计方面的原因主要有：

（1）深基坑设计方案选择失误。

（2）支护结构设计中土体的物理力学参数选择不当。

（3）深基坑支护的设计荷载取值不当。

（4）支护结构设计计算与实际受力不符，或设计模型与基坑开挖实际不一致。

（5）支撑结构设计失误或锚固结构设计失误。

（6）地下水处理方法不当。

（7）对基坑开挖存在的空间效应和时间效应考虑不周。

（8）对基坑监测数据的分析和预判不准确。

2）风险控制要点

为确保施工安全，防止塌方事故发生，建筑基坑支护设计与施工应综合考虑工程地质与水文地质条件、基坑类型、基坑开挖深度、降排水条件、周边环境对基坑侧壁位移的要求，考虑基坑周边荷载、施工季节、支护结构使用期限等因素，做到合理设计、精心施工、经济安全。对深基坑坍塌风险，在设计阶段要综合考虑和采取以下措施：

（1）基坑计算必须考虑施工过程的影响，进行土方分层开挖、分层设置支撑、逐层换撑拆撑的全过程分析。尽可能使实际施工的各个阶段，与计算设定的各个工况一致。

（2）基坑设计时要考虑软土流变特性的时间效应和空间效应，考虑特殊土在温度、荷载、形变、地下水等作用下的特殊性质。

（3）认识施工过程的复杂性，如经常发生的超挖现象、出土口位置、重车振动荷载和行车路线、施工栈桥和堆场布置等。

（4）重视周边环境监测，研究基坑监测警戒值的合理取值范围。

（5）实行基坑动态设计和信息化施工：监测内力、变形、土压力、孔隙水压力、潜水及承压水水头标高等数据；反分析得到计算模型参数；预测下一工况支护结构内力和变形；必要时，修改设计措施、调整挖土方案。

（6）设计单位应当考虑施工安全操作和防护的需要，对涉及施工安全的重点部位和环节在设计文件中应注明，并对防范生产安全事故提出指导意见。

（7）采用新结构、新材料、新工艺和特殊结构的深基坑工程，设计单位应当在设计中提出保障施工作业人员安全和预防生产安全事故的措施建议。

（8）从设计理念和设计方法来看，要彻底转变传统的设计理念，建立变形控制的新的工程设计方法，开展支护结构的试验研究，探索新型支护结构的计算方法。

3.1.4 坑底突涌风险

1）风险因素分析

（1）截水帷幕存在不封闭施工缺陷，未隔断承压水层。

（2）基底未作封底加固处理或加固质量差。

（3）减压降水井设置数量、深度不足。

（4）承压水位观测不力。

（5）减压降水井损坏失效。

（6）减压降水井未及时开启或过程断电。

（7）在地下水作用和施工扰动作用下底层软化或液化。

2）风险控制要点

（1）具备条件时应尽可能切断坑内外承压水层的水力联系，隔断承压含水层。

（2）基坑内局部深坑部位应采用水泥土搅拌桩或旋喷桩加固，并保证其施工质量。

（3）通过计算确定减压降水井布置数量与滤头埋置深度，并通过抽水试验加以验证。

（4）坑内承压水位观测井应单独设置，并连续观测、记录水头标高。

（5）在开挖过程中应采取保护措施，确保减压降水井的完好性。

（6）按预定开挖深度及时开启减压降水井，并确保双电源供电系统的有效性。

3.1.5 坑底隆起风险

1）风险因素分析

深基坑坑底隆起风险与基坑坍塌有一定的关联关系，要重视因设计不周带来的风险：

（1）忽略坑底隆起稳定性验算。

（2）与基坑坍塌相关的风险。

（3）忽略坑底隆起对工程桩、支护构件带来的不利影响。

2）风险控制要点

对深基坑坑底隆起的风险控制，设计阶段要考虑和采取以下措施。

（1）设计阶段同样关注基坑坍塌面临的风险。

（2）设计时必须进行抗坑底隆起稳定性验算。

（3）施工时设计应关注坑底隆起（回弹）量的监测。

3.1.6 深基坑边坡坍塌风险

1）风险因素分析

（1）地下水处理方法不当。

（2）对基坑开挖存在的空间效应和时间效应考虑不周。

（3）对基坑监测数据的分析和预判不准确。

(4) 基坑围护结构变形过大。

(5) 围护结构开裂、支撑断裂破坏。

(6) 基坑开挖土体扰动过大，变形控制不力。

(7) 基坑开挖土方堆置不合理，坑边超载过大。

(8) 降排水措施不当。

(9) 截水帷幕施工缺陷不封闭。

(10) 基坑监测点布设不符合要求或损毁。

(11) 基坑监测数据出现连续报警或突变值未被重视。

(12) 坑底暴露时间太长。

(13) 强降雨冲刷，长时间浸泡。

(14) 基坑周边荷载超限。

2）风险控制要点

(1) 应保证围护结构施工质量。

(2) 制定安全可行的基坑开挖施工方案，并严格执行。

(3) 遵循时空效应原理，控制好局部与整体的变形。

(4) 遵循信息化施工原则，加强过程动态调整。

(5) 应保障支护结构具备足够的强度和刚度。

(6) 避免局部超载、控制附加应力。

(7) 应严禁基坑超挖，随挖随支撑。

(8) 执行先撑后挖、分层分块对称平衡开挖原则。

(9) 遵循信息化施工原则，加强过程动态调整。

(10) 加强施工组织管理，控制好坑边堆载。

(11) 应制定有针对性的浅层与深层地下水综合治理措施。

(12) 执行按需降水原则。

(13) 做好坑内外排水系统的衔接。

(14) 按规范要求布设监测点。

(15) 施工过程应做好对各类监测点的保护，确保监测数据连续性与精确性。

(16) 应落实专人负责，定期做好监测数据的收集、整理、分析与总结。

(17) 应及时启动监测数据出现连续报警与突变值的应急预案。

(18) 合理安排施工进度，及时组织施工。

(19) 开挖至设计坑底标高以后，及时验收，及时浇筑混凝土垫层。

(20) 控制基坑周边荷载大小与作用范围。

(21) 施工期间应做好防汛抢险及防台抗洪措施。

3.2 勘察设计阶段安全风险管理

3.2.1 工程勘察阶段安全风险管理

1）初步勘察应在工程可行性研究勘察的基础上，由勘察单位针对城市轨道交通工程线路敷设形式、各类工程的结构形式、施工方法等开展工作，为初步设计提供地质依据。初步勘察应对控制线路平面、埋深及施工方法的关键工程或区段进行重点勘察，并结合工程周边环境提出岩土工程防治和安全风险控制的初步建议。

2）初步勘察应完成以下工作：

（1）初步查明特殊性岩土的类型、成因、分布、规模、工程性质，分析其对工程的危害程度。

（2）查明沿线场地不良地质作用的类型、成因、分布、规模、预测其发展趋势，分析其对工程的危害程度。

（3）初步查明沿线地表水的水位、流量、水质、河湖淤积物的分布，以及地表水与地下水的补排关系。

（4）初步查明地下水水位，地下水类型，补给、径流、排泄条件，历史最高水位，地下水动态和变化规律。

（5）对可能采取的地基基础类型、地下工程开挖与支护方案、地下水控制方案进行初步分析评价。

（6）对环境安全风险等级较高工程的周边环境，分析可能出现的工程问题，提出预防措施的建议。

3）详细勘察应在初步勘察的基础上，由勘察单位针对城市轨道交通工程的建筑类型、结构形式、埋置深度和施工方法等开展工作，满足施工图设计要求。

4）详细勘察应完成以下工作：

（1）查明不良地质作用的特征、成因、分布范围、发展趋势和危害程度，提出治理方案的建议。

（2）查明场地内岩土层的类型、年代、成因、分布范围、工程特性，分析和评价地基的稳定性、均匀性和承载能力，提出天然地基、地基处理或桩基等地基基础方案的建议，对需进行沉降计算的建（构）筑物、路基等，提供地基变形计算参数。

（3）分析地下工程围岩的稳定性和可挖性，对围岩进行分级和岩土施工工程分级，提出对地下工程有不利影响的工程地质问题及防治措施的建议，提供基坑支护设计与施工所需的岩土参数。

（4）分析边坡的稳定性，提供边坡稳定性计算参数，提出边坡治理的工程措施建议。

（5）查明对工程有影响的地表水体的分布、水位、水深、水质、防渗措施、淤积物分布及地表水与地下水的水力联系等，分析地表水体对工程可能造成的危害。

（6）查明地下水的埋藏条件，提供场地的地下水类型和勘察时水位、水质、岩土渗透系数、地下水位变化幅度等水文地质资料，分析地下水对工程的作用，提出地下水控制措施的建议。

（7）分析工程周边环境与工程自身的相互影响，提出环境保护措施的建议。

5）因现场场地条件或现有技术手段的限制，存在无法探明的工程地质或水文地质情况时，勘察单位、设计单位及施工单位应分析设计和施工中潜在的安全风险。

6）应及时组织勘察单位向设计单位、施工单位、监理单位等进行初步和详细勘察文件交底，勘察文件交底应重点说明勘察文件中涉及工程安全风险的内容。

7）勘察单位进行勘察时，对尚不具备现场勘察条件的，应书面通知建设单位，并在

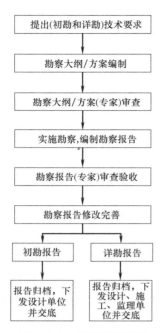

图 3.2-1　工程勘察阶段
安全风险操作指引

勘察文件中说明情况，提出合理建议。在具备现场勘察条件后，应及时进行勘察。工程设计、施工条件发生变化的，建设单位应及时组织勘察单位进行必要的补充性勘察。

8）勘察单位提交的勘察文件应真实、准确、可靠，符合国家规定的勘察深度要求，满足设计、施工的需要，并结合工程特点明确说明地质条件可能造成的工程安全风险，必要时针对特殊地质条件提出专项勘察建议。

工程勘察阶段安全风险操作指引见图 3.2-1。

3.2.2　初步设计阶段安全风险管理

1）设计单位提交的初步设计文件应符合国家规定的设计深度要求，并应根据地质条件、施工工法和工程周边环境的现状提出设计处理措施，必要时进行专项设计。设计文件中应注明涉及工程安全风险的重点部位和环节，并提出安全风险处置措施。

2）初步设计阶段安全风险管理工作包括：

（1）编制工程建设风险清单，建立层状或树状结构安全风险评估列表，对工程安全风险进行分级评估。

（2）对工程自身的安全风险进行评估并编制Ⅰ级工程自身的安全风险控制专项措施，对Ⅰ级周边环境安全风险应通过理论和试验研究并评估其影响程度和范围，有效降低安全风险等级。

（3）应编制Ⅱ级及以上工程自身和周边环境安全风险应急处置方案。

（4）对安全风险评估确定的高风险工程的设计方案、工程周边环境的监测控制标准等组织专家论证。

（5）对关键工程、重大周边建（构）筑物影响及采用新技术、新材料、新工艺、新设备的工程应进行专题风险评估。

3）设计单位组织开展初步设计阶段工程安全风险评估和专家论证。在报送初步设计文件审查时应提交经专家论证的安全风险评估报告。

初步设计阶段安全风险管理操作指引见图 3.2-2。

3.2.3　施工图设计阶段安全风险管理

1）设计单位提交的施工图设计文件应符合国家规定的设计深度要求，并应根据工程周边环境的现状评估报告提出设计处理措施，必要时进行专项设计。设计文件中应注明涉及工程安全的重点部位和环节，并提出保障工程安全的设计处理措施。施工图设计应包括工程及其周边环境的监测要求和监测控制标准等内容。

2）设计单位在前期工程建设安全风险评估和安全风险管理的基础上，应结合施工图设计方案再次进行建设安全风险辨识，形成工程风险分级清单，对风险分级清单进行审查和论证，编制Ⅰ、Ⅱ级风险分级清单专册，并纳入施工图设计文件。

3）设计单位针对项目的特点，进行风险识别、评估与分级，提出相应的应对措施，

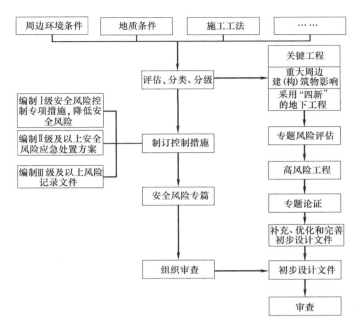

图 3.2-2　初步设计阶段安全风险管理操作指引

编制风险管理文件，作为指导施工阶段风险管理的重要依据。

（1）风险管理文件的内容应包括：危大工程清单、辨识的风险清单、安全风险专篇、安全专项设计、风险评估报告、风险控制措施、现场施工风险监控指标、重点及关键工程建设风险说明。

（2）风险评估报告内容包括：概述、编制依据、风险评估流程与评估方法、各单项风险评估、关键节点工程风险评估、专项风险控制措施、结论与建议。

4）设计单位应在施工图设计阶段对采用新技术、新材料、新工艺、新型车辆、新设备系统及关键工程进行安全风险分析，对建设中的关键工序或难点进行专项安全风险评估。

5）设计单位应在施工图设计阶段针对周边重要环境影响区域，结合现场监控制定环境影响安全风险预警控制指标，编制施工注意事项说明及事故应对技术处置方案。

6）设计单位应编制施工图设计风险记录文件，记录Ⅲ级及以上风险的名称、发生范围、风险等级、监控指标、控制方案及备注信息。

7）设计单位应对Ⅱ级以上风险，提出设计管控措施，并定期对措施的执行和落实情况进行跟踪，根据现场施工反馈信息，随时对施工图设计风险进行动态管理。

8）设计单位负责对设计文件及工程安全风险的交底说明，积极开展施工阶段的设计配合工作，解决施工阶段中与设计工作相关的问题。除针对现场重大风险除进行设计交底外，还应参与施工单位风险管理方案、处置措施与应急预案的评审。

3.2.4　工程周边环境调查

1）工程周边环境调查宜分阶段进行，不同阶段环境调查内容应满足相应阶段深度要求。

（1）可行性研究阶段应通过收集地形图、管线图等方式获取工程周边环境资料。对影响线路方案的重要工程周边环境，需进行重点调查。

（2）初步设计阶段应通过查询收集资料、实地调查走访和必要的现场勘查探测等手段对工程周边环境现状进行全面调查，并提出保护性措施。

（3）施工图设计阶段应根据工程设计条件变化或工程需要，补充完善工程周边环境资料。

2）承担建（构）筑物基础调查及管线探测服务的单位应按要求开展建（构）筑物基础调查及管线探测工作，编制建（构）筑物综合调查报告、建（构）筑物调查统计表和地下管线探测相关成果报告。施工前向监理、施工、第三方监测单位等进行交底。

3.3 招标投标阶段风险管理

1）招标投标阶段风险管理实施内容应包括：招标、投标文件准备，合同签订风险管理。

2）编制招标文件及拟定相关条款时，应说明所招标工程的建设风险点及其风险承担责任。

3）编制招标文件中有关风险管理要点应包括：

（1）对投标单位工程建设风险管理要求，包括风险管理机构组织与人员配备、资质资格要求和责任约束等。

（2）工程建设风险等级划分标准及风险点、工程重难点分析和处置措施。

（3）针对重大风险，对投标单位实施工程建设风险管理的要求。

（4）招标文件中列出危大工程清单，要求施工单位在投标时补充和完善危大工程清单并明确相应的安全管理措施。

（5）投标单位在其他类似工程中风险管理的相关经验等的说明。

（6）投标文件中需包含相关工程建设风险管理内容及评估方法。

（7）执行工程建设风险管理的相关工程技术标准和规范。

（8）类似工程的风险管理经验。

4）投标单位提交的投标文件中，风险管理方案应符合招标文件要求。

3.4 施工阶段安全风险管理

3.4.1 施工准备期安全风险管理

1）施工单位应成立风险管控专家组，负责审查各施工分部的总体风险管控方案、定期对安全风险进行评估和管控。

2）施工单位进场后组织开展工程重大风险分析与评审工作，编写《工程重大安全风险分析与评审报告》，并组织行业内专家评估咨询，根据专家意见对《工程重大安全风险分析与评审报告》进行修改，作为工程风险防控的重要指导意见。

3）施工单位应开展工程地质补充勘察、工程周边环境〔包括周边建（构）筑物、管线及其他环境设施〕影响因素核查工作，监理单位应对施工单位上述工作实施监督管理。

编制重大安全风险清单及控制措施专项施工方案的依据：

（1）工程地质补充勘察报告。

（2）工程周边建（构）筑物调查报告。

（3）工程周边管线调查报告。

（4）工程周边环境调查报告。

4）对于因工程施工受到严重影响的建（构）筑物，必要时应进行安全性鉴定，形成建（构）筑物安全性鉴定成果报告。施工单位可委托具备相应资质的鉴定机构进行鉴定。应进行鉴定的情况包括：

（1）施工图设计文件中要求应进行鉴定的。

（2）建（构）筑物的产权单位要求进行鉴定的。

（3）监理单位或施工单位认为建（构）筑物危险程度较高需进行鉴定的。

（4）其他需要进行鉴定的情况。

5）施工单位应在工程地质勘察报告、初步设计安全风险评估报告、工程周边环境资料、施工图设计文件及工程安全风险清单等的基础上，结合工程地质补充勘察报告、工程周边建（构）筑物调查报告、建（构）筑物安全性鉴定成果报告、工程周边管线调查报告、周边环境调查报告等进行工程地质条件安全风险分析、工程周边环境〔包括轨道交通、建（构）筑物、管线、道路等〕影响安全风险分析，编制《工程重大安全风险分析与评审报告》及控制措施专项施工方案。《工程重大安全风险分析与评审报告》及控制措施专项施工方案应作为施工期安全风险动态跟踪与控制的依据。

施工准备期间的安全风险管理操作见图 3.4-1。

6）施工组织设计中应包含施工安全风险管理专篇，包括施工组织及技术方案可行性安全风险分析、安全风险管理组织与工作制度、安全风险管理计划、安全风险防范与处置措施、应急设备物资储备。

7）施工单位应在施工前建立施工视频监控系统，且视频监控现场应具有适当的照明条件。

8）设计单位应在施工准备期开展施工图设计安全风险交底。主要内容包括但不限于：

（1）施工现场条件、工程地质与水文地质条件等。

（2）设计意图以及采用的规范标准。

（3）施工图设计方案、工程安全风险清单、安全风险分级、施工期注意事项等。

（4）安全风险预警控制指标、施工期监控量测要求。

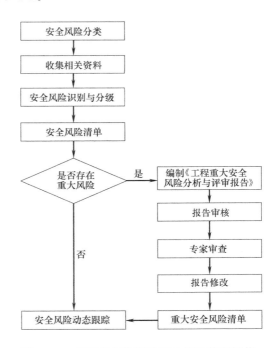

图 3.4-1 施工准备期间的安全风险管理操作

（5）对安全风险的处置措施、应急预案的指导性意见。

（6）设计单位对监理单位、施工单位提出的施工图设计中的问题的答复。

3.4.2 施工期安全风险管理

建设单位应按照法律法规、行业规范和安全风险管理制度等要求，细化管理制度，加强对施工、监理单位落实专项方案、专家评审、风险评估以及应急预案编制等工作的检查与考核。

3.4.3 安全风险分类与分级规则

1）安全风险分类和分级应根据工程建设的进展分阶段进行，并充分考虑地质条件对工程的影响程度进行安全风险分级。

2）建设工程主要安全风险为：工程地质风险、工程自身风险、工程周边环境风险。

3）建设工程安全风险从安全风险事件造成后果的严重程度（S）、可能性（L）和历史发生影响度（F）进行分级认定评估，评估出风险程度 R（风险程度 $R=$ 事件后果严重程度 $S\times$ 事件发生可能性 $L\times$ 事件历史发生影响度 F），详见本章附表3.1。

4）根据严重程度、风险发生的可能性和历史发生影响度等条件，结合设计施工方案或工程控制措施、施工条件的变化等因素综合确定安全风险等级。安全风险等级由大到小分为七级（Ⅰ～Ⅳ级，其中Ⅱ级、Ⅲ级和Ⅳ级风险又分别分为风险较大的和风险较小的两个等级）。

5）针对不同等级风险，应采用不同的风险处置原则和控制方案。风险控制等级和风险接受准则表详见本章附表3.2。

3.5 施工巡查情况

3.5.1 施工工况

1）开挖后暴露的土质情况与岩土勘察报告有无差异。

2）基坑开挖分段长度、分层厚度及支锚设置是否与设计要求一致。

3）邻近基坑及建筑的施工变化情况。

4）地下室支撑拆除完成情况。

3.5.2 荷载情况

1）施工现场平面布置与设计限荷是否对应。

2）施工道路及市政道路与图纸对应情况。

3）出土路线与图纸对应情况。

4）周边建（构）筑物（浅基础）变化情况。

3.5.3 截排水情况

1）场地地表水、地下水排放状况是否正常。

2）基坑降水、回灌设施布置间距是否与设计对应，是否运转正常。

3）截水帷幕抽芯情况，表层固结体尺寸、搭接宽度，开挖后截水效果情况。

3.5.4 风险源处理措施

1）截水、隔水措施失效的处理措施

（1）设置导流水管，采用遇水膨胀材料或采用压密注浆、聚氨酯注浆等方法堵漏。

（2）用快硬早强混凝土浇筑围护挡墙。

（3）在基坑内壁采用高压旋喷或水泥土搅拌桩增设截水帷幕。

（4）结合以上措施配合坑内井点降水。

2）围护墙体渗水的处理措施

（1）如渗水量极少，为轻微湿迹或缓慢滴水，而检测结果也未反映周边环境有险况，则只在坑底设置排水沟，暂不做进一步修补。

（2）如渗水量逐步增大，但没有泥砂被带出，而周边环境无险况，可采用引流的方法，在渗漏部位打入一根钢管，使其穿透进入墙背土体，将水通过钢管引出，当修补的混凝土或水泥达到一定强度后，再在钢管内压浆，将出水口封堵。

（3）当渗水量较大、呈流状或者接缝有渗水时，应立即进行堵漏。采取坑内坑外同时封堵的措施，坑内封堵按上述情况进行，坑外封堵用在墙后压密注浆的方法。注浆压力不宜过大，减少对基坑的影响，必要时应在坑内回填土方后进行，待注浆后，再重新开挖。

（4）在第一时间通过监测单位进行密切监测。同时，一天至少一次监测。

3）流砂及管涌的处理措施

（1）对渗水量较少，不影响施工周边环境的情况，可采用坑底设沟排水的方法。

（2）对渗水量较大，但没有泥砂带出，造成施工困难，而对周围影响不大的情况，可采用"引渗—修补"方法，即在渗漏较严重的部位先在围护墙（桩）上水平（略向上）打入一根钢管，使其穿透围护墙体进入墙背土体内，由此将水从该管引出，而后将管边围护墙的薄弱处用防水混凝土或砂浆修补封堵，待修补封堵的混凝土或砂浆达到一定强度后，再将钢管拔出，并将出水口封堵。

（3）对渗漏水量很大的情况，应查明原因，采取相应的措施：如漏水位置离地面较浅处，可将围护结构背侧开挖至漏水位置下 500～1000mm，用密实混凝土进行封堵；如漏水位置埋深较大，可在墙后采用压密注浆方法，浆液中应掺入硅酸钠，使其能尽早凝结，也可采用高压旋喷注浆方法。

（4）如条件许可，可在坑外增设井点降水，以降低水位、减小水头压力。

（5）对轻微的流砂现象，采用加快垫层混凝土浇筑或加厚垫层；对较严重的流砂现象，应增加坑内降水措施；对坑内局部加深部位产生流砂的现象，一般采用井点降水方法。

4）基坑土体失稳滑坡或坍塌的处理措施

（1）边坡失稳滑坡，在不危及人员安全前提下，对基坑边坡补强加密桩锚；如果不能补强，则应立即组织土方回填基坑塌方处，待基坑边坡稳定后，在边坡上浇筑钢筋网（或钢丝网）混凝土护坡，然后视情况继续施工或采取其他加固补强措施。

（2）出现土体坍塌现象应立即暂停该区域的挖土工作，将人员撤至安全地区，将坡上边的物体搬走，卸除坡边堆载物。对可能放坡时间较长的边坡，必要时用钢丝水泥砂浆护坡。

5）基坑坑底隆起的处理措施

一旦发现基坑底部隆起迹象，应立即停止土方开挖，并应立即加设基坑外沉降监测点，迅速回填土方或混凝土，直至基坑外沉降趋稳，方可停止回灌或回填。

6）围护桩墙位移超过报警值的处理措施

（1）立即停止基坑开挖，回填反压或顶部卸土。

（2）有条件情况增设锚杆或支撑。

（3）采取回灌、降水等措施调整降深。

（4）在建筑物基础周围采用注浆加固土体。

（5）制定建筑物的纠偏方案并组织实施。

7）围护结构底部位移过大处理措施

（1）回填反压土。

（2）增加桩、锚数量。

（3）增设坑内降水设备降低地下水，条件许可时可在坑外降水。

（4）进行坑底加固，如采用注浆、高压喷射注浆等提高被动区抗力。

（5）坑底土方随挖随浇垫层，对基坑挖土合理分段；每段土方开挖到坑底后及时浇筑垫层。

（6）加厚垫层、采用配筋垫层或设置坑底支撑。

8）周边建（构）筑物出现险情时的处理措施

（1）立即停止基坑开挖，回填反压。

（2）增设锚杆或支撑。

（3）采取回灌、降水等措施调整降深。

（4）在周边建筑物基础周围采用注浆加固土体。

（5）制定建筑物的纠偏方案并组织实施。

9）邻近管线、管道事故处理措施

（1）立即关闭危险管道阀门，采取措施防止发生火灾、爆炸、冲刷、渗流破坏等安全事故。

（2）停止基坑开挖，回填反压，基坑侧壁卸载。

（3）及时加固、修复或更换破裂管线。

3.6 安全风险预警管理

3.6.1 风险预警分类与分级

1）安全风险管理实施分级预警。依据安全风险事件可能造成的危害程度、发展情况和紧迫性等因素，由低到高划分为黄色、橙色、红色三个预警级别。其中，新线建设预警还需设置监测预警、巡视预警和综合预警三类。

2）监测预警：根据设计单位提出的监控量测控制指标值，将施工过程中监测点的预警状态按严重程度由小到大分为黄色、橙色、红色三个预警级别。另外，红色预警根据变形绝对值和速率值超出控制值范围由小到大分为三级：Ⅲ级红色预警、Ⅱ级红色预警、Ⅰ

级红色预警。详见本章附表3.3。

3）巡视预警：指施工过程中通过巡视，发现安全隐患或不安全状态而进行的预警状况；根据现场巡视情况判断。按严重程度由小到大分为三级：黄色巡视预警、橙色巡视预警和红色巡视预警。详见本章附表3.4。

（1）黄色巡视预警：工程存在轻度安全风险方面的不安全状态。

（2）橙色巡视预警：工程存在较严重安全风险方面的不安全状态。

（3）红色巡视预警：工程存在严重安全风险方面的不安全状态。

4）综合预警：施工过程中根据现场参与各方的监测、巡视信息，并通过核查、综合分析和专家论证等，及时综合判定出工程风险不安全状态而进行的预警。按严重程度由小到大分为三级：黄色综合预警、橙色综合预警和红色综合预警。详见本章附表3.5。

3.6.2　风险预警发布

1）施工单位是预警处理的实施和执行主体，监理单位、设计单位、第三方监测单位、建设单位等应加强安全监控，设计单位应参加方案制定和风险处理。

2）当预判工程可能达到红色综合预警状态或发生工程突发风险事件（事故）时，应首先组织先期处置，并以电话等快捷和可追溯的形式及时向相关单位进行快报。

3）发生工程突发风险事件（事故）后，不得对发生风险事件（事故）的工程部位发布巡视预警或综合预警，但若风险事件（事故）可能引发次生灾害、邻近部位可能导致风险状况，可发布预警。

4）监理单位在发现存在不安全状态并进行预警时，应及时以安全隐患报告书、停工令等形式通知施工单位，施工单位在落实意见后方可复工。

5）监理单位应及时比对、汇总和分析施工单位和第三方监测单位上报的监测、巡视及预警信息。

6）监理单位根据第三方监测单位提供的工程风险综合预警等级判定建议并结合现场复核、多方会商和专家论证等形式及时综合确定工程风险综合预警等级。

7）监测预警发布：由施工单位（施工监测）和第三方监测单位对数据进行比对分析无误后发布。

8）巡视预警发布：由施工单位发布。监理单位、第三方监测单位等参建单位进行现场巡视时发现安全隐患或不安全状态，可发布巡视预警或向施工单位提出预警发布要求。发布预警后，在预警期间内不得针对同一工程部位发布同类别、同等级的预警。

9）黄色综合预警发布：由监理单位组织施工单位、第三方监测单位等参建单位根据风险工程的监测数据、现场巡视信息及风险状况评价，综合判定和现场判定后，由施工单位发布。

10）橙色综合预警发布：由监理单位组织建设单位、施工单位、第三方监测单位等参建单位根据风险工程的监测数据、现场巡视信息及风险状况评价，综合判定和现场判定后，经建设单位审批，由施工单位发布。

11）红色综合预警发布：由监理单位组织建设单位、施工单位、第三方监测单位等参建单位根据风险工程的监测数据、现场巡视信息及风险状况评价，综合判定和现场判定后，经建设单位审批，施工单位发布，上报质量安全部门备案，并由质量安全部门报安监部门备案。

12）监测、巡视和综合预警应通过预警通知单形式发布。

13）建设单位可根据现场巡视情况要求相关单位发布巡视预警和综合预警。

3.6.3 风险预警响应

1）建设单位和参建各方应根据风险管控等级的不同参与各类预警响应，并填报预警响应记录表。

2）相关参建各方应对已发布预警的工程部位及工程周边环境加强监测和巡视，施工单位应对预警部位及时采取必要措施，避免风险事件（事故）的发生。

3）监测、巡视预警响应：预警发布后，施工单位应立即采取处置措施进行响应，监理单位组织施工单位、第三方监测单位进行分析，立即制定措施遏制风险的发展。若为红色预警，施工及设计单位应先提出初步分析和处理方案，监理单位立即组织相关预警响应单位（部门）参与预警分析会议，制定预警处置方案并督促施工单位立即组织实施，消除险情。

监测、巡视预警相关响应流程见图 3.6-1。

4）综合预警响应：预警发布后，施工单位应第一时间采取处置措施进行响应，施工及设计单位提出初步分析和处理方案，监理单位立即组织相关预警响应单位（部门）参与预警分析会议，施工单位项目技术负责人负责制定风险处理方案，项目经理主持并组织风险处理。综合预警响应流程见图 3.6-2。

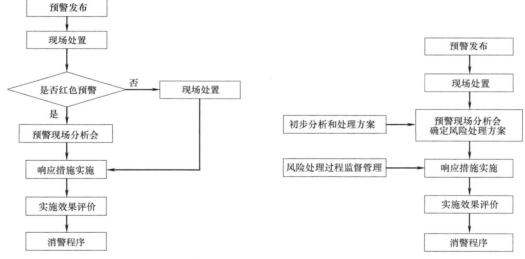

图 3.6-1　监测、巡视预警响应流程　　　　图 3.6-2　综合预警响应流程

5）发布预警后，相关各方应在规定时间内进行响应。一般情况下，红色预警 4h 内响应，橙色预警 6h 内响应，黄色预警 8h 内响应，特殊情况下响应时间可适当进行延长，但最晚不得超过 24h。

6）当判定工程风险处于红色综合预警时，在发布预警的同时，施工单位应立即启动应急预案，及时采取现场处置工作。

7）预警发布后由监理组织响应单位（部门）召开预警分析会，预警分析会应核实分析以下内容：

（1）核实预警信息。

（2）分析预警原因，包含技术因素、环境因素、管理因素等。

（3）判断风险工程的安全状态。

（4）研究具体的工程处置方案。

8）现场分析会后，施工单位应落实商定的处置措施，由建管部负责监督，监理单位、第三方监测单位等跟踪处置效果。

9）相关各方应对已发布预警的工程部位及工程周边环境加强监测和巡视，施工单位应第一时间对预警部位及时采取必要处置措施，避免风险事件（事故）的发生。

3.6.4 风险预警消警

1）工程实施过程中，通过相关技术措施与管理手段，达到消除工程风险且具备解除警戒条件的，可进行消警。工程消警分为监测预警消警、巡视预警消警和综合预警消警三类。

2）预警消警应遵循"谁发布，谁解除"的原则。

3）在工程安全风险处理结束后，至少具备以下条件之一时，即达到消警标准：

（1）预警期间没有发生工程自身事故或环境风险事故，且没有次生灾害发生，监测数据变化持续在规定的控制值范围内，预警部位已不影响施工安全、城市轨道交通结构安全和周边环境安全，且已不存在后期大的受力转换和监测数据变化可能。

（2）监测预警发生范围内主体结构工程已经完成，不存在后期大的受力转换和监测数据变化可能。

（3）发生了工程自身事故或环境风险事故并已进行了妥善处理，监测数据变化持续在规定的控制值范围内，预警部位已不影响施工安全、城市轨道交通结构安全和周边环境安全，且已不存在后期大的受力转换和监测数据变化可能。

4）综合预警消警经建设、施工、监理、勘察、设计、第三方监测六方会议或专家会议综合分析评估，确认工程自身风险和环境风险解除时，即达到消警标准。

附表 3.1

安全风险评估基准表（$R = L \times S \times F$）

安全风险事件发生可能性分值（L 的取值）

分数值	事件发生的可能性	判断标准
10	完全会被预料到	1. 已经发生过类似事件，且没有采取防护措施或采取现有防护措施后依然发生类似事故或事件； 2. 其他企业多次发生过类似的事件，而本企业也明显存在导致该类事件发生的条件； 3. 明显违反国家有关安全操作、设备设施安全性能要求等强制性标准； 4. 设备设施的定期检测结果严重不符合国家法律法规的安全要求，且在规定的时间间隔内没有进行整改； 5. 操作规程未建立； 6. 人员无证上岗； 7. 设备设施严重超负荷运转； 8. 设备设施没有经过专业检查

续表

分数值	事件发生的可能性	判断标准
6	相当可能	1. 安全操作规程培训不到位; 2. 经常出现违反安全操作规程的行为,但没有发生不可接受的风险事件; 3. 设备设施有时出现超负荷运转,但不是严重超负荷运转; 4. 设备设施的定期检测结果不符合国家法律法规的安全要求,且在规定的时间间隔内没有进行整改; 5. 使用超期且没有经过检查的设备; 6. 一年内可能发生多次
3	可能但不经常	1. 有时会出现违章行为; 2. 危险的发生容易被发现; 3. 过去曾经发生过类似事故或事件; 4. 一年内可能发生一次
1	可能性较小	1. 已有控制措施,但员工安全意识不是很高; 2. 三年内可能发生一次
0.5	可能性小	1. 有充分、有效的控制措施,偶尔出现措施没有严格执行的情况; 2. 设备安全条件较好,但员工安全卫生意识不是很高; 3. 五年内可能发生一次
0.1	可能性极小,完全意外	1. 危险一旦发生能及时发现,并定期进行监测; 2. 风险的发生需要多个条件,而这几个条件发生的可能性都较小; 3. 十年内可能发生一次

安全风险事件严重度 S 的取值

分数值	人身伤害事件	健康危害	直接经济损失
100	30 人以上死亡,或 100 人以上重伤(包括急性工业中毒,下同)	1. 100 人及以上急性工业中毒 2. 30 及以上人职业病	直接经济损失 1 亿元以上
80	10 人以上 30 人以下死亡,或 50 人以上 100 人以下重伤	1. 50~100 人急性工业中毒 2. 20~30 人职业病	直接经济损失 5000 万元以上 1 亿元以下
60	3 人以上 10 人以下死亡,或 10 人以上 50 人以下重伤	1. 10~50 人以上急性工业中毒 2. 10~20 人职业病	直接经济损失 1000 万元以上 5000 万元以下
40	1 人以上 3 人以下死亡,或 3 人以上 10 人以下重伤	1. 3~10 人以上急性工业中毒 2. 4~10 人职业病	直接经济损失 100 万元以上 1000 万元以下
15	人员死亡 1~2 人,或重伤 3~9 人	1. 5~9 人急性工业中毒 2. 3 人及以上职业病或 3 人及以上出现听力/视力下降等	直接经济损失 30 万元以上 100 万元以下
7	重伤 1~2 人	1. 1~4 人急性中毒 2. 1~2 人职业病或 1~2 人出现听力/视力下降等	直接经济损失 1 万元以上 10 万元以下
3	轻伤(损失工时 1~105 天)	重度不适,出现呕吐、昏倒、食物中毒情况	直接经济损失 1 万元以上 10 万元以下
1	轻微伤(损失工时 1 天以下或不损失工时)	较严重不适,需要休息	没有造成经济损失或直接经济损失低于 2000 元

安全风险事件历史发生影响度 F 的取值

分数值	事件历史发生影响度	判别标准
1.2	重大影响	1. 同类事故在全国三年内已经发生过一次及以上,且该事故等级为特别重大事故、重大事故; 2. 同类事故在全国三年内已经发生过三次及以上,且该事故等级为较大事故; 3. 同类事故在全国三年内已经发生过五次及以上,且该事故等级为一般事故; 4. 同类事故在广州三年内已经发生过一次及以上,且该事故等级为特别重大事故、重大事故; 5. 同类事故在广州三年内已经发生过三次及以上,且该事故等级为较大事故; 6. 同类事故在广州三年内已经发生过五次及以上,且该事故等级为一般事故
1.1	较大影响	1. 同类事故在全国三年内已经发生过一次至两次,且该事故等级为较大事故; 2. 同类事故在全国三年内已经发生过三次至四次,且该事故等级为一般事故; 3. 同类事故在广州三年内已经发生过一次至两次,且该事故等级为较大事故; 4. 同类事故在广州三年内已经发生过三次至四次,且该事故等级为一般事故
1	一般影响	1. 同类事故在全国三年内已经发生过一次及两次,且该事故等级为一般事故; 2. 同类事故在广州三年内已经发生过一次及两次,且该事故等级为一般事故

风险程度 R 划分表（$R = L \times S \times F$）

风险分级	风险程度 R	处理措施
Ⅰ级(特别重大)	＞320	1. 不能继续作业; 2. 暂停相关部分的运作,制定改进目标及措施; 3. 对改进的措施进行评估,降低风险度
Ⅱ级(风险较大的)	251～320	1. 建立目标及控制措施; 2. 建立运作控制程序; 3. 定期检查、测量、评估; 4. 降低风险级别; 5. 风险没有得到降低前,应有应急措施; 6. 限期降低风险级别
Ⅲ级(风险较小的)	101～250	1. 建立目标及控制措施; 2. 建立运作控制程序; 3. 定期检查、测量、评估; 4. 降低风险级别; 5. 风险没有得到降低前,应有应急措施; 6. 限期降低风险级别
Ⅳ级(风险较大的)	73～100	1. 采取适当的控制措施并建立操作规程; 2. 加强员工的培训工作; 3. 建立专项档案,加强监测、检查
Ⅴ级(风险较小的)	46～72	1. 采取适当的控制措施并建立操作规程; 2. 加强员工的培训工作; 3. 建立专项档案,加强监测、检查
Ⅵ级(风险较大的)	23～45	1. 完善操作规程; 2. 在考虑现有技术、财务方面要求,认为该类风险目前无法降低时,要维持现有的风险控制水平,避免风险值升高; 3. 维持和完善现有风险控制措施
Ⅶ级(风险较小的)	0～22	1. 完善操作规程; 2. 在考虑现有技术、财务方面要求,认为该类风险目前无法降低时,要维持现有的风险控制水平,避免风险值升高; 3. 维持和完善现有风险控制措施

附表 3.2

风险控制等级和风险接受准则表

工程原始风险等级	危险程度	接受准则	处置原则	控制方案	应对部门
Ⅰ级(特别重大)	极其危险	不可接受	必须采取风险控制措施降低风险,至少将风险降低至可接受或不愿接受的水平	应编制风险预警与应急处置方案,或进行方案修正或调整等	政府部门及工程建设参与各方
Ⅱ级(风险较大的)	高度危险	不愿接受	必须采取风险处置措施降低风险等级,且风险降低的所需成本不应高于风险发生后的损失	应实施风险防范与监测,制定风险处置措施	
Ⅲ级(风险较小的)	较为高度危险				
Ⅳ级(风险较大的)	中度危险	可接受	不采取特殊风险处置措施,但需采取一般设计及施工措施控制风险程度	加强日常管理与审视	工程建设参与各方
Ⅴ级(风险较小的)	一般危险				
Ⅵ级(风险较大的)	一般危险	可忽略	不采取风险处置措施,实施常规监控	开展日常管理和审视	工程建设参与各方
Ⅶ级(风险较小的)	一般危险				

附表 3.3

监测预警级别判定标准

监测预警级别		双控指标 超过监控量测控制值	单控指标 超过监控量测控制值
黄色		70%	80%
橙色		80%	100%
红色	Ⅲ级	100%	150%
	Ⅱ级	150%	200%
	Ⅰ级	200%	300%

附表3.4

现场巡视预警等级划分表

施工工法及周边环境类型		巡视预警参考标准(满足以下条件之一)
明(盖)挖法	黄色	1. 桩(墙)体出现断桩、夹泥; 2. 同一流水段内有2根桩体侵入主体结构并须切断主筋进行处置的; 3. 未采取分层分段方式开挖; 4. 边坡坡度超过设计值,或一次性开挖超过一个流水段长度; 5. 桩间、侧壁喷护不及时或土体有塌落形成空洞; 6. 基坑侧壁有较多的渗水点; 7. 支撑未按设计要求安装防坠落装置; 8. 钢围檩设置不连续或连接不牢固; 9. 一次支撑拆除数量超过一个流水段长度; 10. 基坑边长期有重型设备作业,且未采取加固措施
	橙色	1. 同一流水段内有2根(含)以上桩体出现断桩、夹泥; 2. 同一流水段内有3根(含)以上或连续2根桩体侵入主体结构并须切断主筋进行处置的; 3. 桩间土体塌落形成空洞且有发展; 4. 基坑侧壁或基底有流水、流砂(土); 5. 侧壁喷护不及时或边坡坡度超过设计值,且局部出现明显变形、开裂或存在滑塌趋势; 6. 阳角部位钢围檩设置不连续或连接不牢固; 7. 锚索未按设计要求拉拔锁定即进行下层土方开挖; 8. 结构混凝土强度未达到设计要求即拆除支撑; 9. 基坑阳角、明暗挖结合等部位的坑边荷载超过设计值
	红色	1. 同一流水段内有50%以上桩体出现断桩、夹泥; 2. 同一流水段内有50%以上桩体侵入主体结构并须切断主筋进行处置的; 3. 基坑阳角、明暗挖结合段等部位出现下列情况: 　①2根(含)以上桩体出现断桩、夹泥; 　②3根(含)以上或连续2根桩体侵入主体结构并须切断主筋进行处置的。 4. 基坑阳角、明暗挖结合段等部位出现侧壁喷护不及时或边坡坡度超过设计值,且局部出现明显变形、开裂或存在滑塌趋势; 5. 基坑侧壁或基底有涌水、涌砂(土); 6. 因坑边荷载引起基坑或地面产生可见过大变形或开裂,且有发展
工程周边环境	黄色	1. 建(构)筑物墙体出现开裂、剥落或可见变形,但不影响正常使用; 2. 地下室墙面或顶板局部渗水、滴水; 3. 桥梁墩台、梁板或桥面、锥体、引道挡墙出现新增裂缝或可见变形; 4. 既有营运线路和铁路道床结构出现新增裂缝或可见变形; 5. 施工影响区内地面出现新增裂缝或可见明显变形; 6. 施工影响范围内河坡坡出现新增裂缝; 7. 地下管线未按方案采取保护措施; 8. 架空高压线基础与周边地面出现新增裂缝

续表

施工工法及周边环境类型		巡视预警参考标准(满足以下条件之一)
工程周边环境	橙色	1. 建(构)筑物墙体出现开裂、剥落或可见变形; 2. 地下室墙面或顶板较大面积渗水、滴水; 3. 桥梁墩台、梁板或桥面裂缝或可见变形有发展; 4. 既有营运线路和铁路道床结构裂缝或可见变形有发展; 5. 施工影响区内地面裂缝或可见变形有发展; 6. 施工影响范围内河堤坡裂缝有发展; 7. 管线可见变形、渗漏; 8. 架空高压线基础与周边地面裂缝有发展
	红色	1. 建(构)筑物墙体、柱或梁出现开裂、剥落或可见显著变形,影响正常使用; 2. 地下室墙面或顶板涌水; 3. 桥梁墩台、梁板或桥面混凝土剥落、露筋或可见显著变形; 4. 既有营运线路和铁路变形缝混凝土剥落、主筋外露或可见显著变形; 5. 可见显著地面沉陷或隆起; 6. 隧道上方河流湖泊水面出现水泡或漩涡; 7. 可见明显变形、渗漏且有发展; 8. 架空高压线基础及周边地面沉陷

附表 3.5

综合预警分级判定标准

预警级别	判定条件		
	监测预警	巡视预警	风险状况评价
黄色	橙色或红色(Ⅲ级)	橙色	存在轻度风险不安全状态,基本可控
	红色(Ⅱ级或Ⅰ级)	黄色	
橙色	红色(Ⅲ级)	红色	存在较严重风险不安全状态,且出现危险征兆,风险基本不可控,需采取处理措施
	红色(Ⅱ级或Ⅰ级)	橙色	
红色	红色(Ⅱ级或Ⅰ级)	红色	出现严重危险征兆或险情,风险不可控,须立即采取措施和启动应急预案

注：1. 综合预警的判定应同时具备监测预警、巡视预警、风险状况评价 3 列中的状态;
　　2. 监测数据缺失或无巡视预警的情况下,工程出现危险征兆也应发布综合预警。其预警等级由发布单位依据风险状况及专业经验判定。

4 特殊水文及地质对基坑的影响

4.1 特殊工程地质及评价

近年来，在珠三角地区地下工程建设日益增多，其中基坑呈现开挖深、规模大、形状复杂等特点。上文章节中对于一般地质情况下的基坑，提出了相关的设计建议。但由于这一地区地质环境非常复杂，使得在深大基坑支护结构的设计和施工难度大大增加。本章节针对这一地区中分布较多、影响较大的特殊水文及地质情况进行简要的说明。

特殊水文及地质条件对基坑工程设计施工过程产生较大影响的有：花岗岩残积土、岩溶、红层、软土和地下水作用等。

在花岗岩区域，由花岗岩风化形成的花岗岩残积土的粒度组成有"两头大、中间小"的特点，同时具有砂性土及黏性土的特性，遇水极易软化崩解。坡体容易沿原生结构面或次生结构面失稳。本区域的基坑在旱季和雨季开挖安全度大不一样。工程师要特别注意试验资料的来源，对在不同季节施工的基坑，其指标在运用上要适当调整。

在石灰岩区域，则要注意岩溶、土洞对基坑安全造成的危害。这种危害突出表现在支护及开挖的过程中。广州地区的岩溶多属覆盖型，基岩表面普遍有冲积、洪积层，厚度一般在 10～20m，地下水普遍高于岩面。岩溶发育相对强烈，有的溶洞垂直钻距超过 30m。土洞发育中，土洞造成的地面塌陷、开裂时有所闻。在岩溶发育地区施工过程中突然出现漏水、漏浆或涌水、涌砂，陷机掉钻等事故。涌水涌砂引起周边道路、管线、房屋沉裂的事故，甚至导致基坑垮塌，是这个地区基坑事故的特点。

在红层区域，当基坑开挖愈来愈深，成为土岩相连的深基坑时，岩层的产状，岩层风化强弱相间的特点往往易被轻视。红层是沉积岩，岩性属软岩，在构造运动中形成的褶皱呈各种不同的形态。在外力作用下产生的裂隙或岩层面，由于风化作用的差异，经常可见所谓软弱夹层。由于对岩层产状的忽视，使得我们对基坑边坡的破坏模式产生判断失误，在侧压力的计算上出现与实际情况不符，从而导致支护结构失效的情况。"7·21"事故后，该类地层已引起了基坑支护设计师的高度重视。

在深厚软土区域，基坑设计、施工的概念完全不同于其他地区。

以南沙地区深厚软土为例，该地区的软土属新近沉积，颗粒细，含水量高，为超软弱黏性土。含水量一般在 $60\%～80\%$，有的甚至超过 100%；孔隙比高，有的大于 2，有很大的孔隙率；塑性指数高，有的达 25 以上；而渗透性极低，为 $1.0\times10^{-6}～1.0\times10^{-7}$ cm/s；这样的超软弱土，承载力相当低。由于南沙地区地处出海口，软土沉积厚度大，往往超过 20m 甚至达到 30m。要使其密实硬化提高强度，就是要在几乎不透水的物质中将水排出来使土体固结或采用化学的方法加固土体，但这两种方法都绝非易事。在这样的土层上进行深基坑开挖，犹如在豆腐中挖洞，给支护设计带来很大难度，风险大大增加。由于本地区的工程经常采用预应力管桩或钻孔灌注桩，基坑开挖造成工程桩倾斜、移位的事故也屡见不鲜。工程桩的安全成为本地域基坑安全的另一个较为突出的问题。

对于这四类地层特性相差如此悬殊的介质，在进行基坑工程活动的过程中，选择何种支护形式，选择何种计算模型，如何选取计算参数，采取何种施工方法，应当有所不同。后续将逐一提供简明扼要的建议说明。

4.1.1　花岗岩残积土

花岗岩地区地形多为中低山和丘陵，在长期的外力地质作用下花岗岩体表面普遍覆盖着一层较厚的风化残积土，即花岗岩残积土。

花岗岩残积土呈明显的砂性土、砾质土的特征，按颗粒大小及其含量的不同，可分为砾质黏性土、砂质黏性土和黏性土。研究表明：花岗岩残积土具有较高的孔隙比、压实系数偏高、变形性较低，遇水软化崩解且具有较高强度指标的特性；在天然状态下有较高的承载力和自稳能力。

已有研究在统一经济指标下进行了花岗岩风化层处理方案的比选。研究表明：在基坑内采用降水处理是在花岗岩残积土中进行基坑施工的最经济的手段。在基坑开挖前 20 天进行降水，能有效地解决花岗岩残积土软化崩解的问题，保证基坑的安全与稳定。

4.1.2　岩溶

岩溶又名喀斯特地貌，是可溶性岩层（石灰岩、白云岩、石膏、岩盐等）在被水溶解为主的化学溶蚀作用下，伴随以机械作用而形成沟槽、裂隙、洞穴，以及由于洞顶塌落而使地表产生沉陷等一系列现象和作用的总称。岩溶区的地表形态与地下形态特征不同。

岩溶主要的地表形态有：溶沟、溶槽，石芽、石林，漏斗、落水洞、竖井，溶蚀洼地，坡立谷。主要的地下形态有：溶蚀裂隙、溶洞、暗河、石钟乳、石笋、石柱、天生桥。如在广州的三元里、机场路、芳村、罗涌围、江村，以及花都等地区都普遍存在着发育的灰岩。伴随着该类地层在地质历史中形成的溶槽、溶沟、溶洞、鹰嘴岩等使得岩面起伏而犬牙交错，给工程建设带来很大影响。由于有溶洞，伴随溶沟、溶槽的存在，在岩体自重或建筑物重量作用下，可能会发生地面变形，地基塌陷，影响建筑物的安全和使用。由于地下水的运动，建筑场地或地基可能出现涌水淹没等突然事故。

岩溶地区基坑工程的难点主要表现在其工程特殊性。岩溶地基情况复杂、岩面起伏大，溶（土）洞分布情况难以通过有限的钻探孔摸查清楚。在岩溶基坑支护设计前，勘察单位应采取相应的岩溶探测手段，探明基坑影响范围内溶（土）洞的大致分布、埋深以及基岩的起伏形态。设计单位则应根据实际岩溶发育程度、规模、分布大小等确定支护方案及溶（土）洞的处理方式。同时，应重视岩溶基坑的防水、降水和排水措施，防止发生基坑岩溶渗漏、岩溶水反涌、突泥等事故。在地下水位急剧变化区域或在强径流区域的基坑开挖，还应充分考虑疏排地下水对周边环境的影响。

4.1.3　红层

红层是一种外观以红色为主色调的陆相碎屑岩沉积地层，我国红层大多形成于中、新生代漫长的地质历史时期，主要沉积时代为三叠纪、侏罗纪、白垩纪、第三纪。红层广泛分布于我国的西南、西北、华中及华南地区，是一种具有特殊工程地质性质的区域性特殊土层。红层基岩不同地质年代的地层，其组成及性质也有所区别；红层基岩具有遇水易软化、失水易开裂的特性，且普遍存在"软弱夹层"现象。

在基坑支护设计中应充分考虑红层遇水易软化、失水易开裂的特性，采取相关措施减少对基坑的影响，如硬化地面减少地面水渗入基坑外土体、及时抽排坑内积水防止土体软化、尽量避开雨期施工等。

4.1.4 软土

软土一般是指在静水或缓慢流水环境中以细颗粒为主的近代沉积物，是一种呈流塑状～软塑状的饱和黏性土。软土地基就是指压缩层主要由淤泥、淤泥质土、冲填土、杂填土或其他高压缩性土层构成的地基。

1）淤泥及淤泥质土

它是在静水或非常缓慢的流水环境中沉积，经生物化学作用形成的，天然含水量大于液限、天然孔隙比大于 1.0 的黏性土。当天然孔隙比大于 1.5 时为淤泥，天然孔隙比小于1.5 而大于 1.0 时为淤泥质土。广州地区淤泥深度大多在 10m，个别地区可达 20m 以上，如南沙经济技术开发区。在工程上常把淤泥（质）土简称为软土，其主要特性是强度低、变形大、透水性差、变形稳定历时长。

2）冲填土

在整治和疏通江河航道时，用挖泥船通过泥浆泵将含大量水分的泥砂吹到江河两岸而形成的沉积土，称为冲填土。在广州珠江两岸分布着不同性质的冲填土。冲填土的物质成分是比较复杂的，如以黏性土为主，因土中含有大量水分，且难以排出，土体在形成初期常处于流动状态，强度要经过一定时间固结才能逐渐提高，因而这类土属于强度较低、压缩性较高的欠固结土。以砂或其他粗颗粒土所组成的冲填土就不属于软弱土。

3）杂填土

杂填土是因人类活动而任意堆填的含建筑垃圾、工业废料和生活垃圾的土，其成因很不规律，组成杂乱，分布极不均匀，结构松散。它的主要特性是强度低、压缩性高、均匀性差，一般还具有浸水湿陷性。

4）其他高压缩性土

饱和松散粉细砂（包括一部分粉质黏土）属于软弱地基的范畴。当机械振动或地震重复作用时将产生液化；由于结构物的荷载和地下水的下降会促使砂性土下沉，在基坑开挖时会产生管涌。广州地处珠江三角洲北部、珠江两岸，地理上处于低山丘陵和三角洲交汇地区。除北部白云山—帽峰山—火炉山、南部新造—市桥、南沙等地（变质岩和花岗岩为主）、西北部白沙—嘉禾—里水等地（沉积岩）出露基岩外，其他地方处在珠江第四纪第一至第四阶地层松散沉积物上。这些第四纪松散沉积物厚度巨大，分布不均匀，其成分主要由砾石、砂砾、砂、砂质黏土、泥炭土、淤泥等组成，这些松散沉积物类型和厚度在纵向和横向上变化都比较大，多为饱和土，承载力低，属软弱的天然地基。

软土对基坑的影响与软土层的厚度、分布位置及软土的具体性状等相关。当软土层厚度较薄，软土层位于基坑开挖面以上时，基坑破坏形式为局部滑动破坏，变形影响范围较小；软土层位于基坑开挖面以下时，破坏形式表现为整体滑动破坏，变形影响范围较大。对于深厚软土层基坑，基坑支护结构更容易产生过大位移、甚至失稳，在此情况下的基坑支护设计，应综合考虑基坑深度、基坑周边环境、软土层厚度及其物理力学性质等，选取合适的支护方案，必要时可采取坑内加固等措施加强土体强度。

4.2 地下水不良作用评价

在地下空间开发与利用过程中，应充分考虑地下水的影响与作用，包括其化学腐蚀作用、物理作用以及由于工程开挖、施工造成地下水的埋藏条件、透水性的改变，从而产生浮托、潜蚀、流砂、管涌、突涌、地下水软化作用等影响工程安全的不良作用。

4.2.1 地下水的浮托作用

地下水对水位以下的岩土体有静水压力的作用，并产生浮托力。这种浮托力比较明确地可以按阿基米德原理确定，即当岩土体的节理裂隙或孔隙中的水与岩土体外界的地下水相通，其浮托力应为岩土体的岩石体积部分或土颗粒体积部分的浮力。

对于地下水对结构浮托力的计算，在广东省标准《建筑地基基础设计规范》（DBJ 15—31—2016）中要求：在计算地下水的浮托力时，地下水的设防水位应取建筑物设计使用年限内可能产生的最高水位，且按全水头计算，不宜考虑底板结构与岩土接触面的摩擦作用和黏滞作用，不应对地下水头进行折减，但不再考虑水浮托力作用的荷载分项系数。

4.2.2 潜蚀

渗透水流在一定的水力梯度下产生较大的动水压力冲刷、挟走细小颗粒或溶蚀岩土体，使岩土体中的孔隙逐渐增大，甚至形成洞穴，导致岩土体结构松动或破坏，以致产生地表裂缝、塌陷，影响建筑工程的稳定。在埋藏型岩溶地区的岩土层中和基坑工程施工中最易发生潜蚀作用。

1）形成条件

潜蚀产生的条件主要有二：一是有适宜的岩土颗粒组成，二是有足够的水动力条件。具有下列条件的岩土体易产生潜蚀作用：

（1）当岩土层的不均匀系数（$C_u = d_{60}/d_{10}$，粒径为 d）越大时，越易产生潜蚀作用。一般当 $C_u > 10$ 时，即易产生潜蚀。

（2）两种互相接触的岩土层，当其渗透系数之比 $k_1/k_2 > 2$ 时，易产生潜蚀。

（3）当地下渗透水流的水力梯度（i）大于岩土的临界水力梯度（i_{cr}）时，易产生潜蚀。

2）防治措施

（1）改变渗透水流的水动力条件，使水流梯度小于临界水力梯度，可采用堵截地表水流入岩土层；阻止地下水在岩土层中流动；设反滤层；减小地下水的流速等方法。

（2）改善岩、土的性质，增强其抗渗能力。如爆炸、压密、打桩、化学加固处理等，可以增加岩土的密实度，降低岩土层的渗透性能。

4.2.3 流砂

流砂是指松散细颗粒土被地下水饱和后，在动水压力即水头差的作用下，产生的悬浮流动现象。流砂多发生在颗粒级配均匀而细的粉、细砂等砂性土中，有时粉土中亦会发生，其表现形式是所有颗粒同时从近似于管状通道被渗透水流冲走。流砂发展结果是使基础发生滑移或不均匀下沉、基坑坍塌、基础悬空等。流砂通常是由于工程活动而引起的，但是，在有地下水出露的斜坡、岸边或有地下水溢出的地表面也会发生。流砂破坏一般是突然发生的，对岩土工程危害很大。

1）形成条件

（1）岩性：土层由粒径均匀的细颗粒组成（一般粒径在 0.01mm 以下的颗粒含量在 30%～35% 以上），土中含较多的片状、针状矿物（如云母、绿泥石等）和附有亲水胶体矿物颗粒，从而增加了岩土的吸水膨胀性，降低了土粒重量。因此，在不大的水流冲力下，细小土颗粒即悬浮流动。

中国水利水电科学研究院刘杰将无黏性土颗粒组成特征分成多种类型，并分别提出判别准则。他认为根据无黏性土颗粒组成和渗透破坏特性，无黏性土可分为两大类：①比较均匀的土，$C_u \leqslant 5$；②不均匀的土，$C_u > 5$，并可细分为级配不连续型和级配连续型两个亚类。

对于比较均匀的土，只有流土一种渗透破坏形式。

对于不均匀级配不连续的土，其破坏形式决定于细料的含量。当细料含量小于某一值时，粗料和细料不能形成整体，渗透破坏形式则为管涌。当细料填满粗料孔隙时，粗细料成为整体，破坏形式就为流土。

（2）水动力条件：水力梯度较大，流速增大，动水压力超过了土颗粒的重量时，就能使土颗粒悬浮流动形成流砂。

2）防治措施

流砂对岩土工程危害很大，所以在可能发生流砂的地区，应尽量利用其上面的土层作天然地基，也可利用桩基穿透流砂层。总之，应尽量避免水下大开挖施工。若必须时，可以利用下列方法进行防治：

（1）人工降低地下水位：将地下水位降至可能产生流砂的地层以下，然后再开挖。

（2）打板桩：其目的一方面是加固坑壁，另一方面是改善地下水的径流条件，即增长渗流途径，减小地下水力梯度和流速。

（3）水下开挖：在基坑开挖期间，使基坑中始终保持足够的水头（可加水），尽量避免产生流砂的水头差，增加坑侧壁土体的稳定性。

（4）其他方法：如灌浆法、冻结法、化学加固法等。

4.2.4 管涌

地基土在具有某种渗透速度（或梯度）的渗透水流作用下，其细小颗粒被冲走，岩土的孔隙逐渐增大，慢慢形成一种能穿越地基的细管状渗流通路，从而掏空地基或坝体，使地基或斜坡变形、失稳，此现象被称为管涌。管涌通常是由于工程活动而引起的，但在有地下水出露的斜坡、岸边或有地下水溢出的地带也时有发生。

1）形成条件

管涌多发生在砂土中，其特征是：颗粒大小比值差别较大，往往缺少某种粒径，磨圆度较好，孔隙直径大而互相连通，细粒含量较少，不能全部充满孔隙，颗粒多由相对密度较小的矿物构成，易随水流移动，有较大的和良好的渗透水流出路等。具体条件包括：

（1）土由粗颗粒（粒径为 D）和细颗粒（粒径为 d）组成，其 $D/d>10$。

（2）土的不均匀系数 $d_{60}/d_{10}>10$。

（3）两种互相接触土层渗透系数之比 $k_1/k_2>2\sim3$。

（4）渗透水流的水力梯度（i）大于土的临界水力梯度（i_{cr}）。临界梯度可根据土中细粒含量、土的渗透系数、公式确定法、工程类比法确定。

2）防治措施

在可能发生管涌地层修建挡水坝、挡土墙工程及基坑排水工程等，为了防止流砂、管涌的发生，设计时必须控制地下水溢出点处的水力梯度，使其小于容许的水力梯度。防止管涌发生最常用的方法与防止流砂的方法相同，主要是控制渗流，降低水力梯度，设置保护层，打板桩等。

4.2.5 突涌

岩土工程突涌根据工程类型可分为基坑突涌和隧道突涌两种形式。

1）基坑突涌

当基坑下有承压水存在，开挖基坑减小了含水层上覆不透水层的厚度，在厚度减小到一定程度时，承压水头压力能顶裂或冲毁基坑底板，造成突涌。基坑突涌将破坏地基强度，具有突发性的特点，并给施工带来很大的困难。

基坑突涌形式表现为：

（1）基底顶裂，出现网状或树枝状裂缝，地下水从裂缝中涌出，并带出下部细颗粒。

（2）流砂，从而造成边坡失稳和整个地基悬浮流动。

（3）基底发生"砂沸"现象，使基坑积水，地基土扰动。

2）隧洞突涌

在隧道开挖过程中，由于开挖改变了围岩与水压力的平衡状态，在一定的条件下，地下水就可以沿着各种通道的顶、底板薄弱部位突入。这种现象来势凶猛，水量大，对隧道开挖造成极大的危害。

隧道能否发生突涌，主要取决于两方面因素，一是围岩强度；二是隧道开挖过程中隧道所承受的水作用力。

隧道突涌按突涌时间，可分为即时突水和滞后突水。前者指开挖面达到或接近薄弱点立即突水，突水量大并很快达到高峰值，随水有泥块泥砂冲出；峰值过后突水量趋近稳定或逐步减少。后者指开挖面附近突水，但突水量由小逐渐增大，到达高峰值有段滞后时间。

按突水量最大值划分，参照矿井划分标准，一般可分为：特大突水，$Q_{max}>50\mathrm{m}^3/\mathrm{min}$；大型突水，$Q_{max}=20\sim50\mathrm{m}^3/\mathrm{min}$；中型突水 $Q_{max}=5\sim20\mathrm{m}^3/\mathrm{min}$；小型突水 $Q_{max}<5\mathrm{m}^3/\mathrm{min}$。

3）防治措施

查明基坑范围内不透水层的厚度、岩性、强度及其承压水水头的高度，承压水含水层顶板的埋深等，验算基坑开挖到预计深度时基底能否发生突涌。若可能发生突涌，应在基坑位置的外围先设置抽水孔（或井），采用人工方法局部降低承压水水位，直到把承压水位降低到基坑底以下某一许可值，方可动工开挖基坑，这样就能防止基坑产生突涌现象。

4.2.6 地下水的软化作用

地下水对岩土体的软化作用主要表现在对土体和岩体结构面中充填物的物理性状的改变上，土体和岩体结构面中充填物随含水量的变化，发生由固态向塑态直至液态的弱化效应。软化作用使岩土体的力学性能降低，内聚力和摩擦角值减小。

为了降低地下水对岩土的软化作用，可以采取适当的措施降低地下水位。另外，可以采用灌浆的办法改善土体结构，使岩土体得到加固。

5 不良地质基坑工程

5.1 不良地质基坑工程特点

常见的不良地质主要是指岩溶、断裂等不良地质情况。常规基坑支护的形式大多数都可以在岩溶地区的基坑中使用，可结合岩溶地质条件和周边环境条件进行选择，一般来说：

1）当场地岩溶弱发育，地下水位埋藏较深，周边环境空旷，基坑开挖深度较浅时，可采用放坡支护。

2）场地岩溶强烈发育，存在浅层溶（土）洞且上覆土层为饱和砂类土时，溶（土）洞未经处理的场地不宜采用水泥土重力式挡土墙支护。根据广州市花都区多个采用重力式水泥土墙的基坑事故，当场地岩溶强烈发育，存在浅层溶（土）洞且基岩上覆土层为饱和砂类土时，未经处理岩溶（土）洞的场地，在施工过程中容易发生突然下陷、陡降等事故，或者在使用过程中受浅层岩溶（土）洞影响或饱和砂土流失，容易形成下陷、倾覆或者后仰等形态失效的事故。

3）存在下列情况之一的岩溶强烈发育场地，应慎用土钉墙或复合土钉墙支护：

（1）岩溶水有承压性或者连通性。

（2）溶（土）洞高度大于2m。

（3）开挖深度大于7m且周边环境要求较高。

4）岩溶地区排桩支护设计应注意以下问题：

（1）当开挖深度大于5m，不宜采用悬臂桩支护。

（2）存在较厚砂层时，容易产生涌水涌砂，桩间土宜采取可靠的保护措施。

5）岩溶强烈发育场地，存在较厚的饱和砂层、开挖深度较深、周边环境对变形要求严格的基坑宜采用地下连续墙支护结构。

6）岩溶强烈发育场地，地下水丰富，开挖深度较深、周边环境对变形要求严格的基坑宜采用内支撑的支护结构。内支撑立柱桩应进入稳定岩土层。

7）支护桩（墙）的嵌固深度应按入岩土层深度和长度双控制。当坑底以上基岩完整坚硬难以施工，或继续施工会对基坑底下的溶洞顶板及岩溶水通道造成破坏时，可采用吊脚桩、吊脚地下连续墙或者柱支式地下连续墙的支护形式。当采用吊脚形式时，应采用内支撑或锚索锁脚，必要时对下方岩体进行竖向超前微型桩支护及水平锚杆加固处理。

8）岩溶地区基坑工程锚索（杆）设计时应符合下列要求：

（1）应查明锚索（杆）穿越范围、锚固位置的水文及岩溶地质条件，以免掉钻、卡钻、地面突陷、突涌岩溶水等不利情况发生。

（2）锚索（杆）锚固段宜避开无填充或半填充溶（土）洞，并采取有效的措施满足抗拔承载力要求。

（3）锚索（杆）开孔孔口不宜设置在地下水位以下的饱和砂类土层中。

（4）岩溶中等及强烈发育场地，岩溶水存在承压性和连通性时，不宜采用岩石锚索（杆）。

岩溶地区基坑工程设计除了一般设计内容外，还应包括下列内容：分析和评估溶（土）洞和地下水对周边环境及基坑支护结构的影响；影响基坑安全的溶（土）洞处理方案等内容，更应重点关注以下内容：

1）在岩溶发育场地，对于溶沟（槽）、石芽、漏斗等外露或浅埋岩体，根据场地勘察结果，岩面起伏较大且为顺层下滑向基坑内时，宜在垂直基坑边线方向补充勘察孔或结合前期工程桩和支护桩的施工情况判断顺层坡度，当岩体中存在滑向基坑内的不利软弱结构面时，按顺层坡度的不利结构面进行基坑支护抗滑移验算。

2）基坑开挖影响范围内存在浅层溶（土）洞成群分布、溶沟（槽）和溶蚀裂隙强烈发育、承压性和连通性的岩溶水、覆盖型的无填充或者半填充的溶（土）洞时，为防止工程事故和人员伤亡，宜先对溶（土）洞进行处理，然后进行基坑施工。

3）岩溶水一般随季节变化，受地表水影响。对于上覆土层、可溶岩体的溶蚀裂隙和溶（土）洞的水，在做好常规截水、降水措施后，发生流砂、涌水及涌泥的可能性较小。临近河道等补给水充分的岩溶带中水或构造盆地中可溶岩层中岩溶水，一般呈层状、脉状分布，水头随季节性变化不明显，往往具有较大承压性，当基坑往下开挖时，容易突然产生流砂、涌水及涌泥，存在较大安全隐患。涌水、涌砂等往往有突发性，难以预测，影响范围难以估计，施工前必须要有应急预案。同时，为避免人为造成连通性的承压水突涌，对岩溶发育区深大基坑的地质钻探孔宜及时封闭。

4）基坑的施工勘察钻孔布置，对于排桩，宜采用三桩一孔；对于地下连续墙，宜采用一槽两孔；对于立柱桩，宜采用一桩一孔。

5）岩溶发育区锚索施工前进行基本试验，主要是为了校验锚索设计参数，保证锚索抗拔力满足设计要求。若基本试验中，锚索抗拔力与设计要求差别较大，应调整设计参数或改进锚索施工工艺。

6）岩土工程的实际情况会与设计条件有较大出入，应通过监测调整结构构件、设计工况。基坑开挖施工应采取信息化施工方法，及时反馈地质条件、地下水变化、管线及周边建（构）筑物等信息，并对出现的异常情况进行处理，待恢复正常后方可继续施工。

7）岩溶区地下连续墙槽段长度应适当缩小。常规地层地下连续墙分段长度多为6m，在岩溶地区建议不超过5m，这是因为岩溶地区岩面起伏较大，成槽施工时容易偏槽，且地下连续墙两端入岩深度相差较大，易造成悬空段；通过适当减少单幅墙的施工长度，可减少施工难度，减少地下连续墙两端入岩深度差距和悬空段。

5.2 佛山市高明区文化中心工程

5.2.1 工程概况

佛山市高明文化中心工程位于高明区规划建设的西江新城内，拟建演艺中心（方形建筑）及文化培训中心（圆形建筑）两栋建筑。该工程重要性等级为二级，场地的复杂程度等级为一级，地基的复杂程度等级为一级，岩土工程勘察等级为甲级。本项目拟建 1～2 层地下室，开挖深度为 6.70～16.10m，建筑物 4.75m。一层地下室长约 133m，宽约 90m，周长约 446m；二层地下室（坑中坑）长约 33m，宽约 31m，周长约 128m。本项目基坑安全等级为二级，坑中坑安全等级为一级。佛山市高明区文化中心工程基坑平面图见图 5.2-1。

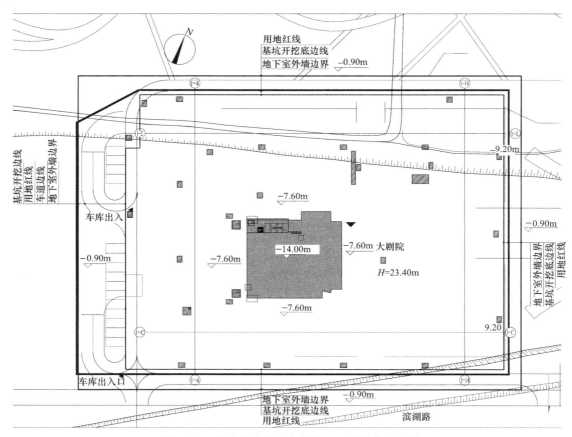

图 5.2-1 佛山市高明区文化中心工程基坑平面图

5.2.2 地质、水文情况

1）地质条件

根据野外钻探编录，结合原位测试及室内试验资料，按成因、状态、岩土性划分，场区岩土层自上而下可分为：①-1 耕土、①-2 素填土、①-3 杂填土、第②-1 淤泥质土、粉质黏土（流塑）、②-2 粉质黏土（可塑）、②-3 粉质黏土（硬塑）、②-4 淤泥（流塑）、②-5 粉砂（松散）、②-6 粉质黏土（可塑）、②-7 淤泥质土（软塑）、③-1 细砂（松散）、③-2 粗砂（稍密～中密）、③-3 黏土（软塑～可塑）、③-4 粉质黏土（硬塑）、③-5 粗砂（稍密～中密）、④-1 粉质黏土（可塑）、④-2 粉质黏土（硬塑～坚硬）、⑤-1 强风化岩、⑤-2 层中风化岩、第⑤-3 层微风化岩。场地岩溶发育，在 289 个钻孔中有 10 个钻孔揭露溶洞。佛山市高明区文化中心工程地质纵断面图见图 5.2-2。

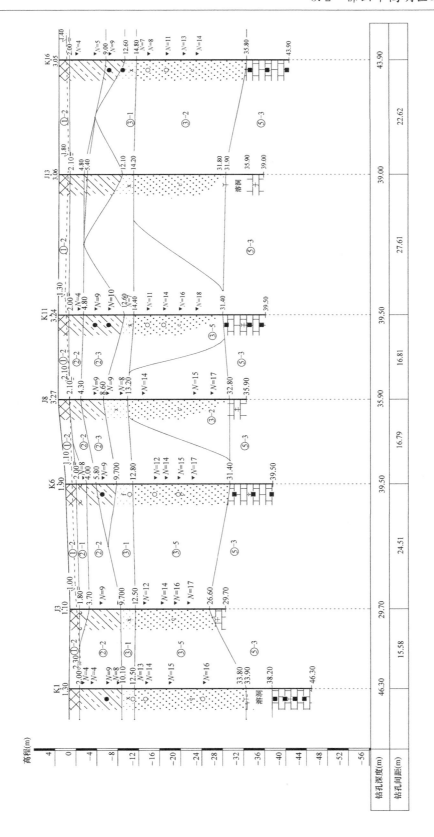

图 5.2-2 佛山市高明区文化中心工程地质纵断面图

2）水文条件

场地含水分布于填土层、砂层，场地水还包括基岩裂隙水。填土层中孔隙水为上层滞水，水位随季节的变化而起伏，主要受大气降雨补给，侧向径流及蒸发是其主要的排泄水方式。砂层孔隙水主要储存于中～粗砂层中，透水性较强，有较远的水源补给，水量相对较丰富。基岩裂隙水主要储存于强风化、中风化、微风化岩层风化裂隙中，主要受裂隙水的侧向补给，侧向渗透为其主要的排泄水方式。

5.2.3　基坑设计方案及重难点

本项目的地下水控制至关重要，设计需充分考虑抗管涌、抗渗稳定性等因素。坑中坑截水是本工程的最大难点。为确保截水桩的成桩质量，在施工前进行了双排搅拌桩和双管高压旋喷桩的成桩试验。

经分析，受西江动水作用的影响，场地地下水流动较大，在成桩过程中，水泥砂浆被水流稀释带走，故出现抽芯不见水泥、下部高压旋喷无法成桩的现象。考虑到在砂层中的成桩直径、成桩效果往往不尽如人意且秉持着尽量减少旋喷桩数量和搭接次数的原则，决定采用双排三轴搅拌桩作为截水帷幕，在坑底用三管高压旋喷的方式封底。成桩试验表明：该技术成桩质量较好，可达到预期的截水效果，保证了岩溶区深厚砂层深基坑的安全。

5.2.4　施工顺序和支护设计平面图、剖面图

施工顺序：①施工工程桩、围护桩、搅拌桩、高压旋喷截水帷幕（竖向和水平）。②将基坑放坡开挖至冠梁底标高下，进行锚索施工，当开挖至规定标高后，用抽水井降水。当基坑开挖到底部，施工一层地下室垫层，施工二层地下室冠梁、支撑梁；二层地下室开挖到底，浇筑垫层底板侧壁。地下结构施工至－10.00m，回填混凝土并拆撑。当地下二层施工时，一层地下室底板、降水井停止施工。一层地下结构施工，基坑回填。

其中，降水时间段是从大基坑最后一层土方开挖开始，直至一层地下室底板混凝土浇筑完成结束。抽水试验开始前应进行试抽水，高压喷射截水帷幕完成5天后方可进行抽水、降水。

佛山市高明区文化中心工程基坑平面图和剖面图见图5.2-3～图5.2-5。佛山市高明区文化中心工程现场施工图见图5.2-6。

5.2.5　总结

从现有设计、施工工艺技术的可行性及安全、经济、工期等方面综合考虑，基坑采用桩锚支护（灌注桩＋1道预应力锚索），坑中坑采用桩撑支护（灌注桩＋1道钢筋混凝土内支撑）。

为降低坑中坑的涌水风险，确保施工安全，设计采用降水＋隔水的措施控制地下水。隔水措施采用双排三轴搅拌桩作为截水帷幕，坑底用三管高压旋喷的方式封底。成桩试验表明：该技术成桩质量较好，经济和社会效益显著，具有新颖性、合理性、先进性和突出的示范作用，具有推广价值。

计算结果表明：基坑位移量没有超出规范的限值。为了保证安全，在施工中对基坑进行同步监测，监测结果表明位移值和受力情况均在计算分析结果范围内，说明计算结果是可靠的，证明采用该围护体系是可行的，为同类工程提供了经验。

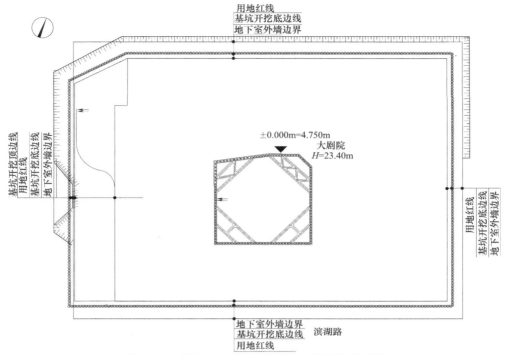

图 5.2-3 佛山市高明区文化中心工程基坑平面图

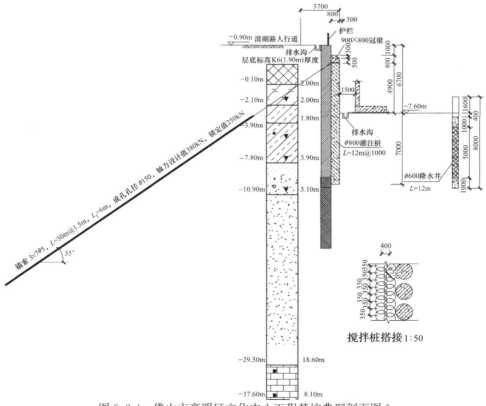

图 5.2-4 佛山市高明区文化中心工程基坑典型剖面图 1

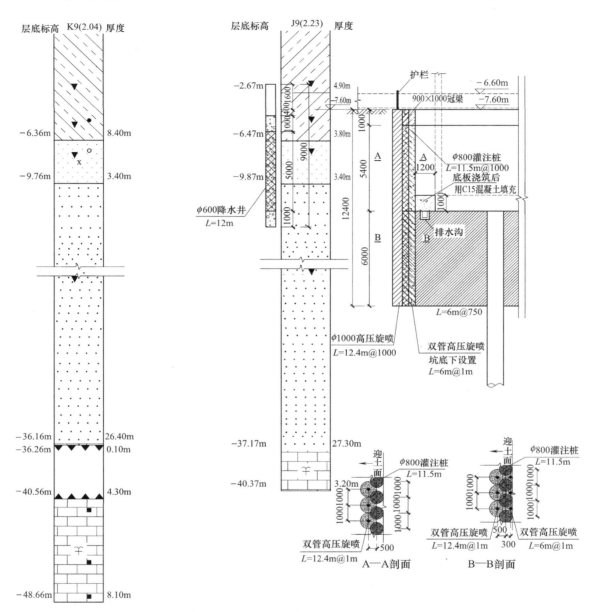

图 5.2-5 佛山市高明区文化中心工程基坑典型剖面图 2

图 5.2-6 佛山市高明区文化中心工程现场施工图

5.3 广州万达文化旅游城住宅 A 地块

5.3.1 工程概况

广州万达文化旅游城住宅 A 地块（以下简称"万达文化旅游 A 地块"）基坑工程，该工程位于广州市花都区平步大道以北，凤凰大道北段以北。基坑开挖面积约为 168000m²，周长约为 2100m，开挖深度为 7.50m，局部挖深为 9.5m。基坑周边商业及幼儿园均先于基坑工程施工。基坑整体航拍鸟瞰图见图 5.3-1。

图 5.3-1 万达文化旅游 A 地块基坑整体航拍鸟瞰图

本工程位于广花盆地北部的盆地边缘岩溶发育地区，属珠江三角洲北部边缘的丘陵前缘冲积平原区，地面整体较平坦。地下地层条件变化大，岩面起伏大，土层砂、土互层变化剧烈。地下水具有承压水性质，支护桩及预应力锚索应对承压水的设计及施工难度高。

本工程地块西临学校规划用地，东、南、北临规划路，场地平整；场地东侧为水渠、拟建建筑物及人工湖；A1 地块西侧和北侧目前为鱼塘。场地西北侧 1.2km 处有大型鱼塘。A2、A3 地块南侧为已建商铺；A1、A2 西南角为已建幼儿园；A3 与 A1、A2 地块间作为临时施工道路，要求路宽≥16m。万达文化旅游 A 地块基坑周边环境见图 5.3-2。

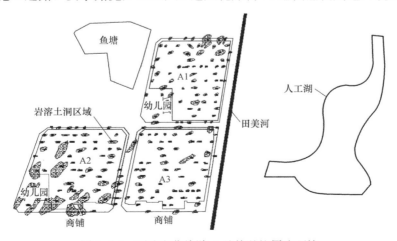

图 5.3-2 万达文化旅游 A 地块基坑周边环境

71

场地岩溶发育，溶洞见洞率为 13.2%，岩溶发育为中等发育，土洞见洞率为 5.05%。场地地下水类型主要是第四系孔隙水、基岩风化裂隙水、覆盖型碳酸盐岩类裂隙溶洞水。覆盖型碳酸盐岩类裂隙溶洞水分布于灰岩中。由于场地范围内局部地段溶蚀裂隙、溶洞较发育，尤其是溶洞呈串珠状发育时，上下连通性较好，为地下水与地表水之间流通、转换提供了有利途径，形成强透水带，地下水富集，水量较丰富。区内岩溶水的补给来源主要是大气降水和地表水的渗入，少量是相邻含水层如第四系含水层的侧向、垂直补给，运动方式以水平径流为主，沿当地岩溶侵蚀基准面有排泄水，水量较丰富。万达文化旅游 A 地块场地地质剖面图见图 5.3-3。

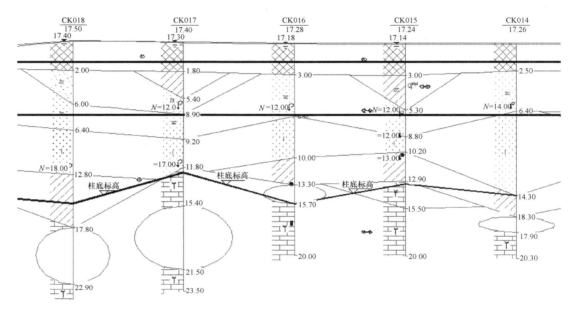

图 5.3-3　万达文化旅游 A 地块场地地质剖面图

本工程为地层条件变化剧烈、承压水头较大的岩溶地区，开挖大面积、长周长的基坑支护工程及截水工程，提供了参考价值。

5.3.2　基坑设计方案及重难点

本工程采用多种支护结构方式。多种支护结构交接的刚度、应力及变形分析要求高。本工程重难点分析如下：

1）实现对岩溶地区基坑工程两大重要问题（截水问题、入岩问题）的理论与现场试验的探讨，对截水问题提出单轴搅拌桩＋桩底旋喷强化截水措施，对入岩问题提出"避让、少入岩、改良改造"三个观点。

2）有效地解决了岩溶地区截水问题。通过对岩溶地区岩面起伏问题及砂岩直接接触问题进行分析，由于岩溶地区岩面起伏较大，三轴搅拌桩（或六轴搅拌桩）在应对该实际情况时效果不显著。而且，砂、岩直接接触，岩面破碎程度大，搅拌桩在桩底截水效果不显著。针对上述问题，对截水问题提出单轴搅拌桩＋桩底旋喷强化截水措施（图 5.3-4）。

3）有效地解决了岩溶地区支护桩入岩问题。通过对岩溶地区溶（土）洞成因的分

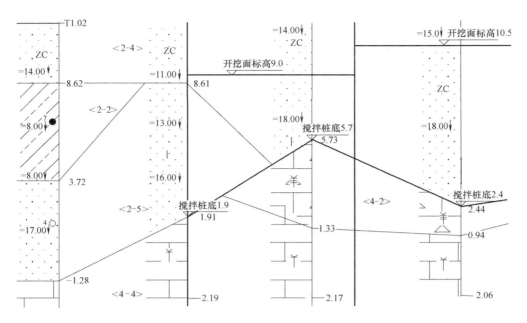

图 5.3-4 砂、岩结合面地质展开图

析以及岩面与桩机相互作用问题进行理论分析与现场试验。因为灰岩强度高、岩面起伏大，在岩溶地区土洞溶洞发育程度较高时，有坠落桩机、偏桩、卡桩等问题，支护桩越长，遇溶（土）洞概率越大，可靠性低、离散性大。在补充超前钻的措施下，结合超前钻成果，针对支护桩的入岩问题，首先应避让绕行岩溶发育较大区域，如无法避让时，尽量少击穿溶（土）洞区域。必须击穿时，应采取有效措施解决溶（土）洞问题。由于灰岩强度高，认为支护桩进入岩层较小嵌固深度即可，避免较大的嵌固深度引起上述问题。

4）有效地解决了岩溶地区锚索入岩问题。通过对岩溶地区溶（土）洞成因的分析以及岩面与锚索机具相互作用问题进行理论分析与现场试验。因为灰岩强度高、岩面起伏大，且岩溶地区溶（土）洞发育程度较高时，有偏锚索钻头、卡锚索钻头、套管不能跟进、承压水压力大等问题，锚索入岩的承载力等方面的可靠性低、离散性大。在结合超前钻成果，针对锚索的入岩问题，首先应避让岩溶发育较大区域，可改变锚索角度、位置，甚至采用不入岩的方法，避免岩溶区域的一系列问题。如无法避让时，尽量少击穿溶（土）洞区域。必须击穿时，应采取有效措施解决溶（土）洞问题。锚索锚固区段可能经过的地层条件见图 5.3-5。

5）对基坑外采用泄压井，有效地减缓在锚索施工过程中，承压水翻浆、串浆等问题。岩溶水具有"连通性"及"承压性"（图 5.3-6）；砂性土与黏性土交互覆盖、互层多且随机，周边侧向补给丰富，土洞、砂层承压水多且分布分散、不确定。遵循"一次粗放泄压，二次细部泄压"的原则，通过基坑外侧泄压井将承压水泄水，保障锚索承载力的可靠性，降低其离散性。

6）变形控制。本地块基坑周边新建建筑物先于基坑开挖。新建建筑物自身沉降等变形尚未稳定，基坑开挖对新建建筑物的变形控制要求较高。遵循先泄压、后施工的

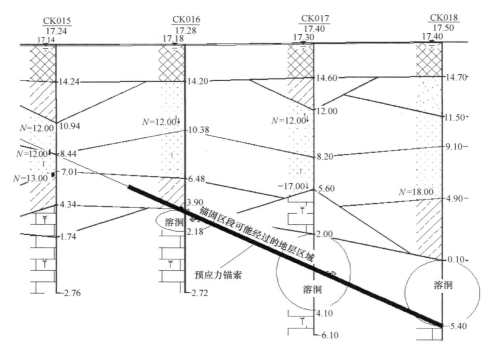

图 5.3-5　锚索区段可能经过的地层条件

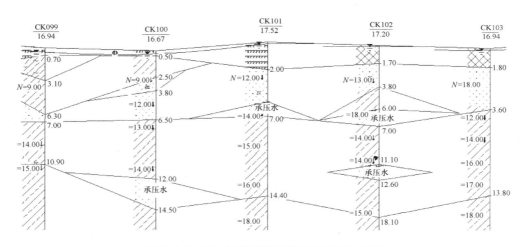

图 5.3-6　砂土层交互形成的局部承压水区域

原则，保障新建建筑物的沉降稳定性。通过锚索位移控制，保障新建建筑物位移变形稳定性。

7）单级土钉墙支护结构在砂层地层的应用。砂层区域采用土钉墙的要求及难度较大。通过利用该区段作为地块之间的出土口车道，在两侧同时开挖（图 5.3-7），降低水位，有效地将大超载状态下的单级土钉墙合理应用于砂层地层区域。

8）多种支护结构交接的刚度、应力及变形控制分析。本项目采用 SMW 工法＋锚索、灌注桩＋锚索、土钉墙、放坡等形式，多种支护结构交接的应力协调及刚度变形分析要求

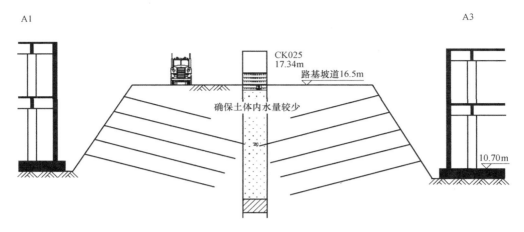

图 5.3-7　两侧同时开挖的土钉墙区域

高。特别是 SMW 工法＋锚索及灌注桩＋锚索交接处（图 5.3-8），SMW 工法＋锚索刚度弱、应力较大，灌注桩＋锚索刚度大、应力较小。在交接区域，本项目对 SMW 工法＋锚索进行了锚索间距加密，对灌注桩＋锚索采取了 SMW 工法冠梁顺接措施，协调应力，减少因刚度差异引起的变形和裂缝。

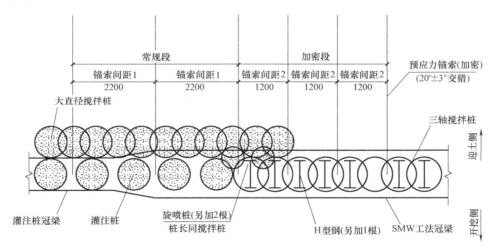

图 5.3-8　不同支护方式交接关系示意图

9）通过锚索试验，为岩溶地区锚索形式的选取提供了合理的参数。本项目对不同长度的锚索、不同扩大头直径的锚索、不同角度的锚索、嵌岩锚索与非嵌岩锚索进行锚索试验，并对试验结果进行分析，为锚索入岩的三个原则（"避让、少入岩、改良改造"）提供重要的实践依据。

5.3.3　支护设计平面图、剖面图

万达文化旅游 A 地块基坑平面图、典型剖面图及基坑现场照片见图 5.3-9～图 5.3-14。

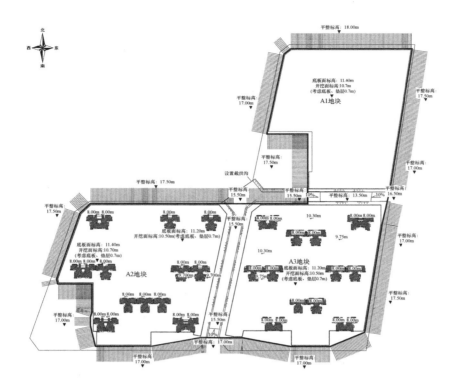

图 5.3-9 万达文化旅游 A 地块基坑平面图

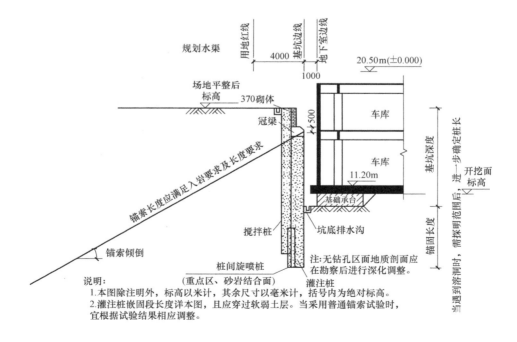

说明:
1.本图除注明外,标高以米计,其余尺寸以毫米计,括号内为绝对标高。
2.灌注桩嵌固段长度详本图,且应穿过软弱土层。当采用普通锚索试验时,宜根据试验结果相应调整。

图 5.3-10 万达文化旅游 A 地块典型剖面图 1

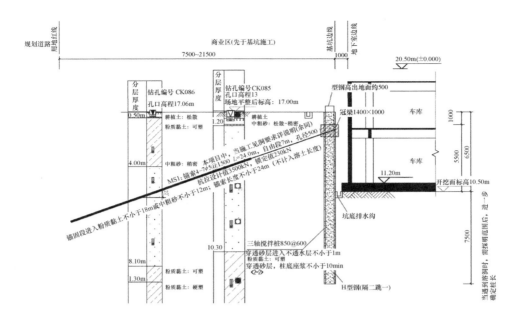

图 5.3-11 万达文化旅游 A 地块典型剖面图 2

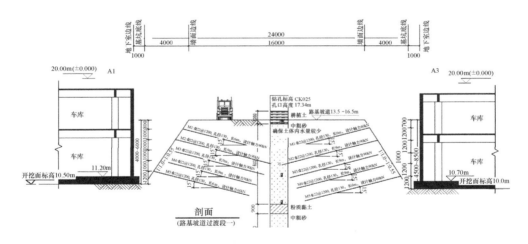

图 5.3-12 万达文化旅游 A 地块典型剖面图 3

图 5.3-13 万达文化旅游 A 地块基坑现场照片 1

图 5.3-14　万达文化旅游 A 地块基坑现场照片 2

5.3.4　项目特点及创新性

1）地质条件复杂，岩溶发育程度高，溶（土）洞见洞率高。岩面起伏大（图 5.3-15），相应的地基基础设计、支护工程设计难度大。本工程地层条件变化大，岩面起伏大，土层砂、土变化剧烈。场地局部区域灰岩岩溶发育，溶（土）洞主要分布在 A1 场地中北部、A2 场地及 A3 场地东北部区域，整个场地溶（土）洞见洞率为 15.0%。溶洞最高洞高约为 17.6m，平均洞高约为 7m。

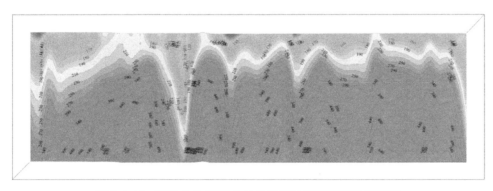

图 5.3-15　万达文化旅游 A 地块岩溶地区岩面起伏关系图

2）截水控制。本场地场区存在厚达 25m、透水性很强的粉细砂、中粗砂、砾砂、圆砾层（图 5.3-16），西北侧为约 40000m² 的大型鱼塘、东侧有田美河及大型人工湖充裕的侧向补给。场区内岩面起伏大，砂、岩直接接触。砂层级配差，涌水涌砂的风险高。这些不利条件都给超大型基坑项目的截水控制带来了很大的挑战。

3）承压水控制。本场地承压水主要有溶洞承压水及土洞、砂层承压水（图 5.3-17）。岩溶水具有"连通性"及"承压性"；砂性土与黏性土交互覆盖，周边侧向补给丰富，土洞、砂层承压水多且分布分散。支护桩及锚索应对承压水的设计难度高。

4）支护桩及锚索设计施工难度大。本场地岩面起伏大，且岩溶地区土层呈上硬下软的趋势。支护结构入岩对提高基坑安全性及整体性都具有较好的效果，但是岩溶地区溶洞及土洞发育程度高，入岩碰到溶洞的机会也相应增大。处理支护桩及预应力锚索入岩的问题难度高。

5）周边环境复杂，变形控制要求高。基坑周边已建成商铺、幼儿园等，且采用天然

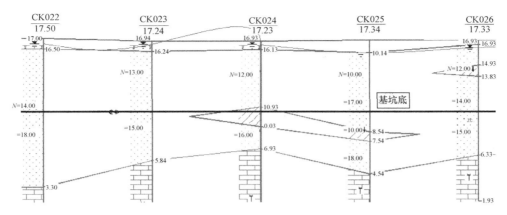

图 5.3-16 万达文化旅游 A 地块地质展开图

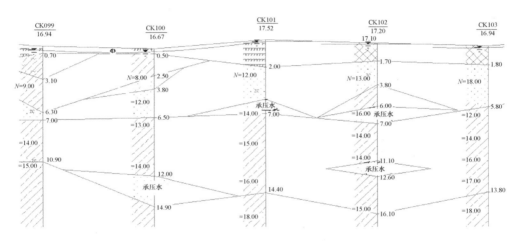

图 5.3-17 万达文化旅游 A 地块砂土层交互形成的局部承压水区域

基础。新建建筑物自身沉降等变形尚未稳定,基坑开挖对新建建筑物的变形控制要求较高。

6)单级土钉墙支护结构在砂层地层的应用。砂层区域采用土钉墙的要求及难度较大。如何采用有效的措施,降低难度和风险,保证基坑安全,是基坑工程的难点。

7)地层条件变化大,多种支护结构交接的刚度、应力及变形控制分析复杂。本项目采用 SMW 工法+锚索、灌注桩+锚索、土钉墙、放坡等形式。

5.3.5 总结

1)实现对岩溶地区基坑工程两大重要问题(截水问题、入岩问题)的理论与现场试验的探讨,对截水问题提出单轴搅拌桩+桩底旋喷强化截水措施,对支护桩及锚索入岩问题提出"避让、少入岩、改良改造"三个观点,有效地解决岩溶地区基坑工程的两大重要问题。

2)在基坑外采用泄压井,有效地减少在锚索施工过程中,承压水翻浆、串浆等问题。遵循"一次粗放泄压,二次细部泄压"的原则,通过基坑外侧泄压井排泄承压水。

3)协调多种支护结构交接的刚度、应力及变形,为基坑项目的安全奠定了基础。

4）保证了基坑及周边建筑物、市政道路、市政渠道的安全，满足业主、主体设计特殊要求。设计方案安全适用、技术先进、经济合理、保护环境。

5.4 惠州实地东部现代城花园基坑工程（深厚填土）

5.4.1 工程概况

拟建项目位于惠州市惠阳区三和经济技术开发区，用地面积约30000m²。场地内拟建32～33层商住楼8栋，单层篮球馆1栋，局部设单层商业裙楼，地下室2层，设计地坪标高23.10～23.60m，塔楼部分采用框剪结构，其余部分采用框架结构，单位荷载约16kN/m²，地下室开挖最大深度约9m，周边市政道路标高22.00～23.50m。拟采用独立基础或桩基础，基础埋深视场地的岩土层分布而定。现代城花园基坑鸟瞰图见图5.4-1。

图5.4-1 现代城花园基坑鸟瞰图

5.4.2 地质、水文条件

场地原地貌为冲积阶地，由于前期的开挖，形成了2个水塘，现状地形起伏较大，部分钻孔为水上施工。现状地坪绝对高程为19.80～24.13m。

拟建场地部分位于现状水塘，水塘为前期开挖形成，水塘底填有大量的石块及混凝土块。

基坑北侧为联星路，西侧为惠南大道，东侧、南侧为前期已建住宅群。

5.4.3 基坑设计方案及重难点

基坑面积为54631.5m²，基坑周长为987.7m，基坑深度为7.4～9.1m，最终开挖深度以最终底板、承台及地基处理施工需要确定。本工程基坑北侧、西侧支护安全等级为二级，基坑侧壁重要性系数为1.0；基坑南侧、东侧支护安全等级为一级，基坑侧壁重要性系数为1.1。根据场地地质情况、地物地貌、建筑功能、周边情况及经济指标优选设计方案：地下三层东侧、南侧、北侧采用桩锚支护，桩间旋喷桩截水；地下一层采用放坡、土钉墙支护；塔楼范围用双排桩，桩间用旋喷桩截水。基坑设计过程中需解决以下难题：

1）深厚填土大角度锚索角度运用

场地填土厚，最厚为15.0m，基坑开挖深度范围基本为填土。为提高锚索抗拔力，通过加大锚索角度到45°以提早入岩，同时加强腰梁植筋设计，保证满足腰梁抗剪要求。该处理避免锚索对周边建筑物桩基础的影响，起到了良好的约束位移效果。

2）利用原基坑遗留支护桩

本项目原为2层地下室深基坑，支护桩施工后已停工多年，现将其调整为3层地下室，为避免支护桩重复施工，节省造价，利用原基坑遗留支护桩。先进行抽芯检测原支护桩力学性能，满足规范要求后可被再利用。

3）吊脚桩桩脚反压处理

虽然利用原基坑遗留支护桩，但是，原支护嵌固深度不足，为保证安全，在桩脚预留2m宽、2m高的反压土台，减少了锚索道数，节省了造价。

4）狭窄空间复合土钉墙

基坑南侧售楼部要先于基坑施工交付，且售楼部紧贴地下室侧壁，支护桩无施工空间，故采用复合土钉墙。采用两排搅拌桩，搅拌桩在现地面与工程桩同时施工，该区域基坑分层开挖，分层施工土钉，土钉墙和售楼部工程桩形成一个整体受力体系。因空间狭窄，将地下室侧壁外防水置于复合土钉墙面板上，利用面板做外模板，施工便利，节省造价。

5.4.4 支护设计平面图、剖面图

现代城花园基坑工程平面图及剖面图见图5.4-2～图5.4-5。

5.4.5 项目特点及创新性

1）塔楼工程桩兼作基坑桩锚体系的支护桩

基坑南侧存在塔楼紧贴基坑边线外，塔楼无地下室。塔楼采用灌注桩基础，桩径为1.2m，深于基坑开挖面且嵌岩，部分工程桩紧贴地下室侧壁，影响基坑支护桩布置，故采用工程桩兼作支护桩的方式，同时加强锚索道数以控制桩变形。该处理节省了支护桩，加快了工期。

2）塔楼工程桩兼作基坑双排桩体系的支护桩

基坑南侧存在塔楼紧贴基坑边线外，塔楼无地下室。塔楼采用灌注桩基础，桩径为1.2m，深于基坑开挖面且嵌岩，部分工程桩紧贴地下室侧壁，影响基坑支护桩布置。基坑采用双排桩支护结构，为节省造价、工期，将与双排桩重合的工程桩、处于双排桩之内的工程桩兼作支护桩，双排桩结构稳定性好、控制位移好，不会影响工程桩使用，等基坑回填后双排桩还可起到承受一定竖向力的作用。

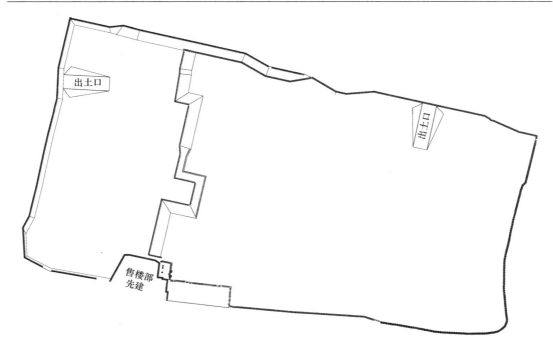

图 5.4-2　现代城花园基坑平面图

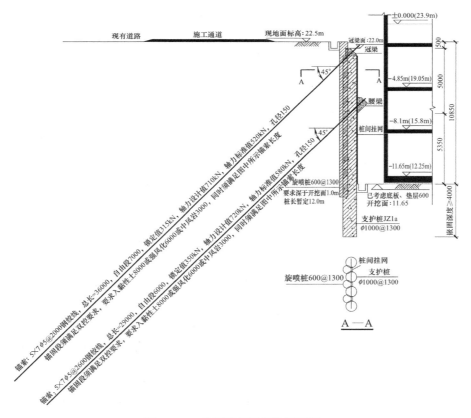

图 5.4-3　现代城花园基坑剖面图 1

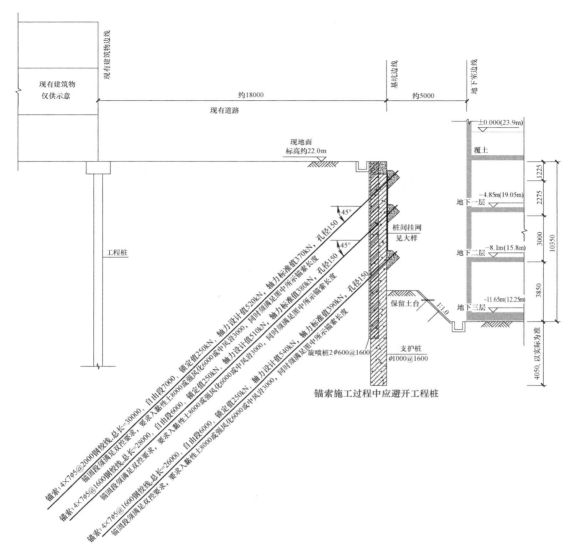

图 5.4-4 现代城花园基坑剖面图 2

3）塔楼底板兼作基坑双排桩体系的盖板

基坑南侧紧贴基坑边线外有塔楼，塔楼无地下室。塔楼采用灌注桩基础，桩径为1.2m，深于基坑开挖面且嵌岩，部分工程桩紧贴地下室侧壁，影响基坑支护桩布置。基坑采用双排桩支护结构，为避免重复支模板，将塔楼底板兼作基坑双排桩的盖板，提供了基坑支护结构的整体刚度，节省了造价，施工便利。

4）基坑边塔楼先施工

经采用桩锚、双排桩支护结构，保证塔楼重力被传递至深处岩体，并利用支护桩和工程桩的共同作用来抵抗水平力，保证塔楼工程桩在地面先被施工，不受基坑土方开挖影响。

5）基坑边塔楼区域锚索动态施工

部分塔楼工程桩兼作支护桩，采用桩锚结构，工程桩先施工，为避免基坑锚索碰到工

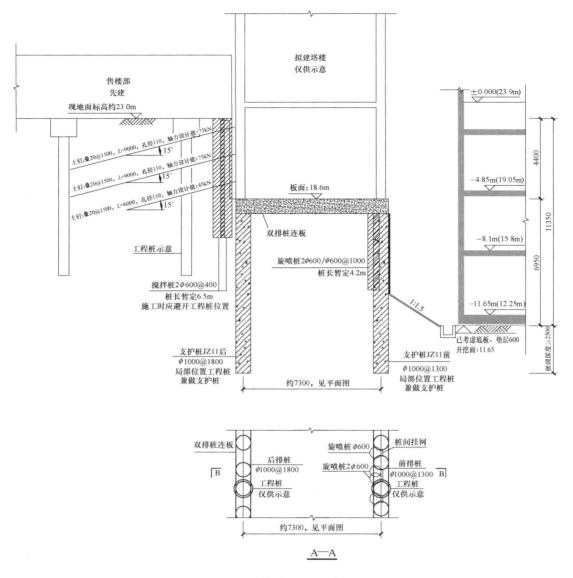

图 5.4-5　现代城花园基坑剖面图 3

程桩，采用动态化施工锚索，锚索间距根据工程桩位置确定，个别位置受工程桩影响无法施工锚索，通过加长两侧锚索处理。

5.4.6　总结

从现有设计、施工工艺技术的可行性及安全、经济、工期等方面综合考虑，采用了组合式的支护方式。在施工中做到了安全适用、保护环境、技术先进、经济合理、确保质量，取得了较好的经济效益、环境效益和社会效益，在类似工程中具有示范作用、推广价值。

6 特殊性土地基基坑工程

6.1 特殊性土地基基坑工程特点

特殊性土包括软土、花岗岩残积土等。尤以软土对基坑设计施工影响最大。软土具有含水率高、压缩性高、承载力低、流变性及欠固结等特性，使得该类地基土的基坑工程设计和施工比一般的基坑工程要难，需要考虑的要点更多，对设计要求更高。软土基坑工程具有以下特点：

1）难。软土地区基坑设计和施工，相对于其他地层来说有其特有的难度，主要体现在以下几个方面：岩土参数的确定；土压力计算方法；地下水的控制。

2）杂。基坑工程涉及许多学科知识，并且具有时空效应。首先，基坑工程是一个综合的系统工程，涉及岩土工程、地质工程、结构工程和水文地质等多个专业，同时也具有显著的地域特性。其次，基坑支护工程不仅需要关注自身安全稳定，还需要考虑基坑开挖对周边环境的影响，特别是对于处在建筑物、重要地下构筑物和生命线工程密集地区的基坑工程。另外，由于软土的欠固结性、结构性及流变性，使得基坑的变形不仅具有时间效应，还具有明显的空间效应。因此，在变形的时间效应和空间效应共同作用下，软土地区基坑支护结构和周围环境的变形控制就越来越困难。

3）险。基坑支护体系为临时结构，安全系数不高，风险大，面临土体滑移、基坑失稳、桩体变位、坑底隆起、围护结构严重漏水、突涌、流土等难题。

6.1.1 常用支护形式的选择

深厚软土中浅基坑的支护形式可根据基坑的开挖深度、周边环境、工程地质条件等进行选择。

1）浅基坑常用支护结构有：

（1）放坡。

（2）水泥土挡墙结构。

（3）土钉墙和复合土钉墙支护结构。

（4）悬臂式支护结构。

2）深大基坑常用支护结构有：

（1）排桩（地下连续墙）加内支撑结构。

（2）排桩加锚索支护结构。

（3）双排桩。

6.1.2 软土地区基坑需关注的几个问题

1）土压力的确定

岩土物理力学参数的确定、计算方法的不足（朗肯土压力）。

2）基坑对周边环境的影响

支护结构理论计算的局限性、地下水的控制。

3）基坑工程中地下水的控制

截水（降水）控制。

4）软土地基中基坑工程的桩锚支护问题

锚索失效或变形过大会引起工程事故。

5）围护结构嵌固深度

深基坑：深厚软土深基坑，地下连续墙、排桩应插入良好地层，"生根"才能防止"踢脚"，才能防止墙体下部过大位移，不单只需要考虑入土的深度比（特别是单支撑点）。

浅基坑：淤泥层较浅，采用重力式水泥土挡墙穿透淤泥层的方案可行，若淤泥层较厚，穿透不经济，宜采取坑内加固。

6）支护结构位移控制的问题

目前基坑规范中对基坑的变形控制是根据基坑变形等级（表 6.1-1）确定的。

基坑变形等级

表 6.1-1

基坑支护安全等级	排桩、地下连续墙加内支撑支护	排桩、地下连续墙加锚杆支护、双排桩、复合土钉墙	坡率法、土钉墙或复合土钉墙、水泥土挡墙、悬臂式排桩、钢板桩
一级	0.002h 与 30mm 的较小值	0.003h 与 40mm 的较小值	
二级	0.004h 与 50mm 的较小值	0.006h 与 60mm 的较小值	0.01h 与 80mm 的较小值
三级		0.01h 与 80mm 的较小值	0.02h 与 100mm 的较小值

基坑的位移控制应考虑两方面因素：周边环境允许的最大位移值；支护结构本身允许的最大位移值。基坑预警、报警指标及相应措施见表 6.1-2。

基坑预警、报警指标及相应措施

表 6.1-2

预警等级	报警指标	相应措施
安全	所有测点监测内容小于预警值	正常施工
预警	三个以上测点或监测内容超过预警值： 1. 内撑和锚索（杆）内力按其承载能力设计值的70%作为预警值； 2. 位移预警值根据支护形式和基坑安全等级按《建筑基坑工程监测技术标准》GB 50497—2019 中报警值的80%执行	1. 通知项目部，由业主牵头召开会议，分析原因并且确定应对措施，讨论在保证基坑安全的前提下监测预警值被放大的可能性； 2. 监测单位应提高注意，提高监测频率，紧密关注其发展情况，通报施工、设计及监理和业主单位； 3. 必要时增加监测点，甚至采取限荷载、卸荷载、增加斜撑等措施
报警	三个以上测点或监测内容超过报警值： 1. 内撑和锚索（杆）内力按其承载能力设计值的80%～90%作为报警值； 2. 位移报警值根据支护形式和基坑安全等级按《建筑基坑工程监测技术标准》GB 50497—2019 执行	工程临时停工，组织专家评估工程安全性，并且加强临时支护，提出抢险方案及对策

7）施工质量控制

本章主要介绍位于深厚软土地区的基坑支护案例，希望能为读者提供可借鉴的工程经验。

6.2 广州南沙万达广场基坑支护工程

6.2.1 工程概况

本工程为广州南沙万达广场项目的基坑工程，位于广州市南沙区环市大道，毗邻珠江出海口。本基坑工程地下 2 层，面积为 46870m^2，周长为 1004m，开挖深度为 10～11m，核心筒区域加深 5m。

本基坑工程南侧紧邻双山大道及广州地铁 4 号线，西侧为海滨路，东侧为环市大道西，北侧为新建 5 层商业片区。基坑另外三边管线密集，其中，基坑西侧红线边存在煤气管道，基坑东、西两侧存在大直径铸铁给水管线。周边遗留下来的片石、漂石、块石分散凌乱（图 6.2-1）。

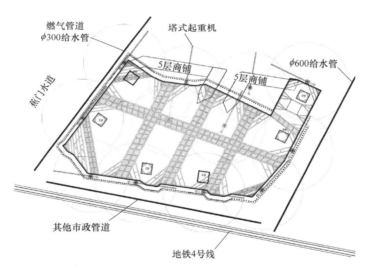

图 6.2-1 南沙万达广场基坑周边关系图

6.2.2 地质、水文情况

根据场地岩土工程勘察，广州南沙万达广场的地基覆盖层由人工填土、第四系全新统海陆交互相冲积层、第四系全新统河湖相冲积层及燕山三期（晚侏罗世）侵入黑云母花岗岩等岩性组成（图 6.2-2）。本场地人工填土层以素填土为主，局部为杂填土；第四系海陆交互相冲积层由软弱～中软的粉质黏土、淤泥（淤泥质土）、粉细砂等组成，厚度较大，空间相变较多，软弱土层极为发育；第四系全新统河湖相冲积层为第四系古河道沉积物，由中粗砂及砾砂等组成；下伏基岩岩性为燕山三期侵入的花岗岩，埋藏深度中等～较大，整体上岩石垂直风化分带明显，在钻孔揭露深度范围内主要为全风化岩带、强风化岩带、

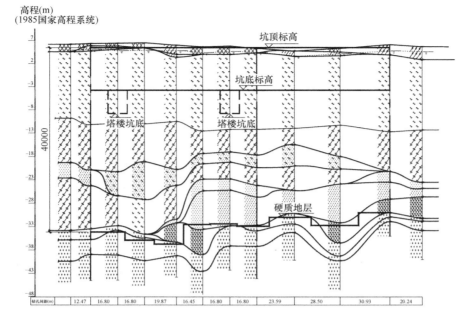

图 6.2-2 南沙万达广场基坑地质展开图

中风化岩带及微风化岩带等。

项目所处地区沉积年限仅约两百余年，软弱土层性质差，有淤泥及淤泥质土（图 6.2-3）。该淤泥层含水量平均为 60.1%，液性指数平均为 2.66，大部分淤泥层为流塑状，物理力学性质极差，有承载力低、高压缩性、较高灵敏度、抗剪能力差的特点。淤泥及淤泥质土层平均厚度约 40m，场地处珠江入海口流域，地势较平坦，有水系发育。地表水主要为河涌水和鱼塘水等。河涌水受南海海潮的影响，具有潮起潮落的现象。场地

图 6.2-3 淤泥及淤泥质土

地下水类型主要有人工填土的上层滞水、第四系冲积土的孔隙微承压水以及风化基岩中的裂隙水。地下水涌水量较丰富。

6.2.3 基坑设计方案及重难点

本基坑项目东北角为支护桩＋2道支撑，其余区域采用双排桩＋1道支撑（图6.2-4）。基坑项目东、西向支撑长度约285m，南、北向三条平行的支撑长度约170m，四周的对撑约95m，支撑及栈桥桥面面积仅为基坑面积的18%。

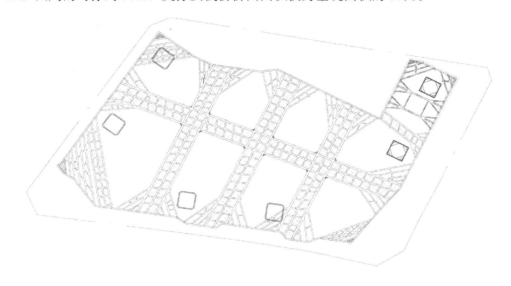

图6.2-4 南沙万达广场基坑支撑平面布置图

本工程基坑支护设计重点解决两个问题：一是在地质条件差、周边环境复杂的前提下，如何确保工程造价合理的基础上基坑支护结构安全和周边设施的正常使用；二是在紧迫的工期要求条件下，如何确保土方开挖和塔楼主体结构按时完成。

6.2.4 支护设计平面图、剖面图

广州南沙万达广场基坑支护设计剖面图如图6.2-5和图6.2-6所示。

6.2.5 监测

从基坑监测数据看，基坑支护桩桩顶累计沉降量基本在±5mm内，小于计算沉降量6.01～11.35mm，说明双排桩盖板作为车道对基坑桩顶沉降起到控制作用（图6.2-7）。支护桩桩顶累计水平位移基本在15～25mm，大于计算位移量11.94～21.32mm，说明地层条件不好，在栈桥支护作用下，仍发生较大的变形（图6.2-8），这也进一步印证了南沙基坑的高事故发生概率。基坑支护桩深层位移均在45mm以内，且最大值基本稳定在基坑深度一半位置，−15～−10m范围变形稳定，说明坑内加固起到很好的控制深层位移的效果，而−32m以下位移量均在5mm以下，说明设置长短桩（图6.2-9）及长短筋是经济合理的，与计算模型及计算结果基本吻合，且计算均比实测少10%左右。

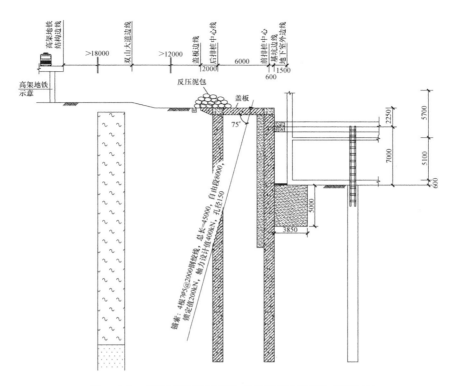

图 6.2-5 南沙万达广场基坑支护设计剖面图（双排桩）

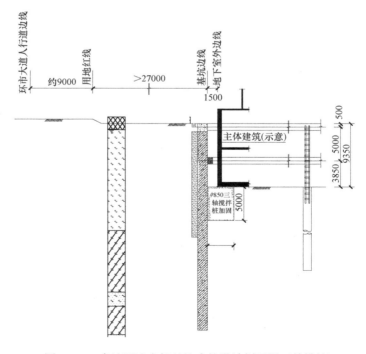

图 6.2-6 南沙万达广场基坑支护设计剖面图（单排桩）

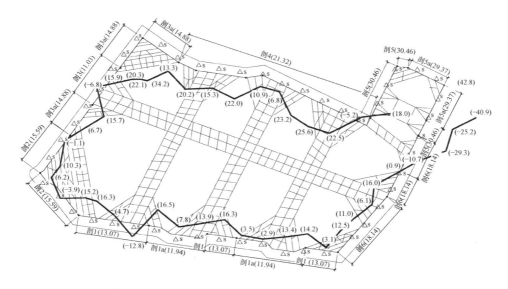

注：1."剖1(13.07)"表示剖面1区段计算桩顶水平位移13.07mm；

2.曲线图以坑边为横坐标，垂直坑内为纵坐标，"＋"表示向坑内移动，"－"表示向坑外移动；

3.曲线图上数字表示实测的监测数据。

图 6.2-7 基坑桩顶计算与监测水平位移平面图

通过理正计算软件计算及实测桩顶水平位移对比发现：（1）东北角单排桩位移较大，双排桩位移较小，且实测平均值均比计算值大 15％～20％。（2）栈桥支撑处位移比八字撑位移小，说明栈桥刚度远大于八字撑，控制位移能力强。（3）不管是大栈桥支撑还是东北角小支撑，均呈现支撑两侧位移同向移动的现象，与原来构想的基本相同。为减少地铁变形位移，削弱北侧支撑刚度，增强南侧地铁侧支撑刚度可有利于保护地铁，减少南侧地铁变形。

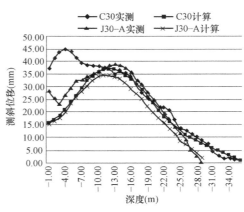

图 6.2-8 支护桩测斜计算及实测对比图

6.2.6 项目特点及创新性

1）针对复杂的周边环境和极其不利的地质条件，综合基坑本身的几何特征，本基坑工程采用双排桩＋1 道混凝土支撑的整体设计思路，局部采用单排桩＋2 道混凝土支撑。本项目处于南沙区，高含水量的深厚淤泥层和复杂的周边环境给基坑支护带来很大的困难。因此，本基坑工程通过采用多重支护形式解决了高含水量深厚淤泥层深基坑支护的截水、止淤和稳定性问题。

2）支护桩采用长短桩结合及不对称配筋的方式，节省工程造价。在大多数的基坑支护工程设计中，为了增大支护结构的整体稳定性能力，防止支护结构出现"踢脚"现象，常采用加大支护桩嵌固长度的方式。但在嵌固范围内，全部等长的支护桩嵌固在土体中，未能最大限度地发挥土体的嵌固作用和桩身的刚度，且增大工程造价。本项目采用长短桩结合的支护方式，一方面可以充分利用支护桩的刚度和土体的嵌固作用；另一方面可以减少支护桩的进尺，节省工程造价。

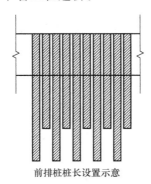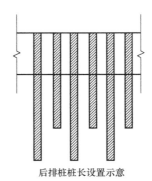

前排桩桩长设置示意　　　　　　　后排桩桩长设置示意

图 6.2-9　长短桩设置示意图

3）混凝土支撑兼作出土栈桥，解决施工开挖工作面和土方开挖、搬运及施工材料堆放、转运等问题。在基坑支护项目中，混凝土支撑截面较小，无法被充分利用，而混凝土支撑也阻挡了基坑开挖，导致出土困难。同时，在深厚淤泥基坑中挖掘机行驶困难大，措施费高。本项目通过利用混凝土支撑形成的平面作为栈桥，解决了土方开挖及出土难题。同时，栈桥兼作地下室施工材料转运的堆放平台及运输通道，解决了施工材料转运及堆放问题。

4）将双排桩支护结构的盖板作为施工便道，解决基坑周边限载和拟建管线地基处理问题。双排桩支护结构的盖板宽度达 7m，对于车辆荷载等竖向荷载仍需另作考虑，浪费了支护桩本身的竖向承载力。因此，在严格计算的基础上，提出了利用双排桩的盖板作为施工便道，充分利用双排桩盖板上方空间及双排桩的竖向承载力，解决了基坑周边限载问题（图 6.2-10）。

拟建管线位于软弱土层之中，而对管线地基处理耗时、造价高。本项目考虑拟建管线与盖板位置关系与标高关系，将管线置于板上或吊挂于板外，避免对管线的地基处理，节约造价、节省工期（图 6.2-11）。

5）通过对双排桩及其盖板与塔式起重机支座节点的设缝、加强肋的特殊处理，有效地解决了基坑变形及大型塔式起重机的变形协调问题，减少相互干扰的影响（图 6.2-12）。

6）针对塔楼主体结构应在紧张的限定工期内完成的项目特殊要求，通过调整支撑布置、避让主体塔楼位置，解决了塔楼先施工及销售的时间节点问题。同时，调整栈桥间距，满足了土方机械材料运输、长臂挖掘机施工作业宽度的要求。

支撑及栈桥桥面面积仅为基坑面积的 18%，满足设计施工要求，还为 6 个塔楼创造提前施工的条件（图 6.2-13）。

另外，本基坑栈桥支撑间距考虑了加长臂挖掘机设备的臂长，避免开挖的盲区。使得

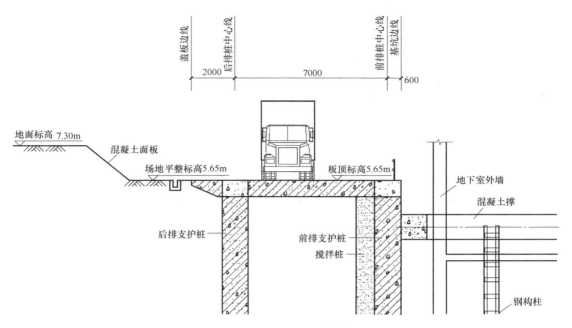

图 6.2-10 双排桩盖板车道方案

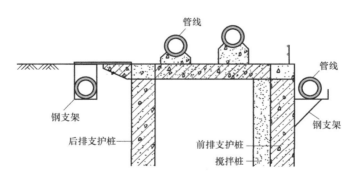

图 6.2-11 拟建管线吊挂安装示意图

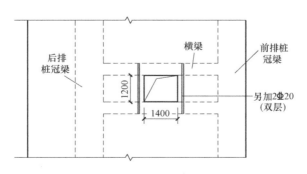

图 6.2-12 盖板穿洞加固图

基坑内大部分土方开挖及土方机械材料运输均在栈桥上完成，使施工作业面干净、整洁，同时，又能解决施工设备难以在淤泥中作业的难题，减少了基坑开挖的临时措施费，减少

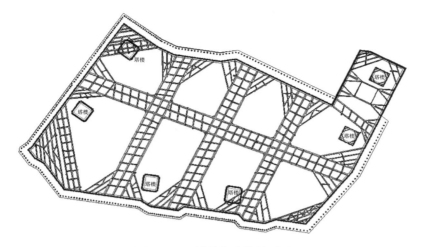

图 6.2-13 塔楼与支撑关系图

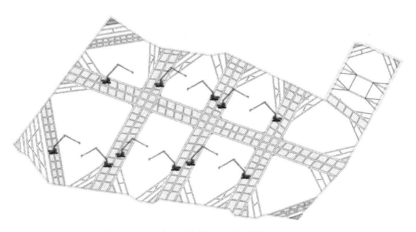

图 6.2-14 加长臂挖掘机栈桥施工示意图

了临时措施对项目工期的损耗（图 6.2-14）。

（7）使用新型的搅拌桩设备及旋喷设备，有效地解决项目周边填石、片石分散凌乱、深厚不一状况下的基坑截水问题以及桩间土止淤问题。本项目为广东省内首次使用六轴搅拌桩（图 6.2-15）的项目，为六轴搅拌桩在广东省的应用开展了地区适应性验证。

6.2.7 总结

1）在南沙地区软土深厚、性质差，周边环境复杂的前提条件下，基坑支护设计采用长短桩方案，支撑作为栈桥兼作出土通道，双排桩盖板兼作施工便道，利用支护结构放置新建管线，避免管线地基处理，确保基坑支护结构安全和周边环境的正常利用，满足工程工期进度要求并大幅节省工程造价，作为南沙地区深大基坑支护设计和施工的样板工程，为南沙地区甚至华南地区类似工程提供了借鉴经验。

2）基坑支护支撑周围布置了多条栈桥和施工便道，这对超长、超大基坑支撑的稳定性及应力裂缝等问题研究有很好的借鉴价值和科研价值。

图 6.2-15　调试安装六轴搅拌桩

3）基坑采用了支撑兼作栈桥的方式，使得大部分土方开挖及土方运输均在栈桥上得以完成，解决施工设备难以在淤泥中作业的难题，为本基坑项目开挖的临时措施节省了很多造价，节省临时措施对项目工期的损耗，实现淤泥减排、水土保持的环保效益。

6.3　珠海十字门中央商务区会展、商务组团 A 标段基坑支护工程

6.3.1　工程概况

本工程为珠海十字门中央商务区建设控股有限公司拟建珠海十字门中央商务区会展、商务组团 A 标段（以下简称"十字门 A 标段"）基坑支护工程。工程地点位于珠海市湾仔，与澳门隔岸相望。本工程有如下特点：基坑开挖面积约为 16.6 万 m^2，开挖边线周长为 1753m；揭露淤泥（流塑状）厚度深 20m；场地濒临海边，地下水位受海平面影响大，基坑截水难度大；本工程有地下 2 层，基坑开挖深度为 11.8～12.3m，局部开挖深度达20m。十字门 A 标段地理位置见图 6.3-1。

6.3.2　基坑设计方案及重难点

本工程大基坑开挖边线周长为 1753m，基坑开挖面积约 16.6 万 m^2；建筑±0.000 相当于绝对高程 5.00m，现地面相对标高为－1.0～1.5m，结构底板面标高为－11.7m，沿侧壁走向的承台厚度为 1.5m，考虑垫层厚度为 0.1m，开挖底标高为－13.30m，基坑开挖深度约为 11.8～12.3m。支护结构主要采用钻孔（旋挖）灌注桩＋预应力锚索支护，桩间采用三轴搅拌桩截水，坑底沿基坑边线采用格构式搅拌桩加固。局部坑底加深处采用重力式水泥土挡墙支护。

塔楼区域基坑则位于大基坑内东侧，塔楼区域开挖面标高为－13.3m，基坑底面标高

图 6.3-1　十字门 A 标段地理位置

为一20.7m、一22.3m，基坑开挖深度为 7.4～14.1m，塔楼基坑面积约为 2851m²，周长为 206.0m；塔楼基坑支护安全等级为一级。根据地质情况、地物地貌、建筑功能、周边情况及经济指标优选设计方案，塔楼区域外围采用 1：3.0 放坡开挖，中心核心筒基坑采用灌注桩＋1 道支撑进行支护，柱间采用旋喷桩（$\phi600$）。

基坑设计过程中存在以下重难点：

1）场地淤泥、砂层等软弱地层平均超过 20m 厚，基坑开挖支护及截水难度大。首次在广东地区采用三轴大直径水泥土搅拌桩进行基坑截水。与传统的单轴搅拌桩或双排搅拌桩、旋喷桩等截水技术在地下水丰富的深厚软弱土层内基坑截水效果相比，三轴大直径水泥土搅拌桩进行基坑截水有效地遏制了该地层基坑易发的渗水、突涌水甚至涌泥砂等重大事故，且截水深度大于常规搅拌桩深度，是一项技术先进、绿色环保、安全可靠的新施工技术，满足了基坑截水设计要求，节省了工程工期和造价。

2）在深厚淤泥、砂层等软弱土层中采用预应力锚索扩大头工艺。

本工程支护结构主要采用钢筋混凝土灌注桩（$\phi1200mm$）＋预应力锚索支护，预应力锚索采用了扩大头工艺，扩大头直径为 300mm。相比较于常规锚索（$\phi150mm$），锚索扩大头工艺减短了锚索长度，缩短了工期，节省了工程造价。

3）超大基坑解决基坑大面积坑底抽排水问题。

超大基坑需分期分块施工，坑内抽排水的重要性远高于一般基坑，本工程采取分区抽排水方法。通过分析研究，在基坑内设置降、排水井，并按 40m×40m 平行四边形布置，可以及时地将大面积基坑内积水排走，满足结构施工要求。

4）主体结构工程桩在坑底施工，与基坑开挖的施工衔接关系密切。

整个场地被划分为 5 个区，共布置 6 个临时出土道路和 2 个固定出土道路（出土坡道坡度为 8°），并且每个出土道路充分考虑了土方车辆同时进出的需要。每开挖一层，及时在坑内设置土方车运输环线，有效地保证了施工工期，满足了出土工期和主体结构工程桩、地下室结构及上部结构施工的要求。

　5）充分利用主体结构工程桩作为坑中坑核心筒基坑的支护结构。

　本项目中标志性塔楼核心筒基坑局部加深约 8m，且加深开挖范围均在淤泥中，塔楼区域主体结构已设计相对较密的工程桩，且核心筒加深范围紧贴大基坑边线，即最大开挖深度约 20m。利用工程桩兼作支护桩，桩间采用搅拌桩截水，同时采用混凝土内支撑严格控制工程的水平位移；减少了支护费用，加快了施工工期，有效地保证了基坑安全。

6.3.3　支护设计平面图、剖面图

　十字门 A 标段基坑平面图、典型剖面图及基坑现场照片见图 6.3-2～图 6.3-6。

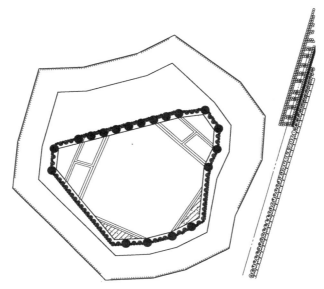

图 6.3-2　十字门 A 标段基坑平面图

6.3.4　项目特点及创新性

　本项目基坑开挖面积大、地质条件差、软土地层内开挖深度大。采用钻孔桩＋预应力扩大头锚索作为支护体系、大直径三轴搅拌桩作为基坑截水方法，满足了结构设计和现场施工要求，节约了工期和工程造价。

　1）大直径三轴搅拌桩的应用

　首次在广东地区采用三轴大直径水泥土搅拌桩进行基坑截水，有效地遏制了该地层基坑易发的渗水、突涌水甚至突涌泥砂等重大事故，且截水深度大于常规搅拌桩深度。对大直径三轴搅拌桩参数取值如下：每幅三轴搅拌桩相互搭接 500mm；三轴搅拌桩水泥掺量 ≥20％，水灰比为 1.2：1（淤泥层）和 1.5：1（砂层）；淤泥层中三轴搅拌桩桩身 28d 无侧限抗压强度 q_u≥0.6MPa，砂层中三轴搅拌桩桩身 28d 无侧限抗压强度 q_u≥1.0MPa；采用 42.5R 硅酸盐水泥，水泥用量不少于 360kg/m³。

　2）预应力锚索设计研究

　本工程支护结构主要采用钢筋混凝土灌注桩（ϕ1200mm）＋预应力锚索支护，预应力

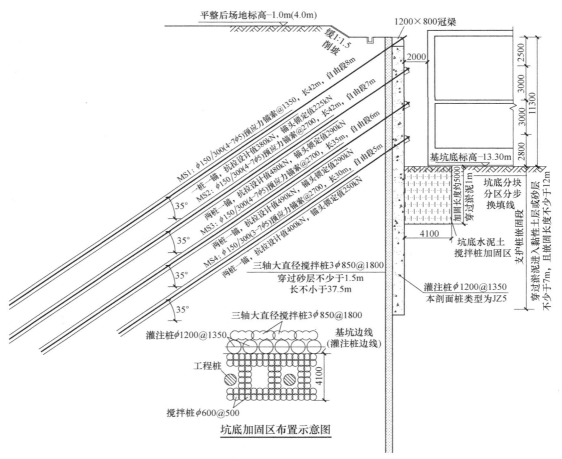

图 6.3-3　十字门 A 标段基坑典型剖面图 1

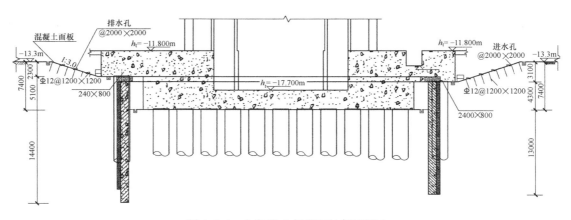

图 6.3-4　十字门 A 标段基坑剖面图 2

锚索采用了扩大头工艺，扩大头直径为 300mm。相比较于常规锚索（ϕ150mm），锚索扩大头工艺减短了锚索长度，缩短了工期，节省了工程造价。在软弱土层内设计常规锚索，锚索浆体与周边软弱土层之间的摩阻力较小，要满足设计的抗拔力，只能增加锚索长度和

图 6.3-5　十字门 A 标段基坑现场照片 1

图 6.3-6　十字门 A 标段基坑现场照片 2

缩短锚索间距，甚至增加锚索排数。在相同锚索排数的条件下，锚索间距过小，会引起"群锚效应"，影响锚索抗拔力；锚索达到一定长度后，其抗拔力增加的幅度不明显，且增加了施工难度。

　　3）基坑降水设计方案

　　降、排水井按 40m×40m 平行四边形布置，深度至强风化岩层，共布置 66 个点。施工时在基坑内设置排水沟、排水井。排水沟有主次之分，主排水沟断面为 600mm×600mm，次排水沟断面为 300mm×600mm。

　　（1）结合本工程实际情况及基坑底部绝大部分为淤泥及黏土层，隔水性好的特点，基坑降水采用坑外截水、坑内深井疏干降水方法。

　　（2）根据前期施工经验，基坑靠近江边处涌水量较大，水量充沛，在靠近江边处布置较密降水井，降水井间距为 20m。

　　（3）塔楼区域因开挖深度较深，在塔楼区域布置降水井。

　　（4）在基坑底局部为砂层的区域布置降水井。

　　4）土方开挖组织设计

在土方开挖前，先进行井点降水。井点降水可以改善挖土条件和改良坑内土的物理性质、力学指标，提高基坑整体稳定的安全储备，进一步减小产生管涌的可能性。基坑内预降水在土方开挖前两周进行，在坑内设观察井，降水有效深度在坑底以下1.0m。土方开挖应在降水达到设计要求后进行，土方开挖的顺序、方法必须与设计工况一致，施工应遵循"先撑（锚索）后挖，分层分段开挖"的原则。

5）利用结构工程桩作为坑中坑的支护桩

本项目中标志性塔楼区域主体结构已设计相对较密的工程桩，且核心筒加深范围紧贴大基坑边线。基于大基坑的安全和已施工工程桩的保护，坑中坑必须采用灌注桩＋内支撑支护，而重新增加支护桩则难以避开工程，更为不利的是需扩大坑中坑开挖范围，由此利用工程桩兼作支护桩，桩间采用搅拌桩截水，同时采用混凝土内支撑。

6.3.5 总结

1）在场地地下水丰富、软弱土层深厚地区开挖深大基坑，基坑开挖支护及截水难度大。本工程在广东省内首次采用大直径三轴搅拌桩进行基坑截水，达到设计的预期效果，满足基坑设计和结构施工要求，节约了本项目工期和工程造价。在广东省范围内验证了该技术的可行性和可靠性，积累了地区经验，同时为地区内类似工程提供了借鉴意义，具有显著的社会效益和较大的经济效益。

2）深厚软弱土层预应力锚索采用了扩大头工艺，相较于常规锚索，锚索扩大头工艺减短了锚索长度，缩短了工期，节省了工程造价。

3）超大基坑大面积的降排水设计为200多万 m^3 土的开挖及大面积的坑底施工创造了有利条件，提高了坑底土体强度及挖运土效率，有效地降低了坑底处理费用，并缩短了施工工期。

4）充分利用主体结构工程桩作为坑中坑核心筒基坑的支护结构。本项目中标志性塔楼核心筒基坑局部加深约8m，且加深开挖范围均在淤泥中利用工程桩兼作支护桩，桩间采用搅拌桩截水，同时采用混凝土内支撑严格控制工程水平位移；减少了支护费用，加快了施工工期，有效地保证了基坑安全。

6.4 南沙图书馆建设项目

6.4.1 工程概况

南沙图书馆建设项目（以下简称"南沙图书馆"）东距环市大道约150m长，南临金岭一横路，西临海滨路，北距进港大道约200m。规划总用地约为11430m²，总建筑面积为25000m²。地上建筑4层，地下建筑2层。基坑开挖面积约为9230m²，基坑周长约为368m，开挖深度约为10m，计入换填淤泥1m后，开挖深度约为11m，核心筒区域加深3.5m。

本项目基坑工程周边环境复杂（图6.4-1），对变形控制要求严格，南侧12m外为金岭一横路，西侧7m外为海滨路及蕉门水道，北侧为南沙金融大厦广场及国税办公楼，东侧为鱼塘。基坑除东侧无管线外，其余三侧均有密集管线分布。其中，基坑南侧距离红线边 2.5m 处有两条国家管控的电力管线及公安交通管线，且埋深均不到 1m，安全级别极高。基坑西侧红线外 3.5m 处埋设煤气管线、电力管、雨水管和污水管，除雨水管、污水管外，其余管线埋深均不到 1m，安全级别高。基坑北侧红线外有三条较高级别的电信光纤和一条煤气管线，还有一条大直径铸铁给水管，年久失修，容易被破坏，安全级别较高。另外，西南角部分管线进入红线内，基坑设计需考虑管线的保护措施。

项目地块毗邻珠江出海口，沉积年限短，淤泥及淤泥质土层厚均约为 40m。项目工程设计及施工技术难度大，工期紧，要求高。

图 6.4-1　南沙图书馆基坑鸟瞰图

6.4.2　地质、水文情况

1）地质条件

根据野外钻探编录，结合原位测试及室内试验资料，按成因、状态、岩土性划分，场区岩土层自上而下可分为：第四系人工填土层（①-1 素填土、①-2 杂填土），第四系冲洪积层［②-1 淤泥（流塑）、②-2 淤泥质土（软塑）、②-3-1 细砂（松散为主、局部稍密）、②-3-2 中砂（中密）、②-3-3 粗砂（中密）、②-4-1 淤泥质土（可塑）、②-5-1 细砂（松散为主、局部稍密）、②-5-2 中砂（中密）、②-5-3 粗砂（中密）、②-1-1 粉质黏土（可塑）、②-1-2 粉质黏土（硬塑）、③-2-3 粗砂（中密）］，燕山期花岗岩（⑤-2 强风化石灰岩、⑤-3 中风化石灰岩、⑤-4 微风化石灰岩）。

2）水文条件

按含水介质特征划分，地下水类型主要为第四系覆盖层孔隙性承压水、基岩裂隙水，勘察揭露的砂层黏粒含量较大，为微～中透水。强、中风化岩裂隙较发育，风化岩层内赋存基岩裂隙水。基岩裂隙水量大小与岩石裂隙发育情况、连通程度有关，其透水性为弱～中等透水。场地地下水埋藏深度较浅，起伏较小，实测钻孔地下混合水位埋深为 0.90～1.65m，测钻孔地下混合水位标高为 4.67～5.56m。本场地地下水主要接受大气降水垂直补给和河涌侧向渗透补给，侧向渗透是主要的排泄水方式。

6.4.3 基坑设计方案及重难点

1）周边环境非常复杂。基坑北侧商业区建筑、结构、给水排水、施工塔式起重机与基坑支护关系复杂。基坑周边涉及年久失修的大型铸铁给水管线、燃气管线、地铁线路，变形要求高。

2）地层地质条件差，沉积年限短，具有深厚淤泥及淤泥质土等软弱土层。根据南沙地质相关介绍，该基坑区域沉积年限仅为两百多年，为严重的超欠固结土，具有较强的触变性、流变性、高压缩性、低强度。淤泥及淤泥质土层厚均为 40m，周边因市政主干道及地铁施工遗留下来的填石、片石、漂石分散凌乱、深厚不一，给基坑支护桩及截水帷幕的设计及施工都带来了很大的影响。

3）通过设置 2 条长达 280m、直径 88m 的环形支撑，用传递受力简洁的水平支撑构件，并利用环形拱桥效应将水平剪力转换为轴向压力，优化了支撑受力，减少建设成本，提高基坑安全性。

4）通过设置施工栈桥板，利用混凝土板提高支撑的水平刚度，保证基坑安全，同时利用混凝土板的竖向承载力，在栈桥板上进行土方开挖。

5）本项目克服了软土地区环形支撑难以紧贴基坑支护边的难题，让软土地区环形支撑效果提升，具有很高的理论价值和实践价值。

6.4.4 支护设计平面图、剖面图

南沙图书馆基坑平面图及典型剖面图见图 6.4-2 和图 6.4-3。

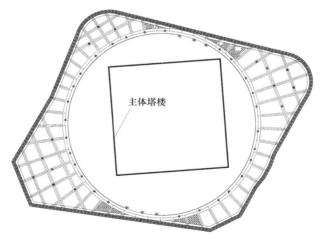

图 6.4-2 南沙图书馆基坑平面图

6.4.5 项目特点及创新性

鉴于复杂的工程地质条件和周边环境，本项目基坑支护方案为支护桩＋2 道环形支撑；截水帷幕方案为三轴搅拌桩截水帷幕。主要技术特点如下：

1）基坑支护为 2 条长达 280m、直径为 88m 的环形支撑，通过传递受力简洁的水平支撑构件，利用环形拱桥效应将水平剪力转换为轴向压力，优化了支撑受力，减少建设成

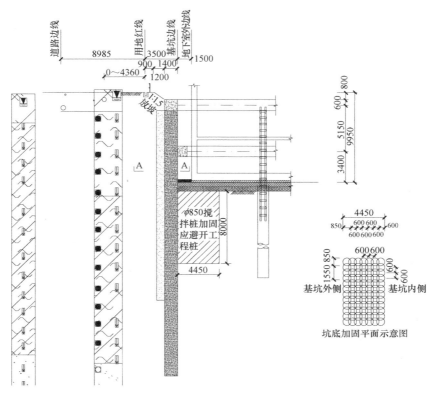

图 6.4-3　南沙图书馆典型剖面图

本，提高基坑安全性，保证基坑及基坑周边重要管线的安全。

2）环形支撑设置让主体结构均在环撑范围内，保证主体塔楼顺利按时完工。

3）本项目攻克了软土地区环形支撑难以紧贴基坑支护边的难题，让软土地区环形支撑效果提升，具有很高的理论价值和实践价值。

4）通过三轴搅拌桩截水帷幕应对珠江蕉门水道边的深厚淤泥及淤泥质砂地区不利影响。从降水截水的角度，杜绝基坑漏水导致的周边地面沉降开裂，保证基坑周边道路及管线安全，保证交通、通信、给水排水等安全。在实现截水效果的同时，也保证了桩间土止淤效果。

5）在环撑中部薄弱区域设置了施工栈桥板（图 6.4-4）。利用混凝土板提高支撑的水平刚度，在保证基坑安全的同时，还利用混凝土板的竖向承载力，在栈桥板上进行土方开挖。通过内部转移至栈桥板边，让大部分土方开挖及土方运输均在栈桥上得以运输传递。

6）本基坑设置换填淤泥层 1m 的方案，解决施工设备难以在淤泥中作业的难题，为本基坑项目开挖的临时措施节省了很大的造价。

7）有效保护市政管线。基坑周边市政管线众多，特别是大型给水管线及燃气管线对位移敏感。本项目既保证了基坑及管线的安全，又保障了人民的安全及正常生活。经检测，周边管线的变形量满足要求。

6.4.6　总结

1）有效地解决南沙深厚淤泥软土地区大型基坑项目的安全问题，为南沙地区的大型

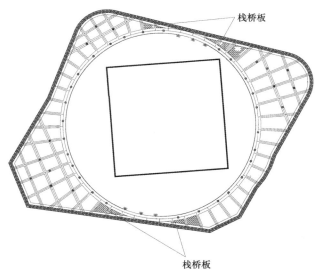

图 6.4-4 施工栈桥板

基坑设计及施工树立信心及实践支持，得到业主及业界的认可与肯定。

2）保证了基坑及周边建筑物、塔式起重机、市政道路、市政管线、地铁线路的安全，满足业主和主体设计的特殊要求。

3）有效地利用支护盖板结构及栈桥，避免形成额外的施工荷载，对基坑的安全和基坑的造价都产生了积极的影响。

4）本项目克服了软土地区环形支撑难以紧贴基坑支护边的难题，让软土地区环形支撑效果提升，具有很高的理论价值和实践价值。

6.5 南沙中交明珠国际一期基坑工程

6.5.1 工程概况

南沙中交明珠国际一期基坑工程位于广州南沙新区明珠湾区起步区内灵山岛尖，基坑面积约为 46300m²，周长约为 950m。一层地下室区域基坑深度为 5.2m，二层地下室区域基坑深度为 10m，场地平整后标高约为 8.5m。

项目地块周边均为规划路（设计标高约 8.5m），场地内部平整（现状标高约为 4.0m）；用地面积为 53772m²。地块北侧为江灵北路及江边海域（85m），地块西侧为欧昊总部大楼，南侧为拟建中交汇通南地块，东侧为纵三路。地块四周均为已建或待建市政道路。

6.5.2 地质、水文情况

1）地质条件

本项目场地自上而下分别为第四系人工填土层（①-1 素填土），第四系冲积层［②-1 淤泥（流塑）、②-2-1 粉砂、②-2-2 细砂、②-3 淤泥质土（软塑）、②-4-1 粉砂、②-4-2 细砂、②-4-3 中砂、②-4-4 粗砂、②-5 粉质黏土（可塑）、③层砂质黏性土（可～硬塑）］，燕山期花岗岩（④-1 全风化花岗岩、④-2 强风化花岗岩、④-3 中风化花岗岩、④-4 微风化花岗岩）。南沙中交明珠国际一期基坑工程地质剖面图见图 6.5-1。

2）水文条件

本项目地下水类型按含水介质特征划分，地下水类型主要为第四系覆盖层孔隙性承压水、基岩裂隙水，主要表现为：一是上层滞水，附存于填土的中下部；二是第四系的孔隙水，主要附存于第四系土层砂层中，勘察揭露的砂层黏粒含量较大；三是基岩的裂隙水。

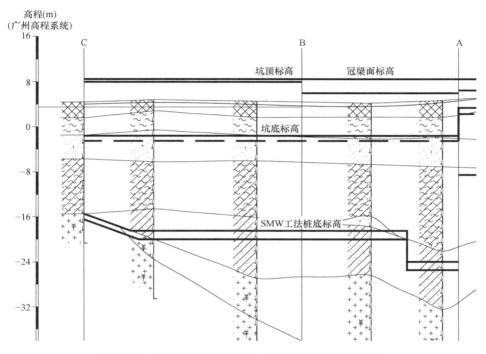

图 6.5-1 南沙中交明珠国际一期基坑工程地质剖面图

6.5.3 基坑设计方案及重难点

1）本基坑工程周边条件复杂。项目西侧紧贴在建的双排灌注桩支护桩的地下空间连廊；东北侧为在建的 11 层塔楼，北侧距离江边非常近。基坑四周密集的市政管线，对位移控制要求非常高。

2）本基坑工程地质条件差。南沙海边冲积着深厚的淤泥及淤泥质土，土层性质非常差，对支护安全要求高，工程造价成本高。

3）本基坑距离江边近，动水压力大，对截水帷幕要求高。

4）本基坑工程需兼顾施工工序的需求。

（1）东北侧塔楼先于基坑施工，基坑支护与塔楼之间的相互影响大。

（2）地下一层地下室先于地下二层地下室施工。非常规的施工工序对地下一层地下室及基坑的安全提出很大的挑战。

（3）周边道路先于基坑施工，半坡上的支护结构给设计、施工带来了很大的挑战。

（4）淤泥基坑挖土困难，挖土机械及运土车在淤泥中行驶困难。基坑面积大，当采用软基处理及换填块石时，工期长、费用大、环保效益差。设计及施工期需考虑周边协同关系，包括协同受力、协同施工、协同运作、协同建筑功能等关系。

6.5.4 支护设计平面图、剖面图

本基坑项目两层地下室周边使用 SMW 工法＋预应力锚索，三轴搅拌桩 $\phi 850@600$；地下一层地下室区域（示范楼区域外）使用钢板桩支护＋预应力锚索；示范楼区域是一级放坡，坡率 1∶1.5；坑内两层地下室之间使用重力式水泥土墙支护；出土口是 8％爬坡。南沙中交明珠国际一期基坑工程平面图及基坑典型剖面图见图 6.5-2～图 6.5-4。

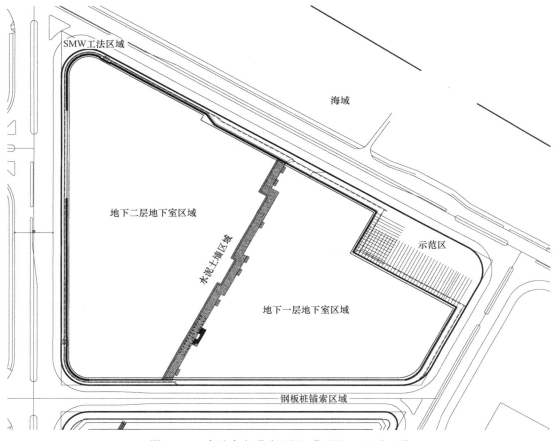

图 6.5-2　南沙中交明珠国际一期基坑工程平面图

6.5.5 实施情况

图 6.5-5 为南沙中交明珠国际一期基坑工程现场施工照片。

6.5.6 项目特点及创新性

本基坑工程两层地下室周边采用 SMW 工法＋预应力扩大头锚索；地下一层地下室区域采用钢板桩支护＋预应力扩大头锚索；坑内地下二层地下室之间采用重力式水泥土墙支护。技术创新如下：

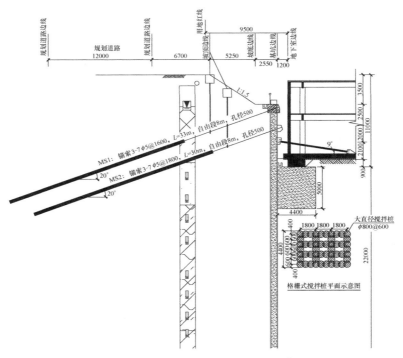

图 6.5-3　南沙中交明珠国际一期基坑工程典型剖面图 1

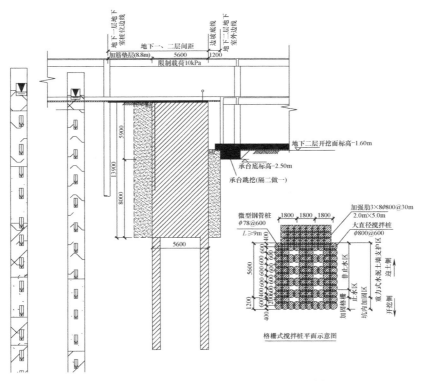

图 6.5-4　南沙中交明珠国际一期基坑工程典型剖面图 2

图 6.5-5　南沙中交明珠国际一期基坑工程现场施工照片

1）深厚软土地区采用柔性支护结构，是理论应用于实践中的一个里程碑。南沙软土力学特性与物理特性极差，即便是刚性支护结构在南沙地区出现事故的频率也比较高。将柔性支护结构应用于南沙软土基坑中，是理论与实践的胜利。

2）扩大头锚索应用于软土地区，特别是南沙软土地区，是一种实践的胜利。软土蠕变性和触变性对锚索等受拉构件的影响和可靠性分析，一直是理论的盲区。通过实践进一步验证理论，通过理论反过来帮助实践，达到理论和实践的结合。

3）竖向支护结构采用型钢或钢板桩等可回收循环利用材料，减少钢筋混凝土材料的利用、淤泥排放和环境污染，实现绿色环保，节省工程造价。

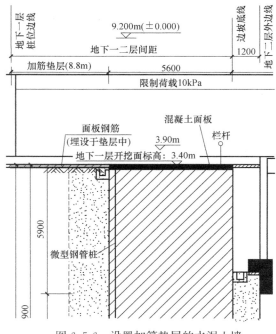

图 6.5-6　设置加筋垫层的水泥土墙

4）采用钢板桩作为支护构件，兼作截水帷幕。SMW 工法桩中的三轴搅拌桩作为截水帷幕，兼作支护构件。临海区域潮差大，动水压力也很大，常规的截水帷幕成桩质量较差，难以起到截水的效果。但是钢板桩与三轴搅拌桩在应对动水压力条件下，效果显著。

5）支护结构兼顾施工工序的需求。

（1）东北侧示范区塔楼先于基坑施工。基坑支护与塔楼之间的相互影响大。塔楼区域采用桩基础，减少对基坑的影响；支护结构采用预应力锚索，避让桩基础，减少对塔楼的影响。

（2）地下一层先于地下二层施工。地下一层和地下二层地下室交接区域采用水泥土墙，水泥土墙面板与地下一层地下室垫层通过加筋方式连接（图 6.5-6），使得基坑支护结构与主体垫层协同受力，减少非常规的施工工序对地下一层地下室及基坑的安全影响。

（3）周边道路先于基坑施工，半坡上的支护结构给设计、施工带来了很大的挑战。

（4）淤泥基坑挖土困难，挖土机械及运土车在淤泥中行驶困难。对坑内加固可以起到结构加固作用和坑底硬化的目的。通过降水井及坑内排水板排水，硬化坑内淤泥及淤泥质土。

6）SMW 工法可灵活配置支护结构的刚度，有针对性地节约造价。采用隔一插二或隔一插一等支护形式，能有效地调配支护刚度，区分加强区与非加强区。

7）加设水泥土墙加强肋，保证基坑安全。源于材料惯性矩的思考，对基坑中部、阳角等薄弱区域的水泥土墙加设加强肋（图 6.5-7），保证基坑安全，同时也是一种创新发明。

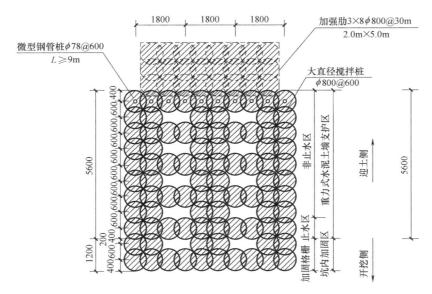

图 6.5-7 加设加强肋的水泥土墙

8）设置腰梁吊筋，解决 SMW 工法设置腰梁难的问题。

9）设置移动土台，进行分区开挖，动态观测基坑变形。

6.5.7 总结

1）将柔性支护结构和扩大头锚索应用于深厚软土地区，特别是南沙软土地区，对软土地区支护具有指导意义和实践依据。确保基坑支护结构安全和周边环境正常使用，满足工程工期进度，并大幅度节省工程造价，作为软土地区深大基坑支护设计和施工的样板工程，为软土地区类似工程提供了借鉴作用。

2）竖向支护结构采用型钢或钢板桩等可回收循环利用材料，实现淤泥减排、水土保持的环保效益，节省工程造价。

3）采用钢板桩及 SMW 工法桩中的三轴搅拌桩作为支护构件，兼作截水帷幕。通过钢板桩及 SMW 工法桩中的三轴搅拌桩，有效地缓解了海域动水压力下深厚软土、砂土对工程不利的影响。

4）支护结构兼顾各类施工工序的需求。

5）SMW 工法可灵活配置支护结构的刚度，有针对性地节约造价。

6）加设水泥土墙加强肋，保证基坑安全。对基坑中部、阳角等薄弱区域的水泥土墙加设加强肋，保证基坑安全。

7）采用扩大头锚索方案，提供最大、最便捷的施工工作面，加快施工进度。

6.6　碧水雅庭基坑工程

6.6.1　工程概况

碧水雅庭基坑工程位于广州市从化区，拟建项目东北面为远达广场地块，东南面为美时家居广场，西南面和西北面为姓钟围村。远达广场基坑项目与碧水雅庭基坑项目同时施工，共用出土口。碧水雅庭基坑面积约为 $6715m^2$，周长约为 330m，开挖深度约为 10.25m。

本项目基坑工程周边环境复杂，对变形控制要求严格，基坑西侧存在拟建地铁 14 号线区间，距离约 50m，周边管线较多，西侧有给水管线、电力管线，北侧有煤气管道。周边均为繁华地区，人流密集，北侧为从化汽车站、东侧为大型商业区、西侧为密集的居民楼，安全重要等级高，场地狭窄，对施工场地、施工通道提出了很多要求，包括施工便道、超载条件等方面的要求，对基坑选型、基坑支护都是很大的考验。

6.6.2　地质、水文情况

1）地质条件

地形地貌及地质构造：场地位于广州市从化区从城大道上，拟建项目东北面为从城大道，东南面为美时家居广场，西南面和西北面为姓钟围村居民房；地面标高约为 33.0m。场区在大地构造上属于华南准地台（活动大陆边缘）的桂湘赣粤褶皱带（Ⅱ级构造单元）上，进一步细分属粤中拗折束（Ⅲ构造单元）上。场区内构造以北北东向广从断裂（流溪河）为主。北北东向广从断裂（流溪河）位于本场地西面约 1km，该断裂发育于从化区良口镇，经从化街口、江高至广州，隐伏于第四系之下。场地钻孔控制范围未见断裂构造痕迹及破碎带，场地在区域上是稳定的，适宜进行工程建设。

自上而下为杂填土、粉质黏土、粗砂、淤泥质土、粉质黏土、全风化砾岩、强风化砾岩及中风化砾岩。

2）水文条件

勘察测得钻孔地下水稳定水位埋深为 2.70～3.20m。本场地地下水类型可分为潜水及风化裂隙水两种。潜水主要赋存于粗砂中。总体上本区域粗砂层呈透境体分布，其孔隙率较大，透水性良好，为强透水地层。其径流和排泄水条件均较好，其补给来源主要为流溪河河水下渗，季节性变化较大；岩层中的裂隙水，该类含水层由于基岩节理裂隙较发育，其连通性较好，地下水具承压性。

6.6.3　基坑设计方案及重难点

基坑支护安全等级为二级，基坑侧壁重要性系数为 1.0（桩锚区段基坑支护安全等级均为二级，基坑侧壁重要性系数为 1.1）。碧水雅庭地块西南侧及西北侧支护方式为支护桩＋锚索，大直径搅拌桩 $\phi800@600$；东北侧与远达广场相接，与远达广场地块的基坑工程同时施工；东南侧为土钉墙支护；共用出土口，并设置于远达广场东北侧。另外，根据施工要求，东南侧土钉墙区域均按超载 40kPa 进行考虑。

1）基坑西侧存在拟建地铁十四号线区间，距离约 50m，要求锚索端部距离地铁区间水平距离不少于 14m，对支护选型有较高的要求。

2）周边管线较多，西侧有给水管线、电力管线，北侧有煤气管道。管线埋深浅、距离近，安全度高，且跟锚索容易产生冲突，对锚索的位置和角度要求高。

3）周边均为繁华地区，人流密集，北侧为从化汽车站、东侧为大型商业区、西侧为密集的居民楼，安全重要等级高。

4）场地狭窄，对施工场地、施工通道提出了很多要求，包括施工便道、超载条件等方面的要求，对基坑选型、基坑支护都是很大的考验。

本项目基坑工程通过对比选型，选择合理的支护形式在满足造价和工期的前提下合理选型成功解决上述问题，具有很高的理论价值和实践价值。

6.6.4 支护设计平面图、剖面图

碧水雅庭基坑平面图及典型剖面图见图 6.6-1 和图 6.6-2。

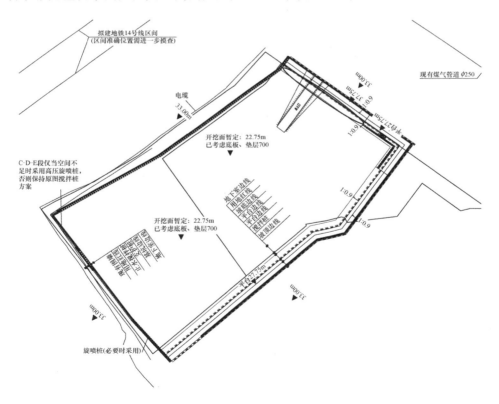

图 6.6-1 碧水雅庭基坑平面图

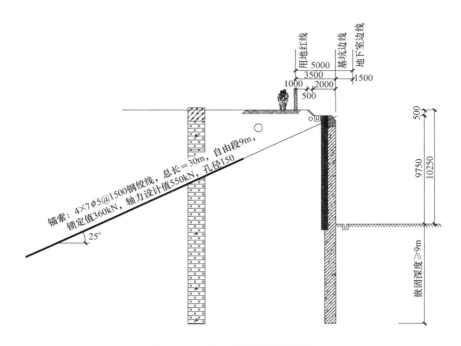

图 6.6-2 碧水雅庭典型剖面图

6.6.5 施工及监测

碧水雅庭基坑现场照片见图 6.6-3 和图 6.6-4。

图 6.6-3 碧水雅庭基坑现场照片 1

图 6.6-4 碧水雅庭基坑现场照片 2

6.6.6 项目特点及创新性

鉴于复杂的工程地质条件和周边环境，本项目基坑支护方案为基坑西南侧及西北侧采用支护桩＋锚索，和大直径搅拌桩 $\phi 800@600$；基坑东北侧及东南侧采用土钉墙支护。主要技术特点如下：

1）综合考虑周边环境的影响。基坑西侧为拟建地铁 14 号线区间，距离约 50m，要求锚索端部距离地铁区间水平距离不少于 14m，基坑施工期间，须严格控制基坑内外位移及沉降，控制爆破振动，并做好充足的保护措施，上述特点对支护结构及锚索的设计提出了较高的要求。

2）本项目基坑设计充分结合周边场地环境，在保证安全的前提下尽量考虑造价和工期的影响，在场地范围允许的区域选择合理的支护方式，节约工程造价。

另外，本基坑与周边地块广州远达广场同时开挖，可以控制造价。

6.6.7 总结

从现有设计、施工工艺技术的可行性及安全、经济、工期等方面综合考虑，采用支护桩＋2/3 道内支撑，并利用已建地下室进行支顶，设置水平向转换构件，保证传力顺畅，在施工中做到了安全适用、保护环境、技术先进、经济合理、确保质量，取得了较好的经济效益、环境效益和社会效益，在广州市类似工程中具有示范作用及推广价值。

7 复杂地面条件基坑工程

7.1 复杂地面条件基坑工程特点

复杂地面条件基坑工程指的是因土方开挖卸荷载会造成周边地面古建筑、重要建筑物或特殊地貌等发生损坏、失稳的基坑工程。

首先，面对复杂的地面条件，岩土工作者应结合地面复杂条件进行必要的调查工作，从而为设计和施工采用针对性的保护措施提供相关资料。调查工作可能需要许多部门和单位的配合，需要投入一定的人力和物力，故有必要由专业的环境调查或工程勘察单位提供相应的专项调查报告，调查报告应能满足地面条件影响分析和评价的需要。调查工作应先确定调查范围，调查范围应包括基坑边缘向外 2 倍开挖深度范围内的各种地面条件。调查工作包括以下内容：

1）对于古建筑、重要建筑物，可通过调研、现场察看、资料搜集、检测等多种手段全面掌握建筑物的现状。应查明建筑物的平面位置及与基坑的距离关系、用途、层数、结构形式、构件尺寸与配筋、材料强度、基坑形式与埋深、历史沿革及现状、荷载与裂缝情况、沉降与倾斜情况、有关竣工资料（如平面图、立面图和剖面图等）及保护要求等。对于古建筑，一般建造年代较远，保护要求较高，原设计图纸等资料也可能不齐全，有时需要通过专门的房屋结构检测与鉴定，对结构的安全性做出综合评价，以进一步确定其抵抗变形的能力，从而为其保护提供依据。

2）对于滑坡、建筑边坡，应调查滑坡的形态要素和演化过程、滑坡边界、地表水、地下水、湿地、树木的异态、边坡支护结构的外观裂缝以及监测数据等。对于水域调查，应调查水域面积、水域长度、水域深度、水位变化规律及水域是否与基坑存在连通通道等。

其次，在基坑设计之前应研究地面条件允许的变形量，作为基坑设计的前提条件。基坑工程对古建筑、重要建筑物的影响包括：建筑性损坏、功能性损坏及结构性损坏三个方面。建筑性损坏主要是构件外观上的损坏，例如墙板、楼地面及建筑饰面上的裂缝等。一般认为，粉刷墙上宽度大于 0.5mm 的裂缝和砌体墙及毛面混凝土墙上宽度大于 1.0mm 的裂缝是住户所能观察到的裂缝的极限大小。功能性损坏主要是结构或构件引起使用功能上的障碍，例如门窗不能开启、墙体或楼面的倾斜、煤气管线或水管的弯曲与破裂、饰面的开裂与剥落等，功能性损坏一般不需要进行结构性修复。结构性损坏往往会影响到结构的稳定性，这类损坏包括建筑物主要受力构件如梁、柱、楼板、承重墙等的开裂和严重变形。基坑开挖对特殊地貌的影响包括坡体稳定性、地下水的控制计算及结合当地经验进行的变形验算等。选择合适的允许变形量是基坑设计和施工的前提条件，也是保护基坑周边建筑物等的基础。

最后，基坑工程设计单位应根据复杂地面条件调查结果与复杂地面条件允许的变形量，采用适当的计算方法，对基坑工程可能造成周边环境的影响进行评估，根据评估结果选择合适的基坑支护方案和地下水控制方案，通过设计、变形分析，再设计、再分析的反复过程，使基坑施工过程中所引起的复杂地面条件的变形在允许的范围内，从而保证其正常使用要求。基坑开挖对地面条件影响的计算方法包括：经验法、数值分析方法、三维有限元分析等。评估基坑开挖对复杂地面条件影响的内容包括：基坑支护结构施工、基坑开挖、支护结构变形等引起周边环境的影响，基坑开挖后地下水位变化对基坑周边环境的影响，基坑施工噪声、振动和爆破对基坑周边环境的影响等。

7.2 中山大学附属第一医院手术科大楼二期基坑支护工程

7.2.1 工程概况

中山大学附属第一医院手术科大楼二期基坑支护工程（以下简称"手术楼二期基坑工程"）位于广州市中山二路中山大学附属第一医院内。本项目主体为手术科大楼地下三层地下停车库，现状为待拆迁医院用地，基坑在拆迁完成后开挖；周边存在较紧密建筑群（图7.2-1）。其中，南侧紧贴正在投入使用的一期手术科大楼（且后期需要连通），北侧为内科住院大楼，西侧为市政路，东侧为现有民房，基坑周边还存在众多管线，基坑支护变形过大或者失效后果非常严重。

图 7.2-1　手术楼二期基坑工程周边环境图

7.2.2 地质、水文情况

原来为剥蚀残丘地貌单元，现为旧建筑物拆迁地，地势较平坦，场地内基岩风化带厚度较大，不均匀，地基稳定性良好。基岩倾斜度较大，从高出基坑面 5m 到低于基坑面 10m。主要岩土层为粉质黏土残积层，为泥质粉砂岩风化残积而成的粉质黏土（图 7.2-2），遇水容易软化，基岩顶面埋深为 3.40～17.70m。地下水位埋深为 1.50～5.40m，有一定量的上层滞水，残积层粉质黏土为相对隔水层，基岩局部裂隙发育，含裂隙水，为承压水。

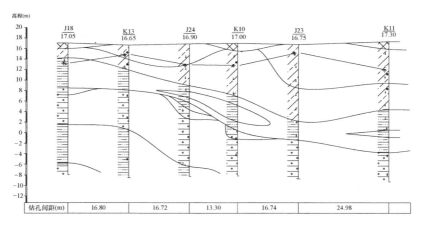

图 7.2-2 手术楼二期基坑工程地质剖面图

7.2.3 基坑设计方案及重难点

本基坑开挖面积为 3533.9m²，基坑周长为 169.5m，开挖深度为 16.07～16.55m，基坑安全等级为一级，重要系数为 1.1。周边存在较紧密建筑群，南侧紧贴正在投入使用的一期手术科大楼，北侧为内科住院大楼，西侧为市政路，东侧为现有民房，周边还存在众多管线，基坑支护变形过大或者失效后果非常严重。基坑设计需解决的核心问题为："保护环境"及"转换补强"。

1) 周边环境十分复杂

基坑周边存在较紧密建筑群，南侧紧贴正在投入使用的一期手术科大楼（且后期需要连通），要将一期手术科地下室北侧土全挖除，已建 3 层地下室内医院部分科室对位移及振动十分敏感，须严格控制位移。北侧为 9 层内科住院大楼，设置一层地下室，桩基础距离基坑约 7m。西侧为市政路，是院区人与车通行的主干道。管线密布，存在煤气、给水、排水等重要管线。东侧为 10 层民房，设置一层地下室，桩基础距离基坑约 1.5m。

2) 施工超载要求大

周边环境复杂，场地紧张，基坑长边为 95m，短边为 36m。施工材料堆放仅可利用北侧与内科住院大楼之间的 7m 空间，出土转运须集中在西侧市政道路上，超载须放松至 30kPa 以上。另外项目地下室地下一层设置了一台一体式的氧舱室，须在第二道支撑未拆除前，在基坑边吊入，局部超载达 60kPa，上述超载均须在基坑设计时考虑，并采取有效措施应对。

3）利用已建地下室支顶

二期基坑开挖须将一期手术科地下室北侧土全挖除至一期地下室底板以下 2m，新施工地下室须与一期已施工地下室连接，中间无隔离的结构墙。基坑设计利用已施工地下室作为支座，设置 2 道支撑，分别水平支顶在一期地下一层及地下二层楼板，有效传导不平衡土压力，确保一期地下室安全，同时解决后期地下室连通施工的问题。

4）一期地下室单边卸载后须转换补强

一期地下室考虑四周土压力平衡，墙柱构件以受竖向力为主，水平刚度较小，二期支撑支顶区域结构柱刚度须考虑加强，保证有效传力及避免产生不利变化。一期与二期连接处同时存在错层的消防水池，楼板不连续，基坑支撑须考虑转换问题。

5）新旧车道均须换撑

一期与二期地下室交界处存在已施工旧车道，车道紧临二期基坑。地下一层及地下二层楼板在二期基坑架设支撑向下挖土前，考虑钢支撑临时换撑，并在二期地下室楼板施工后与旧车道有效连接后拆除。二期新施工地下室北侧有沿基坑边长达 37m 的车道区域，在二期基坑拆除前须在相应位置临时支顶，控制拆撑位移。

7.2.4 支护设计平面图、剖面图

除东北角及西北角采用 ϕ1000 支护桩＋3 道混凝土撑支护外，其他区域均采用 ϕ1200 支护桩＋2 道混凝土撑支护。四周统一采用 ϕ600 双管旋喷桩桩间截水。手术楼二期基坑工程支撑平面图及典型剖面图见图 7.2-3 和图 7.2-4。

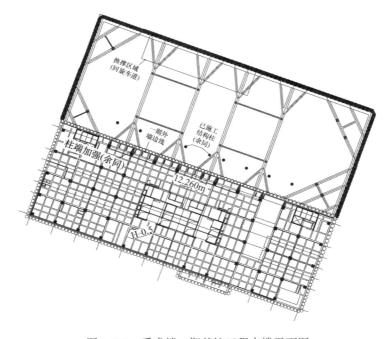

图 7.2-3　手术楼二期基坑工程支撑平面图

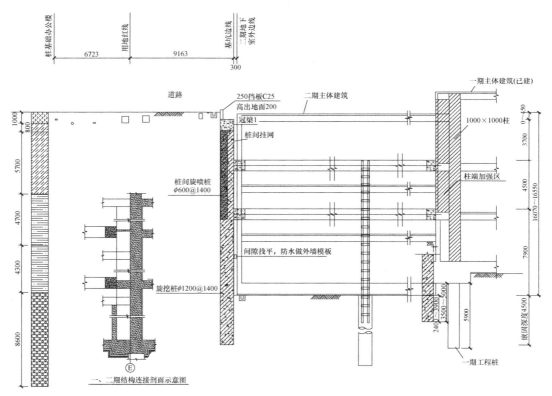

图 7.2-4　手术楼二期基坑工程支撑典型剖面图

7.2.5　施工及监测

1）手术楼二期基坑工程现场照片（图 7.2-5～图 7.2-7）

图 7.2-5　分层开挖施工支撑梁

图 7.2-6　利用一期地下室支顶

2）监测情况

最终监测结果显示，本项目基坑位移最大监测点为基坑北侧两道支撑区域上部悬臂段的冠梁的 S5 点，位移值为 28.3mm，没有超出规范的限值，基坑支护结构充分发挥了作用。

图 7.2-7 一期地下水平转换腰梁及竖向转换柱

7.2.6 项目特点及创新性

1）采用刚度大桩＋撑严格控制变形，保护周边环境。

东北角及西北角的角撑区域，可利用两侧支护桩作为竖向支护构件，设计采用 $\phi1000$ 支护桩＋3 道混凝土钢支撑支护；其他区域传力方向均有一侧为已施工一期地下室，设计采用 $\phi1200$ 支护桩＋2 道混凝土钢支撑支护与一期地下室楼板对撑，利用刚度大的钢筋混凝土支撑，严格控制位移变化。桩间采用 $\phi600$ 双管旋喷桩截水，并在与一期支护桩连接处，加塞一根双管旋喷桩，封闭基坑，减少地下水渗漏风险。同时要求拆撑应分段分区域对称拆，一次拆撑区域不应超过 2 跨结构柱距。

2）利用已有地下室支顶，"扶住"一期并控制位移。

二期基坑开挖须将一期地下室北侧土全部挖除至一期地下室底板以下 2m，一期地下室单侧土被完全掏空，存在地下室倾倒的风险以及变形过大开裂的风险。本项目基坑设计采用钢筋混凝土支撑，支顶"扶住"一期地下室楼板，从开挖架设支撑，到后期拆除支撑，地下室未发生位移，达到预期目的，保证一期建筑正常使用，获得业主好评。

3）加强一期地下室墙柱构件，保证卸土后有效传力。

为保证有效传力，大部分支撑一端均须支顶在一期已施工楼板处，主撑基本与受力方向的梁对齐，将基坑设计在连接端，首先采用腰梁将支撑集中力转换为均布力传至一期楼板，在有下沉楼板的区域采用竖向转换柱，转移支撑轴力至上下层已施工楼板。

一期靠近交界的一排结构柱与转换腰梁仅距离 1.6m，考虑设计柱端加强墩，将原 700mm×700mm 的结构柱，沿受力方向加高 1.2m，采用植筋与原柱连接，浇筑成一体，提高传力方向柱刚度。加强区柱纵筋遇到一期已施工梁时，能避开尽量避开，如无法避开，将纵筋植入梁内 10d。新加纵筋植入首层板内 120mm 或梁内 10d 锚固，加强区箍筋遇到已施工梁时，穿梁拉通。加强柱端的设置，保证塔楼柱受水平力不变形。

4）车道后施工，布设临时换撑，解决大开洞问题。

一期与二期地下室交界处存在已施工旧车道，车道处支撑及临时支顶做法有：施工第三道支撑，预留转换柱钢筋；预留土台向下开挖土方至一期底板底；施工转换柱，以及加强该区域一期结构柱端，转换柱达到强度后方可开挖剩余土方；加强一期主体监测，做好施工应急预案；转换柱在二期地下二层底板施工完成，达到设计强度后方可拆除。

二期新做地下室北侧有沿基坑边长达 37m 的车道，在二期基坑拆除前须在相应位置临时支顶，控制拆撑位移，具体做法如下：施工地下二层楼板；钢支撑支顶车道地下二层楼板；拆第三道支撑；施工地下二层区域车道；拆地下二层楼板临时钢支撑；施工地下一层楼板；钢支撑支顶车道地下一层楼板；拆第二道支撑；施工地下一层区域车道；拆地下一层楼板临时钢支撑。

7.2.7 总结

从现有设计、施工工艺技术的可行性及安全、经济、工期等方面综合考虑，采用支护桩＋2/3 道内支撑，并利用已建地下室进行支顶，设置水平向转换构件，保证传力顺畅。在施工中做到了安全适用、保护环境、技术先进、经济合理、确保质量，取得了较好的经济效益、环境效益和社会效益，在广州市类似工程中具有示范作用和推广价值。

7.3 广州国际时尚中心项目基坑工程

7.3.1 工程概况

本工程场地占地面积约为 19280m^2，拟建总建筑面积为 48200m^2。其中，地上建筑分为四个 3~18 层的建筑区域。拟建两层地下室，考虑承台及垫层厚 2.5m，则基坑底最大开挖深度的标高为 19.80m，现地面标高为 28.00~35.5m，则基坑开挖深度为 8.20~15.70m，基坑面积为 11868m^2，周长为 434m。

7.3.2 地质、水文条件

场地南侧有一段小坡且地势较低，北侧地势较高、场地相对平坦且为广州松日总部大楼拟建建筑，整体上北侧高于南侧；场地各钻孔孔口标高为 27.39~35.83m，南北侧最大高差 8.5m。根据现场钻探揭露，本场地地层依次分布为：素填土层，冲积层，坡积层及残积层，下伏基岩为燕山晚期第一阶段的中粒、粗粒斑状黑云母花岗岩。场区地下水主要为杂填土上层滞水、砂层中的孔隙水及基岩裂隙水。

7.3.3 周边环境

广州国际时尚中心项目位于广州市科学城开发区创新路以东、光谱东路以北、天丰路以南，时尚中心项目北侧为松日项目。

7.3.4 基坑设计方案及重难点

基坑支护结构安全等级为一级，基坑侧壁重要性系数为1.10。根据场地质情况、地物地貌、建筑功能、周边情况及经济指标，优选设计方案如下：基坑北侧采用双排桩支护，桩间用旋喷桩截水；其余侧采用上部土钉墙（0～7.5m）＋桩锚支护（支护桩采用$\phi1000@1200$、一道预应力锚索支护），桩间采用双管旋喷桩作截水。

基坑北侧紧邻广州松日总部大楼基坑工程，两者支护桩的净距约为3.6m，且本基坑工程较松日总部基坑晚半年开挖，且开挖深度浅。基坑东侧偏北为现有二层厂房，最近距离约为15.0m，厂房为框架结构，基础形式为浅基础。基坑东侧偏南为现有空地，为本工程施工单位临时用地。基坑南侧邻近光谱中路，基坑边线距离道路边线约为45m，该区域范围为本工程施工临时用地。基坑西侧为自然山坡，基坑处于坡脚位置。

基坑开挖深度范围内主要为粉质黏土、砂质黏性土，但局部位置揭露有淤泥质土、粗砂等，且淤泥质土层厚普遍大于6.0m。东侧基坑底开挖面大部分处于全、强风化花岗岩中，增加了土方开挖难度、支护桩的施工难度。

7.3.5 支护设计平面图、剖面图

广州国际时尚中心项目基坑典型剖面图见图7.3-1和图7.3-2。

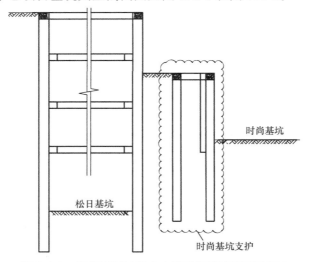

图7.3-1 广州国际时尚中心项目基坑典型剖面图1

7.3.6 完成情况及监测结果

本基坑项目现已竣工验收。因本工程的地质条件差，周边环境复杂，设计人员在每一关键施工流水节点都到现场踏勘和认定，根据开挖现场观察到的实际地质状况做出适当调

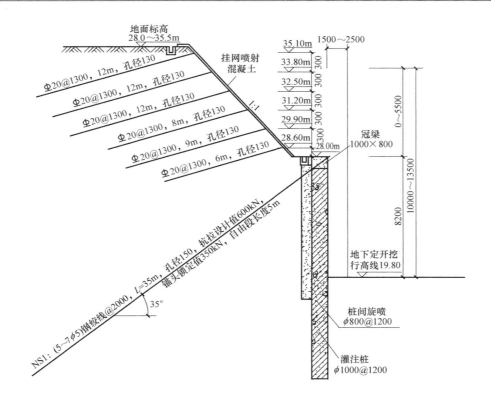

图 7.3-2 广州国际时尚中心项目基坑典型剖面图 2

整。这样既保证了工程的安全，又有效地节约了造价、缩短了工期。同时，广州国际时尚中心项目工程项目遵守相关法律法规，无重大安全质量事故，其基坑施工照片见图 7.3-3～图 7.3-5。

图 7.3-3 广州国际时尚中心项目基坑施工照片 1

基坑施工从 2011 年 12 月开始至 2012 年 12 月全部地下室底板混凝土浇筑完成，共历时 1 年多。其间，根据动态监测支护桩变形量/周边沉降位移/锚杆拉索应力变化，组织岩土专家进行现场指导，对支护进行了适当加固，保证了整个基坑工程的安全。

图 7.3-4 广州国际时尚中心项目基坑施工照片 2

图 7.3-5 广州国际时尚中心项目基坑南侧松日总部基坑照片

7.3.7 项目特点及创新性

1）上部土钉墙＋下部排桩支护结构的土压力计算

一般来说，对于上部土钉墙＋下部排桩的支护结构体系，在土压力计算中往往不考虑桩顶以上土体与排桩之间的相互影响而导致计算中低估上部土体对排桩结构的作用效应，使计算结果偏于不安全。常规计算方法是将土钉墙部分的土层重力按作用在排桩顶面的分布荷载考虑，并采用朗肯理论计算排桩所受的土压力。该方法实际上是将桩顶以上的土压力人为地略去一部分，见图 7.3-6 中的 CDF 部分。上部土钉墙高度变化较大，0～7m。通过对不同的上部土钉墙高度的工况进行计算，发现当上部土钉墙支护高度等于基坑深度一半时，常规计算方法的计算结果与实际相比，土压力减小 5％～15％，最大弯矩减小 5％～20％，锚索轴力减小 20％～60％。该发现表明基坑的安全储备随上部土钉墙支护高度与基坑深度的比值的增大而降低，特别是当土钉墙高度大于基坑深度一半时，其降低幅度明显。本基坑设计中重视桩顶以上土体与排桩支护结构的相互影响，考虑桩顶以上 CDF 部分土体所提供的水平荷载，并将该水平荷载换算作用在桩顶到基底范围的倒三角形分布荷载，据此进行上部土钉墙的土压力计算。

2）考虑周边紧邻基坑影响的三维动态模拟分析

基坑北侧紧邻松日总部基坑，其采用灌注桩＋4 道钢筋混凝土支撑支护（图 7.3-7），两者净距约 3.6m，松日总部基坑开挖底面标高较本基坑底面低约 8.8m，基坑顶标高高

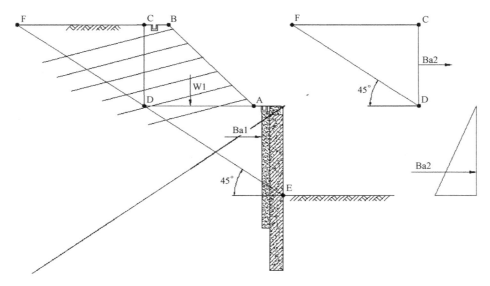

图 7.3-6 上部土钉墙＋下部排桩支护结构剖面图

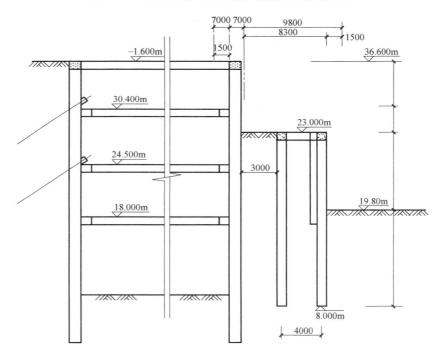

图 7.3-7 灌注桩＋4 道钢筋混凝土支撑支护

差约 7.5m。同时，该区域的基坑开挖深度中间位置存在贯穿南北向的带状软弱地层（淤泥和砂层）。经分析，贯穿南北向的带状软弱地层（淤泥和砂层）可能会对支护结构稳定性产生不利的影响，松日总部基坑的不同开挖工况会对时尚基坑支护结构的变形、稳定性产生影响。因此，结合两个基坑设计、施工特点，针对以上两方面的不利影响开展系列三维模拟计算分析，系统地研究两相邻基坑在不同施工组合情况下的基坑支护结构安全，为时尚基坑设计和施工提供参考。

对两相邻基坑的施工工况进行三维动态模拟分析，共有四种工况：第一种，在松日基坑开挖至−5.1m后，时尚基坑开始开挖；第二种，在松日基坑开挖至−11.0m后，时尚基坑开始开挖；第三种，在松日基坑开挖至−16.5m后，时尚基坑开始开挖；第四种，在松日基坑开挖至基底后，时尚基坑开始开挖。

据此，在基坑设计过程中采取了如下措施：

1）软弱地层范围内支护桩的桩长设计采取嵌岩深度要求和嵌固深度要求的双控标准，并在施工过程采取必要措施预防支护桩成孔、成桩阶段发生坍孔事故。

2）要求加强两紧邻基坑的施工协调，尽量保持两紧邻基坑同步开挖土体。

3）双排桩是一种较为新颖的基坑支护结构系，建议施工时加强对基坑北侧双排桩支护结构系变形的监控量测工作，必要时根据监测信息采取相应的加强措施。

4）加强针对局部软弱地层区域范围内围护结构的水平侧向变形（测斜管）监测，以及相对应的预应力锚索的轴力监测。

7.3.8 总结

本工程周边环境复杂，施工过程中基坑变形控制良好，满足了基坑施工过程中对周边建（构）筑物保护的要求。设计过程中对基坑南侧紧贴周边基坑的复杂工况采取了三维动态模拟分析的计算方法，较常规的基坑设计方法具有领先意义。总之，本基坑工程在设计、施工中做到了安全适用、保护环境、技术先进、经济合理、确保质量，取得了较好的经济效益、环境效益和社会效益，在广州市萝岗区基坑工程中具有示范作用和推广价值。

7.4 国维中央广场（一期）基坑工程

7.4.1 工程概况

国维中央广场（一期）项目拟建场地位于珠海市香洲区九洲大道与桂花北路交叉路口东南侧，交通便利。本项目地面以上高度为55～200m；地下建筑：有地下室，地面以下高度为17.4m或13.6m。总建筑面积：地上约为460000m²，地下约为120000m²。建筑物安全等级均为二级，建筑物结构类型为框架结构、框筒结构、剪力墙结构、框支剪力墙结构。工程重要性等级为一级，场地复杂程度等级为二级，地基复杂程度等级为二级，岩土工程勘察等级为甲级。

7.4.2 地质、水文条件

拟建项目的原始地貌为海陆交互相沉积地貌。根据钻探结果，场地内埋藏的地层主要有人工填土层、第四系海陆交互相沉积层、第四系残积层，下伏基岩为燕山期花岗岩。场地内发育的地层按自上而下的顺序依次描述如下：人工填土①、含粗砂黏土②-1、粗砂②-2、砾质黏性土③、全风化花岗岩④-1、强风化花岗岩④-2、中风化花岗岩④-3、中风化花岗岩④-4。

拟建场地内的地下水主要为潜水，根据地下水的赋存方式分类，场地内的地下水可分为：第四系土层孔隙潜水；第四系孔隙承压水；基岩裂隙承压水。第四系土层孔隙潜水在拟建场地内主要赋存的地层为人工填土①、含粗砂黏土②-1 及砾质黏性土③。第四系孔隙承压水主要赋存于粗砂②-2 中，含水层顶板为人工填土①、含粗砂黏土②-1，底板为含粗砂黏土②-1 及砾质黏性土③，均为相对不透水层。基岩裂隙承压水主要是花岗岩各风化带裂隙水。

7.4.3 周边环境

基坑位于东区街道九洲大道与桂花北路交叉路口东南侧；东侧为现状道路，道路对面为北岭小学、居民小区，存在市政管线，管线均在红线以外；南侧为岭南路；西侧为桂花北路，存在市政管线，管线均在红线以外；北侧为空地、拟建 B 地块。

7.4.4 基坑设计方案及重难点

拟建地下 3 层地下室，塔楼基础为钻（冲）孔灌注桩，非塔楼地下室采用天然地基基础。基坑面积为 36156.61m²，周长为 812.2m，开挖深度为 13.4～14.95m，塔楼范围局部加深≤1.8m。基坑采用一道桩撑支护；坑中坑采用放坡开挖，电梯井及大承台均位于基坑中间；周边一圈采用三轴大直径搅拌桩进行围闭截水，同时采用双管旋喷桩进行桩间塞缝截水。基坑设计过程中存在以下难题：

1）15m 深基坑一道内支撑

基坑深度为 15m，常规做法需要两道内支撑，但经过详细计算，通过增大桩径，提供竖向刚度，以减少支撑数，采用了一道内支撑，为土方开挖提供了大空间，同时节省造价、缩短工期。

2）36m 间距对撑体系

本项目采用两片大对撑体系，间距达 36m。经反复计算，在施工图阶段维持了 36m 间距，为土方开挖提供了大空间，基坑监测结果表明变形在规范允许范围内。

3）双层大八字撑

因对撑体系达 36m，为提供对撑体系刚度，本项目采用双层大八字撑。大八字撑连杆提高了对撑平面内刚度，缩小了对撑体系的净距。

4）角撑板预留肥槽孔洞

在基坑四角采用角撑板，因部分角撑为钝角，角撑板的设置提高了角撑板体系的平面刚度。在角撑板预留肥槽孔洞，孔洞尺寸为 1.0m×1.0m、间距≥3.0m，孔洞是将来肥槽回填的进料口，它不影响角撑板整体刚度。

5）框架式换撑结构

常规基坑换撑有素混凝土条带或换撑短梁两种形式。素混凝土条带受场地限制无法被实施，且工序复杂，影响工期；换撑短梁影响回填压实，造价较高，而且基坑西南角地下室的退后使得肥槽宽度达 5.0m，常规换撑短梁悬臂过大不可用。因此，提出了框架式换撑结构，即在支护桩上新增一道扁梁，标高同地下室板面标高，将换撑梁间距变为 5～6m，形成了框架式换撑结构，扁梁保证换撑梁形成整体换撑体系，增加换撑梁间距以方便肥槽回填。

7.4.5 支护设计平面图、剖面图

国维中央广场（一期）基坑平面图及典型剖面图见图 7.4-1 和图 7.4-2，国维中央广场（一期）基坑施工现场图见图 7.4-3 和图 7.4-4。

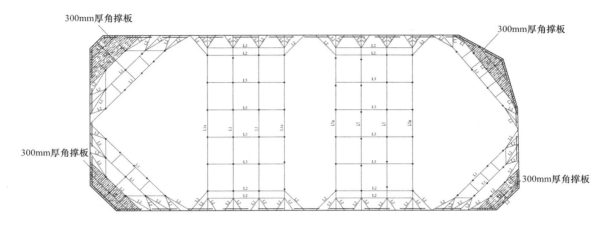

图 7.4-1 国维中央广场（一期）基坑平面图

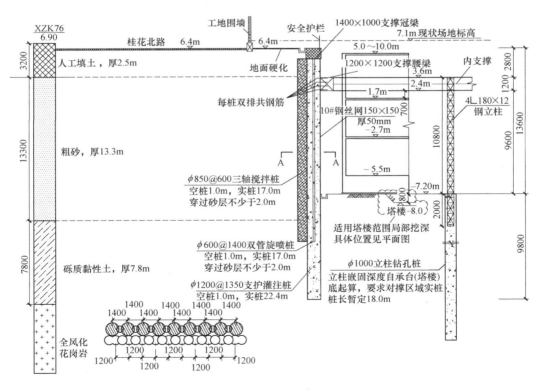

图 7.4-2 国维中央广场（一期）基坑典型剖面图

图 7.4-3　国维中央广场（一期）
基坑施工现场图 1

7.4.6　项目特点及创新性

截水桩难以进入强风化岩，截水桩不能穿过基坑底形成吊脚。项目紧邻珠江，基坑地下水环境为动水，本项目采用地下连续墙截水，减少渗漏水及基岩裂隙水的影响。基坑四周为市政道路、居民小区，对基坑变形要求严格，而场地砂层深厚，基坑开挖深度大、水头大，为避免基坑漏水造成周边地面沉降，采用三轴搅拌桩和桩间旋喷桩塞缝的截水体系，同时，在基坑四周每隔 35m 布置一口回灌井，一旦回灌井水位下降超过报警值，即刻回灌，保证周边地面沉降在允许范围之内。

图 7.4-4　国维中央广场（一期）基坑施工现场图 2

7.4.7　总结

从现有设计、施工工艺技术的可行性及安全、经济、工期等方面综合考虑，采用一道内支撑。在施工中做到了安全适用、保护环境、技术先进、经济合理、确保质量，取得了较好的经济效益、环境效益和社会效益，在珠海市类似工程中具有示范作用和推广价值。

7.5　中国南方电网有限责任公司生产科研综合基地项目

7.5.1　工程概况

拟建建筑物由两栋建筑组成，有地下车库和设备用房。边坡设计周长为 382.95m，边坡开挖面积为 23411m²，最大支护高度为 72m，边坡工程安全等级为一级，为永久性边坡；边坡底基坑面积为 18596.596m²，周长为 623.126m，最大开挖深度为 14m，基坑支护安全等级为一级，局部支护段为永久性支护结构；入口区挡墙工程的支护长度为 209.0m，最大支护高度为 17.0m。

7.5.2 地质、水文条件

地貌主要为剥蚀残丘,局部为丘间洼地,最高处为丘顶,高程为116.55m。拟建工程场地位于丘陵的山坡及坡脚,为已开挖废弃的采石场,地势总体由东向西倾斜,地形起伏较大,自然坡度为10°～20°,自然边坡稳定性较好。北区东侧由于前期采石场的开挖形成高差约60m的人工陡坡,为岩质边坡,未发现有顺坡向的不利结构面,采石场所形成的人工边坡目前处于稳定状态。

根据钻孔揭露,场地覆盖层主要为第四系坡积粉质黏土和残积砂质黏性土,局部地段分布有人工成因的填土,下伏基岩为燕山二期花岗岩;此外,场地孤石发育,孤石一般分布于残积土、全风化层、强风化层中,有31个钻孔揭露孤石,占钻孔总数的56.4%,揭露的孤石线高度为0.2～3.9m。地下水不发育,勘测期间测得地下水位埋深在6.0～14.5m,高程在22.47～91.18m。

7.5.3 基坑设计方案及重难点

据勘察报告,本工程未发现有顺坡向的不利结构面,边坡处于稳定状态;边坡下卧稳定的中微风化花岗岩上覆盖的坡积土、残积土,及全强风化岩厚约10～12m。据此,对边坡的上部采用了比较经济、施工方便的坡率法。在确定边坡坡度时,最大限度保留原有的中微风化花岗岩岩层,去掉上部有安全隐患的坡积土、残积土等,并预留一定的全风化岩层用于后期边坡绿化的植物种植。采取了分级、分坡度的削坡方式,以71.0m标高处的平台为变坡度点,变坡度点以上削坡坡率为1:1.25,变坡度点以下削坡坡率为1:1.0。因拟建建筑物级别较高,对周边环境视野、景观的要求高,边坡坡线走向采取围绕建筑物外轮廓展开的方式,形成一个与建筑平面布置相协调的坡面,并尽量与原地形等高线保持一致,达到美观、匀称的效果。

边坡底标高为35.5～53.5m,最大高差约18.0m。若全高放坡,将大大增加挖土量,并削坡至深处的中、微风化花岗岩,增加边坡施工难度,延长施工工期。因此,在满足坡底建筑物景观视野效果与保证边坡安全适用的前提下,将上部坡率法的最低一级平台定为61.0m标高(局部位置为51.0m),平台以下的边坡支护采用竖向支护结构。竖向支护结构具体为:6.0～18.0m高度采用桩锚支护,6.0m高度以下采用格梁锚杆支护,并处理好过渡段的衔接。

边坡底拟建建筑物标高复杂,约15个,最大高差达17.0m。建筑物周边道路标高变化较大,最大高差约18.0m;边坡底标高起伏很大,最大高差约18.0m。通过对上述标高复杂性的分析,对场地标高进行了归并处理,提出将场地平整至三个大的施工平台(标高分别为38m、47m、51m)(图7.5-1),为边坡坡底的支护结构、建筑主体结构基础的施工组织管理、施工进度计划安排等提供了合理、可行、有效的平台。

7.5.4 支护设计平面图、剖面图

中国南方电网有限责任公司生产科研综合基地基坑平面图及典型剖面图见图7.5-2～图7.5-4,中国南方电网有限责任公司生产科研综合基地基坑现场照片见图7.5-5。

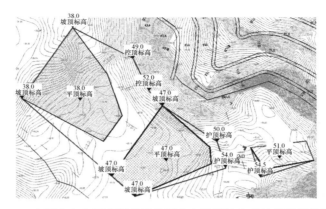

图 7.5-1　中国南方电网有限责任公司生产科研综合基地场地平整平面图

7.5.5　项目特点及创新性

1）边坡孤石的工程美学处理

据勘察报告，场地孤石发育分布于残积土、全风化层、强风化层，有 31 个钻孔揭露孤石，占钻孔总数的 56.4%，揭露的孤石线高度为 0.2～3.9m。在实际边坡施工过程中，坡面上出现较多的孤石，因此，根据外露尺寸对揭露的孤石进行编号、分类，分析孤石的局部稳定性，对有倾覆危险的孤石采用爆破、切割处理，而将稳定的孤石保留，并结合景观专业对孤石表面采取工程美学处理。总之，对不同的孤石采取不同的处理方法，既减小施工难度，又达到与边坡景观设计相结合的目的，实现了边坡工程美学处理的理念。

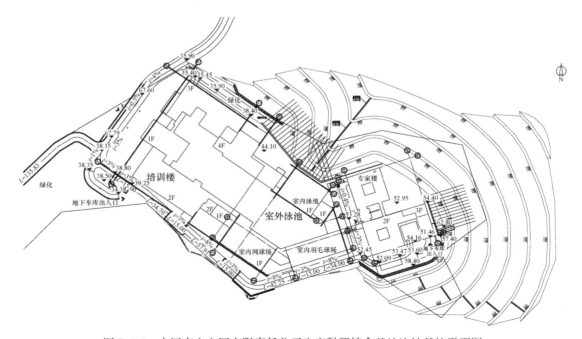

图 7.5-2　中国南方电网有限责任公司生产科研综合基地边坡基坑平面图

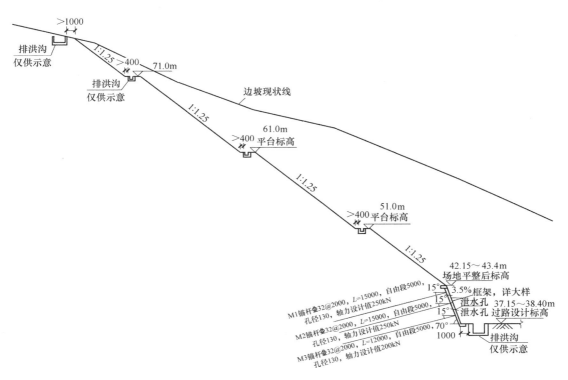

图 7.5-3 中国南方电网有限责任公司生产科研综合基地边坡基坑典型剖面图

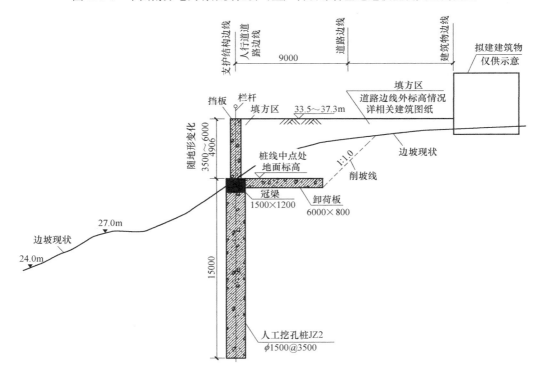

图 7.5-4 中国南方电网有限责任公司生产科研综合基地挡墙典型剖面图

图 7.5-5　中国南方电网有限责任公司
生产科研综合基地边坡基坑照片

2）陡坡抗滑挡土支护设计新形式

需在陡坡上设置一道路，该陡坡坡角约 50°，陡坡高差约 25m。采用直径 1.5m 的人工挖孔桩，桩间距为 5m。在桩顶设置 1.5m 宽、1.2m 高的冠梁连接各人工挖孔桩，6m 宽卸荷板沿冠梁通长设置，在冠梁外侧设置 0.5m 宽、0.6m 深的花槽，花槽中设置攀爬植物遮挡挖孔桩，在冠梁上方设置 5m 高挡土板。上部边坡进行削坡后回填至填方区，分层碾压后上部设置 10m 宽道路。

陡坡抗滑挡土支护结构图见图 7.5-6。

由于陡坡坡角大，重型机械很难上坡施工，用人工搭设施工小平台。先进行疏排人工挖孔桩施工，充分利用疏排的人工挖孔桩提供竖向承载力，提供抵抗水平承载力，提供抗滑及整体稳定能力。再在其上方设置冠梁，冠梁与卸荷板、挡土板连接，卸荷板上覆回填土增加抗倾覆能力，减少了人工挖孔桩的弯矩和位移。冠梁临空侧设置花槽，同时加强了桩顶

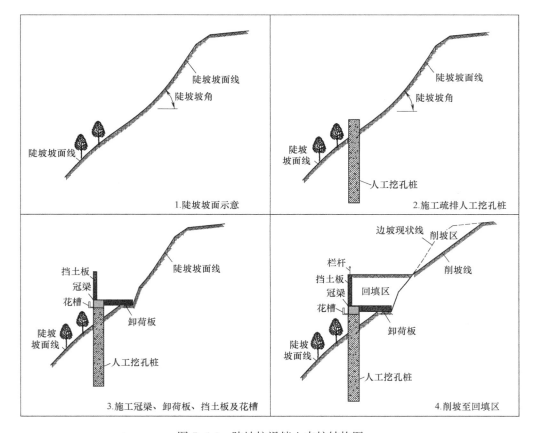

图 7.5-6　陡坡抗滑挡土支护结构图

冠梁刚度，减少桩顶位移。疏排桩桩间可做绿化处理和排水设施。

7.5.6　总结

　　在中国南方电网有限责任公司生产科研综合基地边坡、基坑、挡土墙工程的设计、施工中，做到了安全适用、保护环境、技术先进、经济合理、确保质量，取得了较好的经济效益、环境效益和社会效益，在广州市萝岗区类似工程中具有示范作用和推广价值。

7.6　太古汇

7.6.1　工程概况

　　太古汇项目位于广州天河中央商业区核心地段，总建筑面积为 $456700m^2$。本工程基坑面积约为 $42000m^2$，基坑深度为 $22.5\sim23.5m$，是当时广州最大的单体基坑工程（图7.6-1）。本工程周边环境复杂，东侧为新光快速路的下穿隧道；南侧为地铁三号线石牌桥站；西侧由南至北分别为两栋高层及一栋中学教学楼；西北角为某居民小区；北侧为操场及高层建筑物。

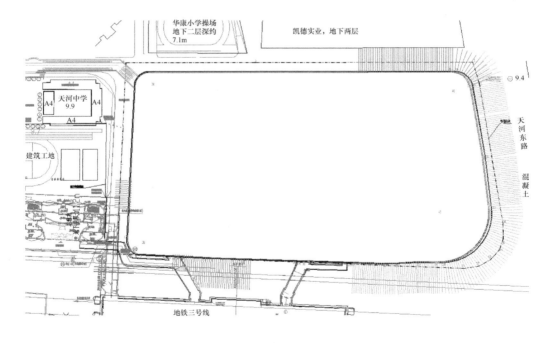

图 7.6-1　太古汇基坑平面图

7.6.2　地质、水文情况

　　本场地地势较为平坦，为丘间洼地地貌单元。根据场地钻孔揭露，有①杂填土；②淤泥质土；③粉土；④细砂；⑤粉质黏土；⑥粉质黏土。微风化细砂岩，层顶面埋深为

16.70～33.60m。岩面起伏较大。本基坑工程北距珠江边 65m，该场地地质条件差，紧挨珠江边，开挖深度范围内自上而下地层主要为填土层、淤泥层厚砂层，其下岩层为钙质泥岩和粉砂质泥岩。有破碎裂隙水发育，其中砂层直接与珠江水连通，场地地下水位受珠江涨退潮的影响明显。

场地主要含水层为杂填土层、砂层、粉土层。杂填土中的孔隙水为上层滞水，水位随季节的变化而起伏，主要受大气降雨和生活用水的补给影响；砂层和粉土层为承压水，由上层滞水垂直入渗及本层侧向水补给；基岩裂隙水主要赋存在强风化及中风化岩层中，属于承压水，主要受裂隙水的侧向补给。侧向渗透为主要的排泄水形式。

太古汇地质剖面图见图 7.6-2。

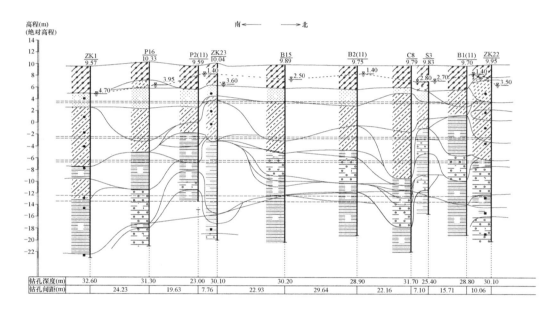

图 7.6-2　太古汇地质剖面图

7.6.3　基坑设计方案及重难点

1）环境复杂。该工程位于广州市天河区，南边为天河路，基坑南边紧邻地铁三号线石牌桥站，最近距离仅为 13m，最远为 26m。距离两条地铁通道 1m，一条混凝土排水总渠（4m 宽、2m 深）在基坑南边 5m 外埋深 3m。东侧为新光快速路的下穿隧道；北侧靠东为带地下室的凯德置地高层商住楼，靠西为两层地下车库；西侧由南往北为带地下室的两栋高层商住楼及天河中学。在项目的东北角及西南角分别设置一个施工出口。

2）地质情况复杂。场地表面土层局部有细砂和淤泥质土；岩面起伏大，且存在交错的夹层，岩面倾角复杂。

3）支护设计难度大。基坑面积大、基坑深，基坑周边除东边和东南外，在基坑上部不允许打锚杆（索）。采用部分逆作法施工，不能满足业主先行进行塔楼基础施工的要求。

4）变形控制严格。需要满足地铁及下穿隧道安全和正常营运，保证周边管线和排水渠不会下沉和渗漏，保证周边建筑安全。

5）严格控制工期。保证主塔楼在预定时间完工，同时保证该项目整体在 2010 年广州亚运会前被启用。

针对以上的技术难点，采取了以下的技术措施：

1）采取多种支护形式。

基坑侧向支护使用地下连续墙，根据岩层的起伏，部分地下连续墙墙底位于稳定的中、微风化岩层，同时，也采用了锚索、锚索＋岩锚，锚索＋放坡逆作，中心岛＋支撑，混凝土角撑＋锚索的支护形式。

2）将基坑工程与地下室主体工程相结合，采用分区施工，保证塔楼和大面积裙房的施工进度。

土方开挖分 A、B 区，塔楼1和酒店分别位于 A 区的南侧和北侧，北侧由于有在建的二层地下室，使塔楼核心筒筏板和柱桩基础先行施工，使酒店从地下二层楼板向上施工，地下三层以下使用部分逆作法施工。

塔楼2位于南西方位，采用角撑和中心岛支护，满足了塔楼核心筒筏板和大部分柱的施工。对靠近墙侧的柱基础，利用放坡平台进行施工，仅将部分底板和楼面在周边土方开挖后一并施工。

B 区采用中心岛开挖＋混凝土角撑＋主体结构分层对撑开挖周边土方案施工。采用 4 种放坡比率和土体支护；中心岛范围的主体结构施工到地下一层后，设对撑分层向下施工，开挖周边放坡土方。

7.6.4 支护设计平面图、剖面图

太古汇基坑平面图见图 7.6-3 和图 7.6-4。

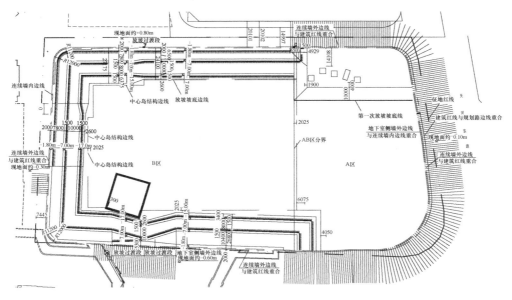

图 7.6-3 太古汇基坑平面图 1

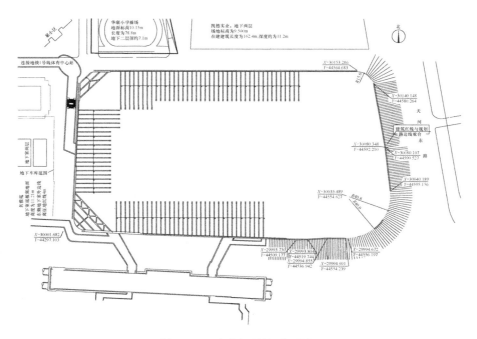

图 7.6-4 太古汇基坑平面图 2

A 区支护设计：主要采用锚索支护，局部采用锚杆＋放坡，酒店主体结构地下三层部分用逆作法施工（图 7.6-5）。

B 区支护设计：中心岛＋混凝土角撑＋利用主体结构对撑逐层向下开挖。

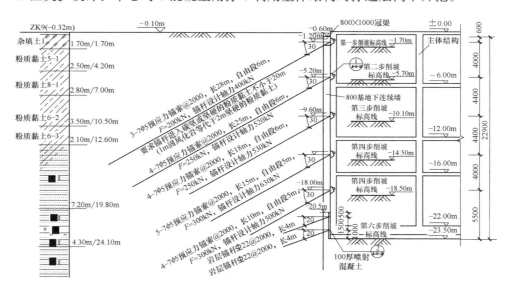

图 7.6-5 A 区锚索支护

1）基坑先放坡，开挖中心岛区域土方至基坑底。施工中心岛区域的主体结构，然后开挖基坑周边土方。分层开挖 B 区周边放坡土体，逐层向下架设钢管支撑（或打锚杆），利用已施工的中心岛主体结构，用围护结构与主体结构对撑的支撑形式逐层开挖中心岛周边区域土体，最后施工中心岛周边区域的主体结构，拆除相应高程的支撑（图 7.6-6～图 7.6-9）。

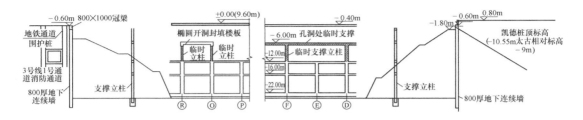

图 7.6-6　第一步：放坡开挖中心岛土方，并施工中心岛主体结构至±0.00

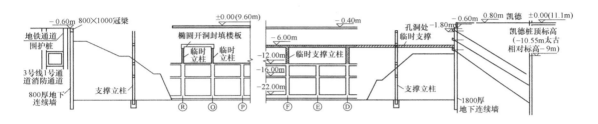

图 7.6-7　第二步：开挖 R 轴（图中最右边的轴线）以北周边土方至第三道锚索下方 500mm，施工第三道锚索；并施工－6m 孔洞处临时支撑至北侧地下连续墙边

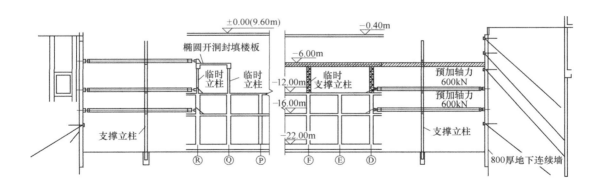

图 7.6-8　第三步：逐层对称开挖周边剩余土方，并施工各层支撑至基坑底

第五步：拆除北侧孔洞处的临时支撑，完成剩余地下室主体结构，拆除所有支撑立柱。

2）根据不同的土层、岩层，按不同的坡率进行放坡设计。

分三级放坡：第一级从标高－1.80～－7.00m 放坡，坡度 1∶1.5；第二级从标高－7.00～－17.00m 放坡，坡度 1∶1；第三级从标高－17.00～－23.5m 放坡，坡度 1∶0.4。详见图 7.6-10。

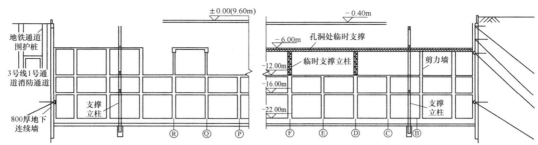

图 7.6-9 第四步：逐层拆除支撑，并回筑 R 轴以南周边主体至 -6.00m 标高；主体至 -12.00m 标高

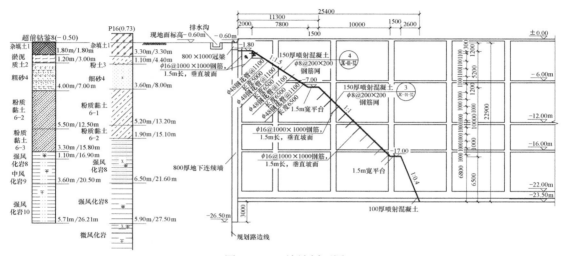

图 7.6-10 放坡剖面图

3）本工程在西北、西南有混凝土角撑设计。

采用 4 道钢筋混凝土梁＋钢构柱支撑支护。

4）中心岛主体结构设立支撑。

中心岛主体结构设立支撑图见图 7.6-11，施工现场图片见图 7.6-12～图 7.6-14。

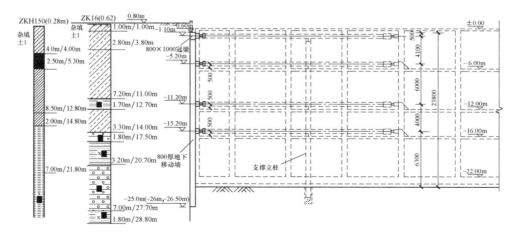

图 7.6-11 中心岛主体结构设立支撑图

图 7.6-12　中心岛主体结构设立支撑现场照片 1

图 7.6-13　中心岛主体结构设立支撑现场照片 2

图 7.6-14　中心岛主体结构设立支撑现场照片 3

5）监测情况

将监测数据与预测值相比较，判断前一步施工工艺和施工参数是否符合预期要求，以确定和优化下一步的施工参数，做到信息化施工。将现场测量结果用于信息化反馈优化设计，使设计达到优质安全、经济合理、施工快捷的目的。在本工程施工过程中，局部位置突破了 30mm 的水平位移最大控制值，根据周边建筑物变形实际情况，适当按开挖深度的 0.25% 控制，即 23500×0.25%＝58.75mm，动态调整了水平位移最大控制值，避免了报警，减少了因控制变形而增加的加固措施。

7.6.5　项目特点及创新性

使用顺作法内支撑，为满足近 260m 和 160m 宽的支撑刚度，需要设置大量的临时支撑，支撑量的工程造价太大。使用中心岛方案，大量的土方开挖运输效率远低于敞开式土方开挖，不满足总体施工进度要求。

太古汇基坑工程采用中心岛开挖，在基坑周边留土，并采用多级放坡使中心岛区域开挖至基底，跟进施工中心岛结构，待中心岛结构施工至地下室结构顶板后，再用顺作法或逆作法开挖周边留土和施工结构梁板。这种开挖基本上是采用大开挖施工，不涉及支撑交叉施工和暗挖土方，挖土条件较好，大大加快了整体施工进度。同时，节省了水平支撑和竖向支撑构件费用，经济效益十分显著。

采用多种方法的优化组合，提前进行了工期最长的塔楼施工，而且基本采用顺作施工方法，保证了总体施工工期，社会效益明显，工程质量得到了保证。

本项目设计获得发明名称为"利用主体结构作为支撑点的分区施工工法"。本发明采用分区综合施工方法，避免现有技术施工方法存在的出土周期长的问题，缩短了工程工期；具有提高施工速度、降低了基坑的整体造价的经济和社会效益。

7.6.6 总结

本工程将创新性和先进性应用在太古汇项目，把常规的基坑支护方法有效地组合在一起。采用中心岛方案，基坑周边留放坡平台，并采用多级放坡使中心岛区域开挖至基坑底，跟进施工中心岛结构，待中心岛施工至支撑层后，再采用顺作法或逆作法开挖周边土方和结构，除大大加快了整体施工进度外，地下室的施工质量亦得到保证，对周边影响干扰小，保证了地铁和周边管线不受影响，为主体结构提前开工和组织施工提供了有利条件。达到设计技术创新、安全、经济的目的，同时亦实现了满足施工、满足工期、控制变形、经济合理的总目标。

7.7 凯达尔枢纽国际广场

7.7.1 工程概况

凯达尔枢纽国际广场是中国首个 TOD 交通枢纽综合体，位于广州东部交通枢纽中心位置，总建筑面积约 35 万 m^2，项目由 4 层地下室，7 层裙房（局部 6 层），以及两栋超高层塔楼组成。项目接入国家高铁（广深线、广汕线、京九线），城际轨道（穗莞深线及穗莞深城际琶洲支线），城市地铁（广州地铁 13 号线、16 号线）等共 7 大轨道交通及一体化公交网络，周边预留条件复杂（图 7.7-1）。

图 7.7-1 凯达尔枢纽国际广场周边环境示意图

7.7.2 地质、水文情况

场区原属台地地貌，场地较平坦，地面绝对标高为 $20\sim23m$。场地紧邻地铁施工场地，场地内存在较多障碍物影响钻探施工。

场区岩土层自上而下可分为：①-1 素填土、①-2 杂填土、②-1 粉质黏土、②-2 淤泥质砂、③-1 砂质黏性土、③-2 砂质黏性土、④-1 全风化花岗片麻岩、④-2 强风化花岗片麻岩、④-3 中风化花岗片麻岩、④-4 微风化花岗片麻岩。凯达尔枢纽国际广场地质剖面图见图 7.7-2。

场地主要含水层为填土层及基岩裂隙水。填土中的孔隙水为上层滞水，水位随季节的变化而起伏，主要受大气降雨补给，侧向径流及蒸发是其主要的排泄水方式。基岩裂隙水主要赋存在强风化、中风化岩层风化裂隙中，主要受裂隙水的侧向补给。同时，侧向渗透为其主要的排泄水方式。其余土层属微透水或相对隔水层。

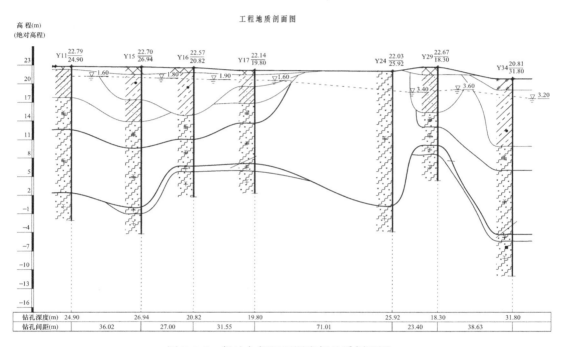

图 7.7-2 凯达尔枢纽国际广场地质剖面图

7.7.3 基坑设计方案及重难点

1) 与地铁同期建设，做好地铁保护措施

项目基坑北侧紧邻地铁新塘站，车站全长 511.6m。其中与凯达尔枢纽国际广场项目基坑直接紧邻区域为 307.0m，西侧超出基坑区域为 159.0m，东侧为 45.6m。车站为双岛四线换乘站，地铁 13 号线在外侧，地铁 16 号线在内侧，土建施工与本项目基本同步，本项目基坑在施工期间，须严格控制基坑内外位移及沉降，控制爆破，做好充足的保护措施。

2) 与穗莞深城际铁路联合开挖支护

穗莞深城际铁路中间穿越地块，基础及柱下穿本项目地下室，地上二层为穗莞深城际站厅层，地上第三层为穗莞深城际站台层。

3）充分利用支撑体系布置栈桥，创造施工运输条件

项目周边无场地布置堆场，局部区域施工车辆无法行驶。基坑设计结合施工需要，结合支撑体系布置了连通南北东西四个方向的栈桥，创造有利施工条件，加快建设速度。

4）吊脚桩应用

本项目基坑开挖至地下室底板底时，承台挖深需要继续下挖 4.7m，加深深度大于支护桩嵌固深度，项目基底以下为中微风化花岗片麻岩，经验算及论证，穗莞深城际铁路承台区域基坑采用吊脚桩设计，利用锁脚锚索及超前钢管解决超挖问题。

5）托换格构柱

基坑开挖到底，由于项目方案变化导致基坑加深，已施工格构柱插入比不足，同时改变柱网导致支撑临时格构柱与主体柱冲突，须托换格构柱满足主体柱施工要求。在基坑立柱设计前提改变的同时，基坑已开挖至原设计坑底，本项目利用基坑底转换梁解决格构柱插入比不足和新做外包格构柱托换冲突的问题。

7.7.4 支护设计平面图、剖面图

北侧邻近地铁区域采用咬合桩＋3 道混凝土支撑支护。东南侧和西南侧采用钻孔灌注桩（旋挖桩）＋3 道混凝土支撑支护。南侧采用钻孔灌注桩（旋挖桩）＋4 道锚索。四周统一采用搅拌桩截水形成围闭截水。凯达尔枢纽国际广场基坑平面图及典型剖面图见图7.7-3～图 7.7-5。

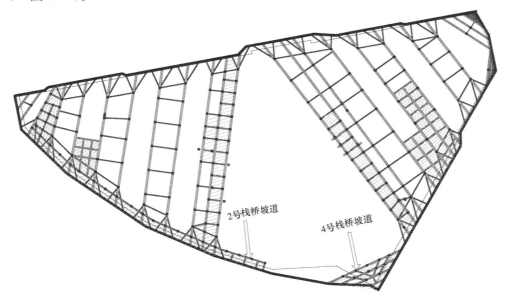

图 7.7-3 凯达尔枢纽国际广场基坑平面图

7.7.5 实施情况

图 7.7-6 为凯达尔枢纽国际广场现场施工照片。

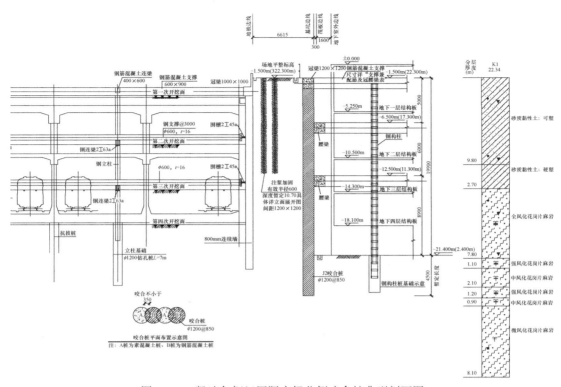

图 7.7-4　凯达尔枢纽国际广场北侧咬合桩典型剖面图

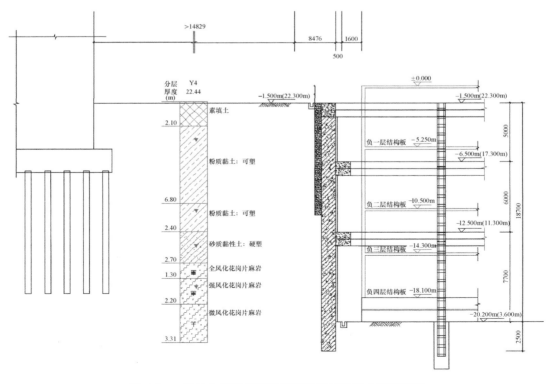

图 7.7-5　凯达尔枢纽国际广场其他区域桩撑典型剖面图

图 7.7-6   凯达尔枢纽国际广场基坑施工现场照片

7.7.6   项目特点及创新性

1）在基坑北侧采用咬合桩，解决支护及截水问题。咬合桩刚度比疏排桩大，能严格控制基坑顶底及底部位移，开挖范围岩土层为素填土、粉质黏土、砂质黏性土以及花岗片麻岩，无不良土层。采用咬合桩，施工速度快，减少支护结构施工对地铁结构的影响。

本项目与地铁间土条最小距离仅有 2.3m，3 道支撑标高设置与地铁基坑支撑标高基本一致（图 7.7-7）。同时，该区域地下室外墙与支护结构间用素混凝土回填，可有效地传递两侧土压力。

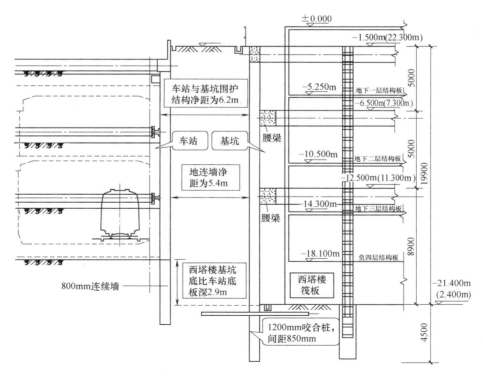

图 7.7-7   凯达尔枢纽国际广场北侧典型支护剖面图

2）城际区域基坑采用支护桩＋4 道锚索（图 7.7-8），相对独立灵活。穗莞深城际铁路设计及施工节点难以控制，该区域如采用桩撑支护，穗莞深城际铁路与本项目施工关联度会加大，形成相互制约，对该区域采用排桩＋4 道锚索，可灵活处理穗莞深城际铁路后期接入问题。

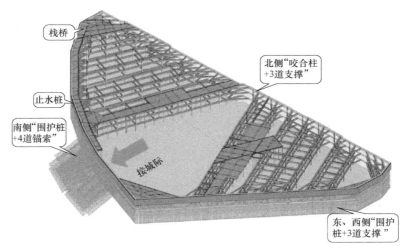

图 7.7-8　与城际铁路接口支护示意图

3）结合周边用地情况，利用现有支撑布置、加密格构柱，增加多道连系梁，设置了可满足材料堆放、加工，以及出土车道行走的栈桥（图 7.7-9）。栈桥板的设置，既满足施工需要，又加大了第一道支撑刚度，达到双重效果。

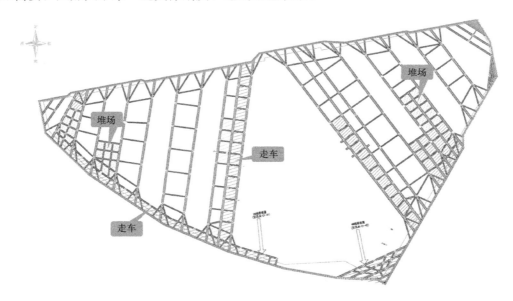

图 7.7-9　栈桥布置示意图

4）吊脚桩设计，解决城际铁路厚承台支护

本项目基坑边城际铁路承台开挖深度大于原设计支护桩嵌固深度，在该区域出现吊脚

145

桩，结合原设计及施工支护桩及锚索，在基坑底部先施工超前钢管桩，钢管桩间距400mm，然后施工锁脚腰梁及锚索（图7.7-10），腰梁及锚索达到设计强度后，施工开挖至承台底，迅速施工承台，并按要求回填。支护桩与承台间土层尽量保留，采用静力爆破技术，桩脚积水应及时排走，严禁桩脚泡水，同时要求加强对桩脚的位移监测。

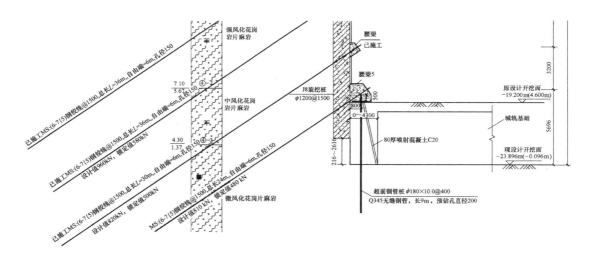

图 7.7-10 锚索

5）处理格构柱嵌固深度不足及冲突问题

（1）基底格构柱双向拉结，解决格构柱单侧加深

针对格构柱基础所在区域，仅局部加深，形成了加深影响区域（单侧开挖深度加大），在不受影响区域设计加固墩。加固墩基坑采用钢管桩，加固墩与立柱桩采用双拼槽钢进行拉结（图7.7-11），减少格构柱计算长度，增加侧向约束，保证格构柱的稳定性。

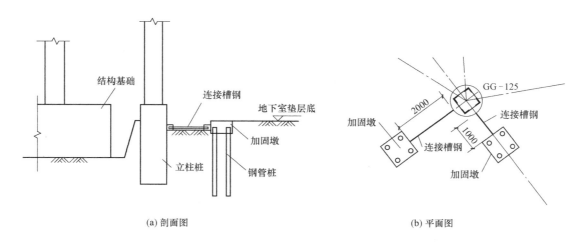

图 7.7-11 双拼槽钢拉结示意图

（2）基底格构柱设置转换梁，解决格构柱全面加深

针对格构柱基础所在区域均加深，造成格构柱嵌固深度不足。在向下开挖加深深度前，在底板以上1m设置一根转换梁，转换梁基础采用四根钢管柱，原格构柱利用新做转换梁把上部荷载传至转换梁基础上（图7.7-12）。

图 7.7-12　转换梁

（3）新做格构柱，解决格构柱与主体柱冲突

由于柱网变化，新主体柱位与个别格构柱有冲突。主体柱为塔楼重要受力位，无法进行移位及采用两柱合一的方式解决，需要提前切除原设计格构柱。在切除格构柱前，在原格构柱位沿主撑方向新做两根格构柱，新做格构柱主要受力构件采用定制无缝钢管，在支撑梁区域利用细石混凝土将节点包大，为增加新做格构柱与支撑梁连接，两侧采用锚筋，锚入支撑梁300mm（图7.7-13）。新做格构柱现场照片见图7.7-14。

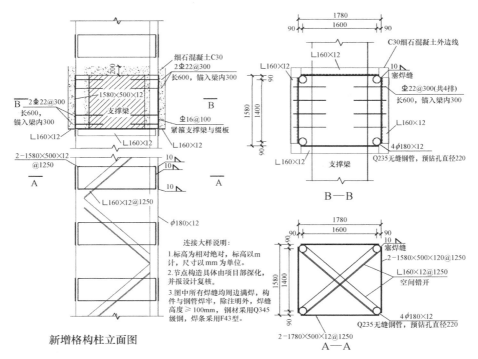

图 7.7-13　新做格构柱大样图

图 7.7-14 新做格构柱现场照片

7.7.7 总结

凯达尔枢纽国际广场基坑支护工程的设计、施工中做到了安全适用、保护环境、技术先进、经济合理、确保质量的原则，并取得了较好的经济效益、环境效益和社会效益，在广州市类似工程中具有示范作用和推广价值。

7.8 广州长隆熊猫酒店项目基坑工程

7.8.1 工程概况

广州长隆熊猫酒店位于广州市番禺区长隆旅游度假区内。酒店层高 16 层，有 2 层地下室，场地东侧、南侧和西侧均为园区道路，北侧偏西为综合办公楼（层高 5 层，有 1 层地下室）。综合办公楼东侧紧邻锅炉房，锅炉房东侧为一小山体，最高处标高为 32.2m，现状坡度小于 1∶2，山体东侧坡度约 1∶1。

7.8.2 地质、水文条件

场区岩土层自上而下可分为：第四系人工填土层、第四系冲洪积层、泥质粉砂岩、泥质粉砂岩和细砂岩，场地岩层强中微风化互层较为明显。场地内第四系场区软土、砂土相对较厚，分布较稳定，工程性质较差。下卧基岩为泥质粉砂岩、粉砂质泥岩、细砂岩等，受构造、岩性、裂隙及地下水的影响，岩石单轴抗压强度差异较大，地基不均匀将对桩基设计及施工有不利影响。地下水位埋深为 0.60～1.80m，地下水位年变化幅度约为 3m。本场地地下水主要接受大气降水垂直补给和珠江侧向渗透补给，侧向渗透是主要的排泄水方式。含水层渗透性微（中等）渗透。

7.8.3 基坑设计方案及重难点

基于场地地质条件较好，支护截水采用灌注桩＋锚索的方式，局部采用放坡＋土钉墙的方式。山体处采用格构梁＋锚杆的方式，永临结合。截水帷幕采用搅拌桩。同时，在筏板下布置碎石疏水层进行排水减压，达到地下室抗浮。

1）地势变化大，基坑采用永临结合设计。项目地势呈现北高南低，最大高差约22m，因此，南北方向土压力不平衡。基坑支护采用桩锚形式，经与结构专业确认后，其中第一、二道锚索被设置为永久锚索，锚索既要承担基坑开挖带来的卸载土压力，还需兼顾项目建成后高差处的静止土压力，须包络设计。

2）边坡方案与基坑方案结合设计，同时兼顾建筑效果。考虑到地下室局部侵入山体，基坑开挖时会对山体带来一定扰动。此外北侧为酒店后庭花园出口，经与建筑专业确定，对后庭门口范围桩顶下压，预留天桥出口，桩顶以上山体采用格构梁＋锚杆支护，格子内进行绿化，后期由园林深化，达到了安全、美观的最大化。

3）采用排水减压法，达到地下室抗浮效果。场地地势呈现北高南低，若采用传统的抗浮锚杆，必然会增加工期，提高造价成本。综合考虑场地特点，在筏板下设置300mm厚的碎石疏水层和800mm×800mm（或600mm×600mm）的纵横碎石盲沟。地下水经由疏水层汇聚到盲沟，最终汇集到周边渗流井被统一抽走。

4）在地下室周边设置渗流井，进行全自动监控排水。在井中设置抽水泵，当水位达到一定警戒值后将会自动进行排水减压。

7.8.4 支护设计平面图、剖面图

广州长隆熊猫酒店基坑平面图及典型剖面图见图7.8-1和图7.8-2，基坑现场照片见图7.8-3和图7.8-4。

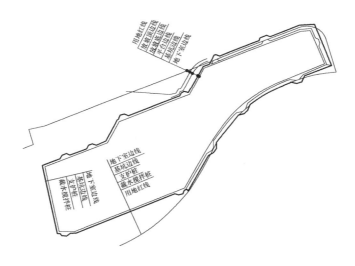

图7.8-1 广州长隆熊猫酒店基坑平面图

7.8.5 项目特点及创新性

1）考虑地势高差较大带来的土压力不平衡，基坑第一、二道锚索采用永久锚索设计，支挡高差处带来的土压力，防止土压力不平衡导致地下室的侧向移动。

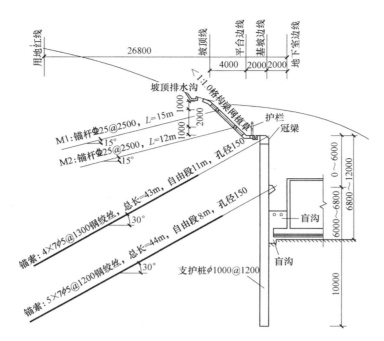

图 7.8-2 广州长隆熊猫酒店北侧基坑剖面图

图 7.8-3 广州长隆熊猫酒店北侧施工边坡格构梁照片

图 7.8-4 广州长隆熊猫酒店基坑现场照片

2) 基坑采用永久锚索和临时锚索包络设计，边坡方案采用格构梁＋锚杆，受力体系选型合理，能够有效地结合山体走势，满足强度要求。边坡方案采用格构梁＋锚杆方案，在梁格内进行绿化，为后期园林绿化提供了很大的创作空间，节约了成本，节省了不同支护形式带来的二次支护费用。

3）利用地势高差，在筏板下合理设置碎石疏水层以及纵横碎石盲沟。地下水经由疏水层，汇聚到盲沟并最终汇集到周边渗流井被统一抽走，从而达到安全、经济的最大化。同时，为确保水位上升不会引起地下室上浮，在周边设置渗流井，自动化进行监控排水。井内设置抽水泵，并根据抗浮要求设置警戒水位，当水位达到警戒值时，抽水泵将会自动进行抽水减压。疏水层平面布置图见图 7.8-5。

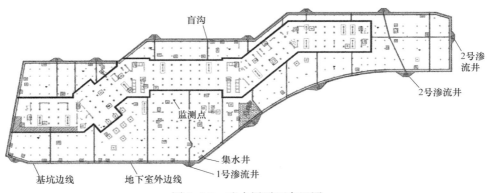

图 7.8-5 疏水层平面布置图

7.8.6 总结

基坑采用灌注桩＋锚索，放坡＋土钉墙，局部采用格构梁＋锚杆，同时采用排水减压抗浮方法，做到了安全适用、保护环境、技术先进、经济合理、确保质量，取得了较好的经济效益、环境效益和社会效益。

8 复杂地下条件基坑工程

8.1 复杂地下条件基坑工程特点

复杂地下条件基坑工程，主要指基坑开挖影响范围内存在既有地下轨道交通，既有地下构筑物（地下道路和交通隧道、地下商业街及重要人防工程等）以及市政管线（雨污水干管、中压以上的煤气管、直径较大的自来水管、中水管、军用光缆等，其他使用时间较长的铸铁管、承插式接口混凝土管）等。复杂地下条件基坑工程主要出现闹市区，人口密集，交通繁忙，一旦出现事故则影响深远，甚至出现社会稳定问题。随着经济社会的快速发展，城市化进程日益加快，大部分城市地下空间的选取范围，不少会出现地下建（构）筑物的强烈影响区（0.7～1倍的基坑范围内），本章选取的几个案例就是其中的典型例子。

8.2 广州塔

8.2.1 工程概况

广州塔是广州市标志性建筑，塔身主体高度为454m，总高度为600m。该工程造型新颖，施工难度大。因总工期控制严格，基坑工程对总工期的贡献要求非常高。

本基坑工程北距珠江边65m，周边环境复杂（图8.2-1）。该场地地质条件差（图8.2-2），开挖深度范围内自上而下地层主要为填土层、淤泥层、厚砂层，其下岩层为钙质泥岩和粉砂质泥岩，破碎裂隙水发育，其中砂层直接与珠江水连通，场地地下水位受珠江涨退潮的影响明显。基坑开挖西距已运行的地铁三号赤岗站最近仅为13m，最远为26m，在地铁保护范围内，需严格控制变形。基坑面积大，形状近似为正方形，根据开挖深度被分为3个区，二层地下室（A区）平面尺寸118.9m×106.6m，开挖深度为10.3m。一层地下室（B区）平面尺寸为176.0m×167.0m，开挖深度为6.5m。钢塔塔身基础（C区）平面尺寸椭圆长轴为21m，短轴为18m，开挖深度为16.95m，土方开挖量巨大。

8.2.2 支护设计平面图、剖面图

A区平面尺寸为118.9m×106.6m，为两层地下室，并与地铁站设有两个通道，主塔有24根中心椭圆钢柱，长、短径分别为80m和60m，基坑支撑不能影响主体塔施工。采用了800mm厚地下连续墙＋2道混凝土内支撑。A区基坑平面图及典型剖面图见图8.2-3和图8.2-4。

B区基坑开挖深度为6.5m，因仅有一层地下室，施工工期短，要求在A、C区基坑

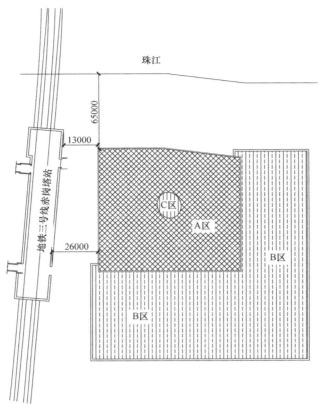

图 8.2-1 广州塔基坑平面图

完成后施工，在 A、C 区基坑施工期间作为 A、C 区的施工用地，采用了内插超前钢管的重力式水泥搅拌桩支护结构。B 区典型剖面图见图 8.2-5。

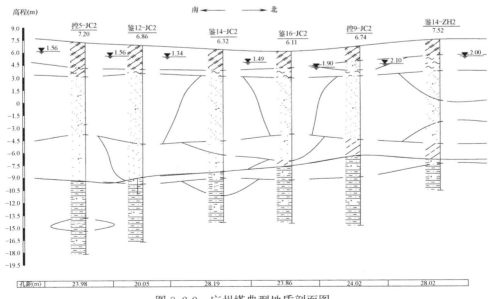

图 8.2-2 广州塔典型地质剖面图

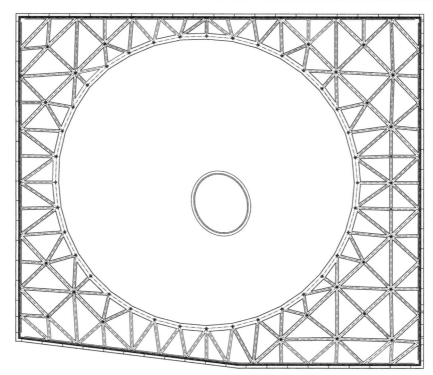

图 8.2-3 广州塔 A 区基坑平面布置图

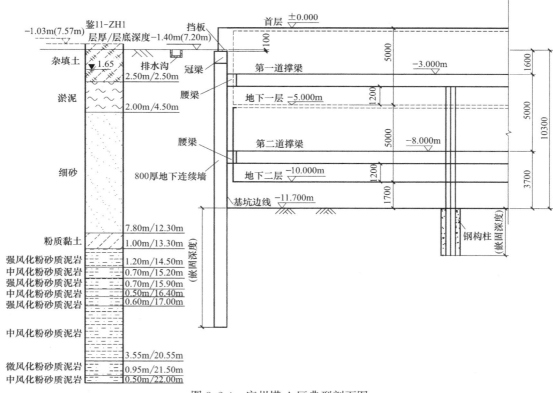

图 8.2-4 广州塔 A 区典型剖面图

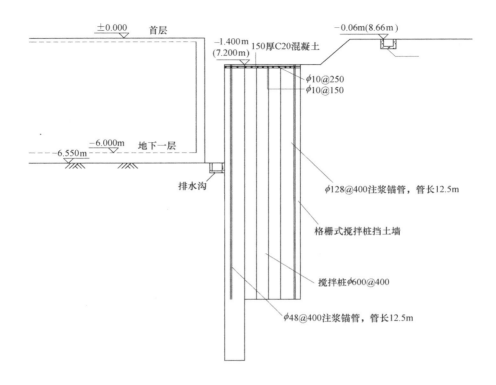

图 8.2-5 　B 区典型剖面图

C 区是电视塔核心筒的基础，在 A 区基坑面下 6.65m，开挖深度基本处于强风化、中风化岩层。考虑到基岩破碎、裂隙水发育，地下水与珠江连通，同时又是该基坑的最低处，采用逆筑椭圆拱墙法施工，自上而下分道、分段错缝逆筑拱墙，拱墙厚 250mm，单层配筋，开挖分层层高为 1.4m。C 区为坑中坑，兼作 A、B 区基坑的降水井。逆筑拱墙节省了工程造价，加快了施工进度，同时兼作为核心筒基础。C 区典型剖面图见图 8.2-6，C 区逆筑拱墙首节大样图见图 8.2-7。

8.2.3　现场照片

图 8.2-8 和图 8.2-9 为广州塔基坑施工现场照片。

8.2.4　监测情况

在整个施工过程中，地下连续墙截水效果好，基坑的变形、沉降、受力、测斜、地下水位变化、地面变形等都在设计控制范围内，各项监测项目发展趋势一致，各监测点的沉降变化及位移变化均呈收敛趋势。监测结果表明：电视塔基坑的施工并未对其邻近地铁站造成不利影响。

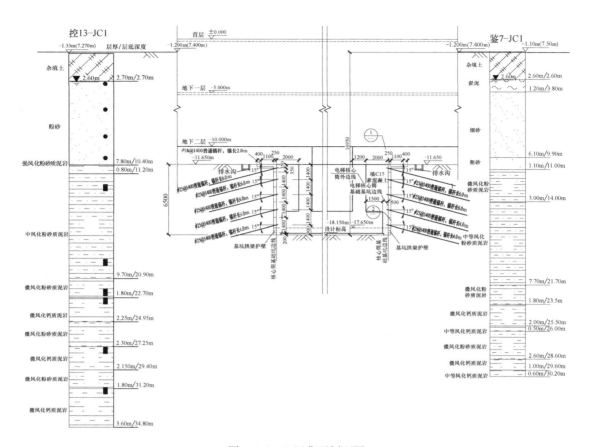

图 8.2-6　C区典型剖面图

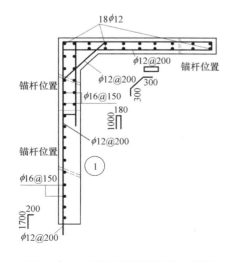

图 8.2-7　C区逆筑拱墙首节大样图

图 8.2-8　广州塔基坑施工现场照片1

图 8.2-9 广州塔基坑施工现场照片 2

8.2.5 项目特点及创新性

1）大跨度、大直径混凝土内撑

A 区采用 800mm 厚地下连续墙+2 道混凝土内支撑。地下连续墙作为截水和支护体系，同时兼作永久的地下室叠合外墙。但要满足主塔的施工要求，预留给塔身的施工平面尺寸需要大于主塔平面，用常规的内支撑不能满足要求，考虑到椭圆受力比不上圆，对 A 区变形控制要求严格，需要较好的整体刚度，内支撑采用混凝土角撑+大直径圆环的桁架，内直径达 88.5m 的水平尺寸满足了主塔的施工。利用角部斜撑解决角部受力问题，传力直接、经济，大直径环撑结合腰梁和斜撑形成受力良好的环形桁架结构，解决基坑边长中部问题及调整基坑四面受力。通过多个程序分析优化，最后布置支撑间距均不小于 8m，支撑截面均不大于 0.8m×1.0m，大直径环形内支撑截面仅采用 0.9m×1.8m，钢立柱采用 650mm×650mm 钢结构柱，间距为 8～13m，节省了造价。

由圆环桁架等混凝土内支撑体系组成的结构平面上铺设钢筋混凝土板，为塔体钢管柱施工提供了施工平台，减少了塔身钢结构构件吊装转运的时间和行程。

2）采用多个程序计算分析

采用 SAP2000、Midas/GTS 软件进行三维空间计算，用北京理正软件进行了整体分析计算。除通常的水土侧压、地面施工荷载（50kPa）外，还考虑了温度对混凝土支撑的影响（±25℃），南北水头高差 3m 的不利情况，并以基坑顶水平位移控制小于 30mm 为原则，分析选择合理内力值作为构件截面设计。

按照增量法计算原则，采用先进的 Midas/GTS 软件模拟基坑的开挖过程如下：首先，就开挖前的土体单独施加自重和边界条件，进行初始应力场和位移场分析；然后，进行基坑开挖，基坑开挖采用 Midas/GTS 施工阶段定义中的"激活/钝化"技术来实现，把开挖掉的土体单元全部"钝化"，计算出应力场和位移场，由于在初始应力场和位移场分析时，Midas/GTS 提供了"位移清零"功能，所以这时所得的位移即为开挖引起的位移场。

经多种软件分析对比，基坑支护结构主要的位移、内力数值（图 8.2-10、图 8.2-11）如下：环梁截面为 0.9m×1.8m，最大控制内力为 11974.6kN，主要斜撑截面为 0.8m×1.0m，最大控制内力为 7321.8kN，地下连续墙最大位移为 29.36mm。

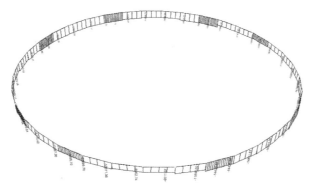

图 8.2-10 环梁轴力包络图

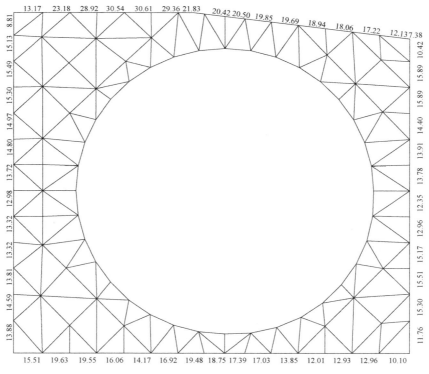

图 8.2-11 地下连续墙位移图

3）采取多种措施解决超长混凝土构件收缩、温度的影响

根据计算分析，温度变化引起的内力增大幅度约为 15%，为减少温度次应力，在混凝土内支撑环梁设置八条后浇加强带；内支撑梁拆除采用分层分段的高效无声破碎机拆除，在拆除过程中随时监测，减少对正在运营的地铁三号线赤岗塔站的影响。

4）坑中坑开挖支护与基础施工相结合，保证了主塔施工进度

除了 C 区为坑中坑与核心筒基础结合外，A 区基坑内还有 24 根钢管混凝土柱，椭圆形基础环梁 5m×4m 连接各柱，要求在 A 坑面下挖 3m。针对大部分还存在的砂层，采用

了坑内局部放坡的方案。

8.2.6　总结

根据本工程不同的开挖深度和建造顺序，优选不同的支护形式，在岩土工程治理中综合运用先进技术，基坑设计很好地与工程施工相结合，为施工管理提供了极大便利。围护结构检测全部合格。在施工过程中，基坑的变形、沉降、受力、测斜、地下水位变化、地面变形等都在设计控制范围内，各监测点的沉降变化及位移变化均呈收敛趋势。监测结果表明：电视塔基坑的施工并未对邻近地铁站造成不利影响。在工程施工过程中，设计人员遵循"动态设计、信息化施工"的原则，根据开挖现场揭示的实际地质条件，及时做出适当的调整，既保证了工程的安全，又有效地节约了造价和工期。

8.3　广州市珠江新城地下空间金穗路北区建设项目基坑工程

8.3.1　工程概况

广州市珠江新城地下空间金穗路北区建设项目（以下简称"珠江新城"）为广州市珠江新城核心区的重要组成部分，是集交通、商业、娱乐为一体的大型地下建筑。随着地下空间的开发与利用，在交通发达、高楼密集的繁华都市开挖深大基坑工程越来越多，该类型基坑不仅仅是主体结构施工的临时围蔽，更是周边环境［高程建筑、地下建（构）筑物、地下轨道及市政道路管线等］安全的重要保障，基坑设计需采取安全可靠、经济合理的设计方案和精细的有限元分析方法来实现这一目标。但是，当面对既有地铁隧道、市政道路等交通线路直接贯穿基坑，且在施工期间应保证地铁、道路正常运行的特殊情况时，设计人员在这方面的经验较少，这是基坑设计同行们未来必须面对、亟待解决的工程难题。因此，广州市珠江新城地下空间金穗路北区建设项目基坑工程在设计过程中需解决各种交通线路贯穿基坑的关键技术问题。

8.3.2　地质、水文条件

场地地貌属珠江三角洲冲积平原，地面较平坦。按成因可分为人工填土层、冲积土层、残积土层，基岩为白垩系上统碎屑沉积岩。自上而下有：①层杂、素填土，②-1层软塑黏土、粉质黏土，②-2层可塑黏土、粉质黏土，②-3层黏土，③-1层粉细砂、松散，③-2层粉细砂、稍密，③-3层粉细砂、密实，④-1层中、粗（砾）砂、稍密，④-2层中、粗（砾）砂、中密，⑤-1层粉质黏土、黏土、软塑，⑤-2层粉质黏土、黏土、可塑，⑤-3层粉质黏土、黏土、硬塑，⑤-4层粉质黏土、黏土、坚硬，⑥-C层全风化砂岩，⑥-I层强风化砂岩，⑥-M层中等风化砂岩，⑥-S层微风化砂岩。

8.3.3　周边环境

工程地点位于广州市珠江新城核心区金穗路北侧，黄埔大道南侧，珠江大道东路和珠江大道西路之间，珠江新城周边环境图见图8.3-1。

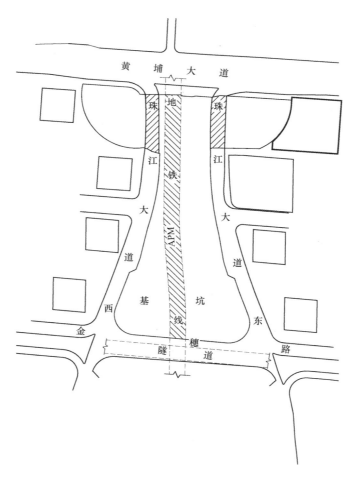

图 8.3-1 珠江新城周边环境图

8.3.4 基坑设计方案及重难点

基坑平面为奖杯状，开挖深度为 11.0～14.0m。基坑面积为 61584m²，采用了桩锚支护、桩撑支护、复合土钉墙、挡土墙等支护形式。本基坑设计时有 2 个重难点：①广州地铁 APM 线（区间隧道）从南向北贯穿本基坑；基坑开挖期间应保证贯穿基坑的地铁 APM 线区间隧道安全、正常运行，并处理好 APM 线与北侧黄埔大道、南侧金穗路（金穗路隧道）的交接部支护，要求基坑施工不影响南北侧道路的正常安全运营。②珠江大道东路和珠江大道西路南北横跨基坑，基坑开挖应保证两条道路正常安全运营，且保证道路下方各种市政管线（电力、煤气、供排水等）的正常使用。

8.3.5 支护设计平面图、剖面图

珠江新城基坑工程平面图及典型剖面图见图 8.3-2～图 8.3-5。

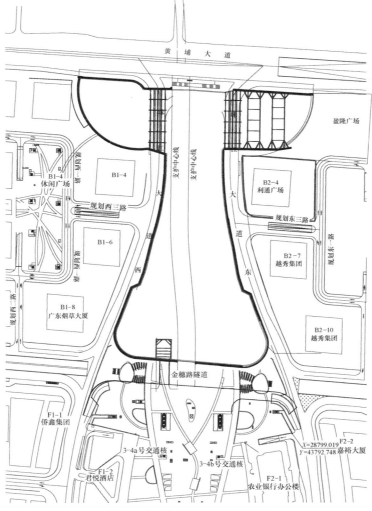

图 8.3-2 珠江新城基坑平面图

8.3.6 完成情况及监测结果

珠江新城基坑施工照片见图 8.3-6、图 8.3-7。

8.3.7 项目特点及创新性

1）地铁 APM 线区间隧道的保护

应进行保护的区间隧道南北贯穿基坑长度为 380m，隧道与基坑底、结构板面的关系如图 8.3-8 所示。本工程采用密排人工挖孔桩＋密肋型钢混凝土梁的门式框架结构体系对隧道进行保护。密排桩用于约束 APM 区间隧道的水平变形、并承受上部主体结构传递下来的竖向荷载，密肋型钢混凝土梁可约束隧道竖向变形、并传递上部主体结构竖向荷载以免地下室结构荷载被传递至既有隧道，两者在约束区间隧道变形的同时兼作主体结构桩、转换梁。

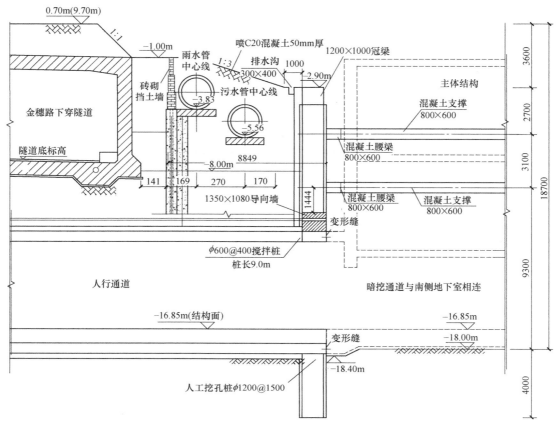

图 8.3-3　珠江新城基坑剖面图 1

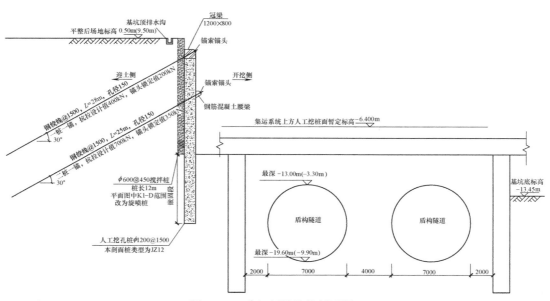

图 8.3-4　珠江新城基坑剖面图 2

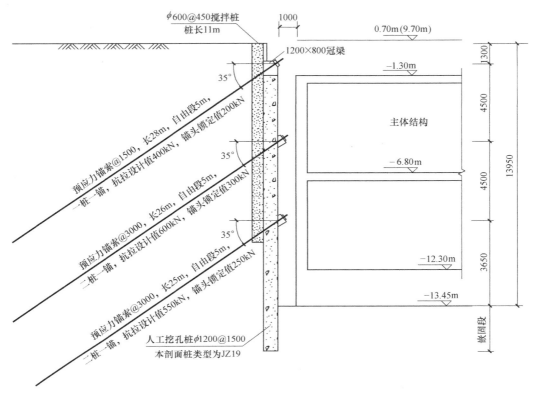

图 8.3-5 珠江新城基坑剖面图 3

图 8.3-6 珠江新城基坑钢便桥照片

图 8.3-7 珠江新城基坑现场照片

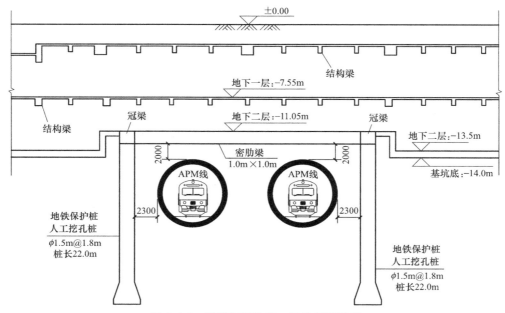

图 8.3-8   隧道与基坑底、结构板面关系

由图 8.3-8 可知，隧道两侧距离支护桩有 2.3m，隧道顶距离主体结构底板为 2.0m，覆土深度远小于地铁保护技术规定的最小距离 5m，开挖基坑土体势必造成 APM 线隧道变形，变形大小又直接影响到隧道能否被正常使用。运用 Midas/GTS 软件，建立未做保护的区间隧道和受支护结构保护的区间隧道（图 8.3-9）两个三维有限元计算模型，分析土方开挖对隧道变形的影响。得到计算结果有：①未做保护的隧道盾构竖向变形最大值为 3.3mm、水平变形最大值为 1.3mm，隧道上方土体最大沉降为 6.1mm。②门式框架结构保护的隧道盾构竖向变形最大值为 0.9mm、水平变形最大值为 0.5mm，隧道上方土体最大沉降为 2.2mm。研究表

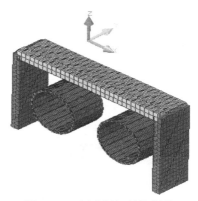

图 8.3-9   门式框架结构保护的隧道三维模型

明：在基坑土方开挖过程中，在密排桩＋密肋梁的门式框架的有效保护下，隧道盾构的水平、竖向变形值均小于 3mm（计算结果见表 8.3-1），地铁 APM 线可正常安全运行。

三维模型计算结果   表 8.3-1

模型	盾构竖向变形最大值	盾构水平变形最大值	土体沉降最大值
1	3.3mm	1.3mm	6.1mm
2	0.9mm	0.5mm	2.2mm

隧道上方土方开挖要做到信息化施工，充分利用岩土的时空效应做到分区、分块、分层、对称、限时进行，隧道上方土方分层分块开挖示意图见图 8.3-10。

因密排桩紧贴 APM 线区间隧道，其成孔过程势必影响到隧道周围应力状态，围压的释放可能诱发隧道盾构变形，甚至影响区间隧道的正常运营。同时，密排桩＋密肋梁门式

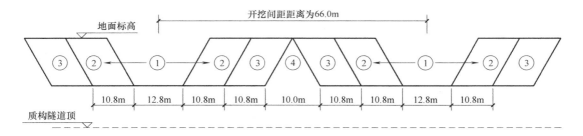

图 8.3-10 隧道上方土方分层分块开挖示意图

框架结构能否有效地约束隧道变形，也是计算分析应解决的难题。运用 Midas/GTS 软件建立门式框架结构与隧道盾构组合的三维模型，据此分析不同的挖孔桩在常规跳挖（隔二挖一）成孔开挖深度条件下的盾构水平变形、轴力及弯矩的变化过程。计算结果表明：①随着密排桩成孔开挖深度的增加，隧道盾构的变形也随着增加，水平变形最大值为1.1mm。②密排桩成孔造成的隧道盾构变形不可恢复，为永久变形。③隧道盾构的弯矩、轴力几乎没有变化，即密排桩成孔不影响盾构的应力状态。④以上各点证明密排桩成孔对APM 线区间隧道结构产生的变形、应力均较小，符合相关规范规定。

为最大程度减小密排桩成孔振动对 APM 线区间隧道的影响，采用人工挖孔桩工艺，在施工中要求加大施工间隔（隔四挖一）。密肋梁施工也要做到对隧道盾构影响最小，要求其施工顺序与密排桩施工顺序一致，见图 8.3-11。

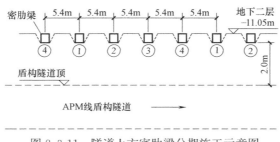

图 8.3-11 隧道上方密肋梁分期施工示意图

2) 区间隧道在基坑南北两侧贯穿基坑时交接处的支护设计

基坑南侧 10m 外为金穗路及金穗路隧道边线，APM 线区间隧道从基坑开挖面下方垂直贯穿金穗路隧道，该处同时存在区间隧道的原盾构竖井，基坑南侧与金穗路隧道之间拟建 2 根雨水管、污水管（直径均为 2.0m）。基坑北侧 15m 外为黄埔大道，基坑与黄埔大道间为黄埔大道人行隧道的下行步级平台，区间隧道自基坑开挖面下方横穿黄埔大道下部。基坑南、北侧与区间隧道交接处的基坑支护设计是本工程难点之一。

(1) 北侧黄埔大道与贯穿隧道交接处的支护设计

该范围的基坑支护是对隧道上方土体先采用超前钢管注浆加固，并结合黄埔大道人行隧道的下行步级平台设置支护分级平台，采用密排土钉加筋，并设置 2 道预应力锚索加强控制位移，形成原位自稳的复合式挡土结构。土钉、锚索均避开了隧道盾构的保护范围，减少了对既有隧道的扰动，保证黄埔大道的正常使用。重力式土钉墙典型剖面图见图 8.3-12。

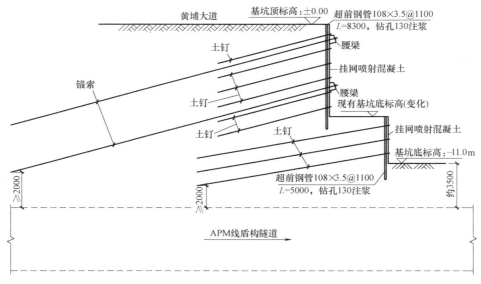

图 8.3-12　重力式土钉墙典型剖面

（2）南侧金穗路与贯穿隧道交接部的支护设计

南侧金穗路隧道、原盾构竖井、重要管线与基坑的标高关系见图 8.3-13，设计时应处理好复杂且不利的周边环境因素。支护结构既要充分利用现有的盾构竖井遗留桩以节省造价，更要采用合理的支护形式保证金穗路、金穗路隧道的正常安全运营，还要兼顾盾构竖井内的雨水管、污水管施工。本工程采用悬臂式挡土墙，利用盾构竖井遗留桩作为挡土墙的桩基础，它的特点是施工巧妙，但步骤复杂，具体特点如下：①采用砂质黏性土回填盾构竖井至挡土墙底板底标高（−9.0m），要求压实度≥0.9。②凿除侵入地下一层地下室的竖井遗留桩至挡土墙底板面标高（−9.0m）。③控制地表荷载，局部加斜撑支护，利用盾构竖井侧壁的空间尺寸效应进行土方开挖。④施工钢筋混凝土悬臂式挡土墙，挡土墙底板与另一侧遗留的竖井桩之间采用植筋连接，见图 8.3-13。⑤在挡土墙后分层填土至挡土墙顶标高，在填土过程中分别施工污水管、雨水管。⑥施工地下空间主体结构。⑦覆土至±0.00 标高，竣工。

3）珠江大道及管线保护的支护设计

珠江大道东路、珠江大道西路横跨基坑，两条道路下方各 90m 为基坑开挖范围，要求基坑在开挖期间保证珠江大道的正常运行，并对道路下方的各种市政管线进行原位保护。

（1）内支撑上覆钢便桥结构体系的设计

珠江大道东路、珠江大道西路横跨基坑范围的支护设计时应考虑两个问题：一是在满足基坑变形、稳定性要求的前提下可以顺利开挖道路下方土体；二是保证珠江大道在基坑施工期间正常运营，故采用内支撑上覆钢便桥的结构形式。内支撑采用对撑形式（图 8.3-14），平面布置同珠江大道走向一致，调整内支撑水平间距以承受临时钢便桥的

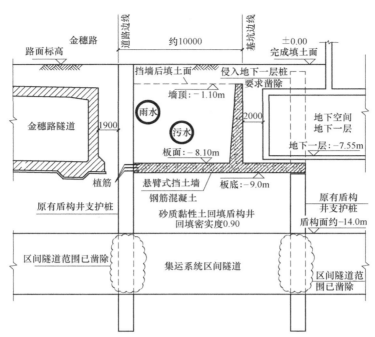

图 8.3-13 悬臂式挡墙支挡剖面图

自重、车道荷载等。竖向构件为钢构柱（采用灌注桩桩基础），与内支撑组成框架体系。

为了便于行人、车辆通行，在基坑内支撑上铺钢便桥，结构形式为贝雷架结构，具体结构组合见图 8.3-15 和图 8.3-16。钢便桥与内支撑、钢构柱等应统一计算分析，力学模型取一道钢筋混凝土内支撑，由内支撑、钢构柱及冠梁组成，假定其为多跨连续梁，节点连接方式为固结。荷载组合由公路—Ⅰ级车道荷载、土方运输车辆荷载、内支撑自重、钢便桥重力及人群荷载组成，根据最不利荷载工况组合进行内支撑配筋、钢构柱嵌固深度等计算。

内支撑、钢便桥等应做到分区、分边施工，可临时围蔽施工范围，保证其余道路继续被使用，等内支撑、钢便桥倒边施工后，珠江大道东、西道路全长钢便桥可被投入使用，该处理方式在本工程施工中取得较好的效果。

（2）道路下方管线的原位保护设计

珠江大道东路、珠江大道西路下有珠江新城的主供水管、排污管及其他电力电信管线，可利用支护结构及钢便桥作为管线原位保护的

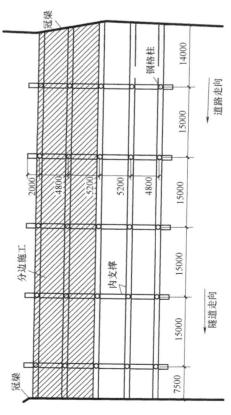

图 8.3-14 珠江新城内支撑布置平面图

167

悬吊结构,见图 8.3-15。

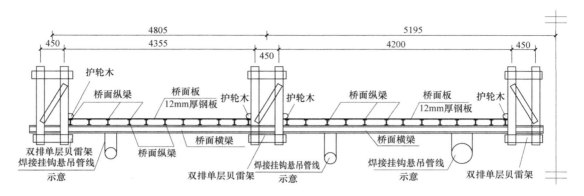

图 8.3-15 珠江新城钢便桥横断面图

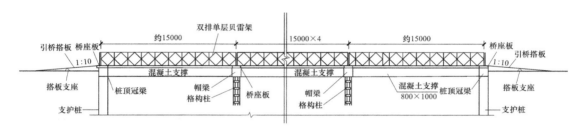

图 8.3-16 珠江新城钢便桥纵断面图

8.3.8 总结

综合考虑周边环境、岩土及物探资料、社会及政府的要求,坚持因地制宜、保护环境和节约资源的原则,做到安全适用、技术经济、方便施工、确保质量的合理设计。对于规模大、环境杂、难度高、影响大的基坑项目,用 8 个月即完成基坑支护及土方开挖,获得业主方的好评。针对为地铁隧道、市政道路等既有交通线路贯穿的基坑设计这一工程难题,结合珠江新城地下空间基坑工程,总结了以下几点关键技术:

(1) 从基坑底贯穿的地铁隧道采用密排挖孔桩+密肋梁的门式框架结构来约束隧道变形,结合利用时空效应合理安排施工顺序,保证隧道在基坑施工期间的正常运营。

(2) 在贯穿基坑的地铁隧道与基坑边线的交接节点处,应灵活使用各种支护形式,而不影响地铁隧道、市政道路等周边环境的正常使用。

(3) 市政道路在基坑上方贯穿时,可采用分边施工基坑内支撑,并上覆钢便桥以保证其正常使用的方式,同时,可正常开挖内支撑下方的土体,并利用钢便桥作为管线原位保护的悬吊结构。

(4) 为各种交通线路所贯穿的基坑工程将越来越多,在基坑设计时应综合运用岩土、结构、隧道、道路等专业知识,采用灵活的支护形式,确保基坑在施工期间,交通线路仍可正常运行。

8.4 广州珠江新城 B1-7 项目——雅居乐总部大楼

8.4.1 工程概况

广州珠江新城 B1-7 项目——雅居乐总部大楼（以下简称"B1-7 项目"）的基坑工程项目位于广州市珠江新城，在华厦路与金穗路交界处东北面。北面为富力项目，富力项目地下室边线距本项目地下室边线为 18m；东面为烟草大厦，烟草大厦地下室边线距本项目地下室边线为 16m；南面为已使用的金穗路下穿式隧道，距离地下室边线为 18m；西南为华厦路，其地下为已开通使用的地铁三号线，其最靠近的左线隧道边线距离地下室边线为 19m。

基坑开挖深度为 25.5m，周长为 286m，基坑面积为 5483.7m²。

8.4.2 地质、水文情况

场区原始地貌为珠江三角洲冲积平原地貌，场地较平坦，标高为 8.21~8.87m。根据岩土报告揭露，基坑开挖与支护主要影响土层有：人工填土层，平均层厚为 2.78m。粉质黏土层，平均层厚为 2.18m。粗砂，平均层厚为 1.55m。粉质黏土，平均层厚为 1.35m。

场地含水主要为杂填土层、砂层、粉土层中的孔隙水及基岩裂隙水。杂填土中的孔隙水为上层滞水，水位随季节的变化而起伏，主要受大气降雨和生活用水的补给；砂层和粉土层中的含水为承压水，受上层滞水垂直入渗及本层侧向补给；基岩裂隙水主要赋存在强风化及中风化岩层中，属于承压水，主要受裂隙水的侧向补给，同时，侧向渗透为其主要的排泄水方式。

8.4.3 基坑设计方案及重难点

本工程存在的主要技术难题：

1）周边环境复杂，基坑开挖对周边建筑物产生较大的影响：根据周边环境和相邻工程的地质条件，经过初步测算，若全部采用预应力锚索支护体系约需 5 道锚索（图 8.4-1），第一至五道锚索分别长为 30m、26m、24m、22m 和 20m。基坑东边为烟草大厦，其地下室边线距本项目地下室边线为 16m，除第五道锚索可被避开外，其余锚索均进入烟草大厦地下室结构内。基坑南边为金穗路人行隧道及车行隧道，锚索可避开人行隧道，但局部锚索会进入车行隧道结构内。基坑西边为华夏路，其地下约 15m 为已运行的地铁三号线，其左线隧道边线离本工程地下室边线为 19m，第一、二和三道锚索均进入地铁三号线 5m 保护范围内。基坑北面为富力地块工地，其地下室边线距本项目地下室边线为 18m，第一、二道锚索进入富力地下室结构内。

综上所述，基坑东、西、北面预应力锚索的施工受限制，南部也只有局部范围能施工全部预应力锚索，故不能在本工程使用预应力锚索作为支护形式。

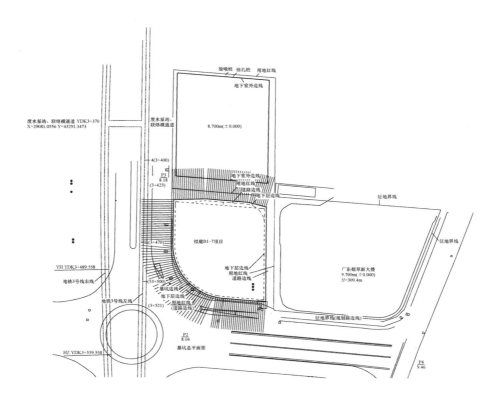

图 8.4-1 采用预应力锚索作为支护结构的基坑与基坑周边平面关系图

2）支护设计难度大：由于本工程基坑面积大，基坑深，周边环境复杂，所以在基坑上部不允许打锚杆（索）。

3）变形控制严格：需要满足地铁及下穿隧道安全和正常营运，保证周边管线和排水渠不会下沉和渗漏，保证周边建筑安全。

针对以上的技术难点，采取的技术总路线是：采取人工挖孔（钻孔）桩＋3 道钢筋混凝土内支撑＋1 道预应力锚索的支护体系。

从图 8.4-1 可以看到：本工程场地狭窄，主体结构呈椭圆形平面，内支撑如果采用通常的纵横交错形式，主体结构的施工和基坑出土都很困难。经过多次分析，决定采用环形结构内支撑。

8.4.4 支护设计平面图、剖面图

B1-7 项目基坑平面图及典型剖面图见图 8.4-2、图 8.4-3。

8.4.5 施工及监测

图 8.4-4 和图 8.4-5 为 B1-7 项目现场基坑施工照片。

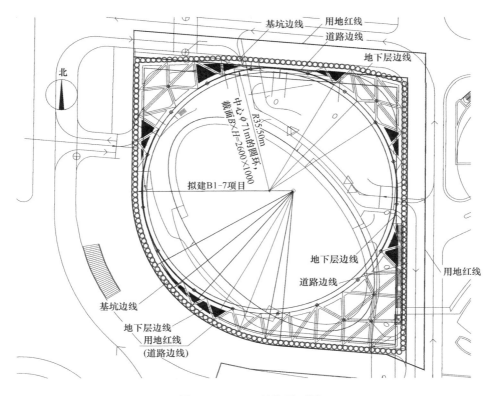

图 8.4-2 B1-7 基坑平面图

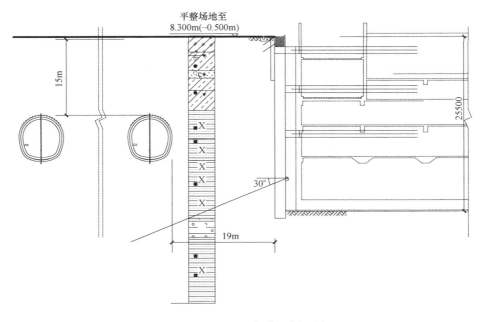

图 8.4-3 B1-7 基坑典型剖面图

图 8.4-4　B1-7 项目现场基坑施工图 1　　　　图 8.4-5　B1-7 项目现场基坑施工图 2

8.4.6　项目计算分析

1）施工工况

主要分为 9 个工况，即 9 个施工步骤：①初始应力场计算，本工况是岩土工程分析的第一步，在整个分析模型内只有岩、土体。②地铁隧道、富力项目基坑、烟草大厦基坑开挖计算，本工况不再考虑隧道、基坑的多步开挖，一次性开挖整条隧道和整个基坑，并施工所有衬砌、支护结构。③珠江新城 B1-7 项目基坑第一次开挖。④基坑第二次开挖，施工第 1 道支撑。⑤基坑第三次开挖，施工第 2 道支撑。⑥基坑第四次开挖，施工第 3 道支撑。⑦基坑第五次开挖，施工第 4 道支撑。⑧基坑第六次开挖，开挖至坑底。⑨施工底板后，再施工地下四层底板，拆除第 3 道撑，施工地下三层底板。拆除第 2 道撑，施工地下二层及地下一层底板，拆除第 1 道支撑，再施工±0.000m。

2）环形结构支撑体系

基坑周边采用钻（冲）孔（人工挖孔）灌注桩围护，桩长为 22.2～25.5m。采用搅拌桩截水。3 道内支撑情况见图 8.4-2、图 8.4-3。最后一道预应力锚索采用 $5 \times 7\phi5@1500$ 钢绞线，长 22m。离基坑顶周边 15m 范围内的地面超载不超过 20kPa。

3）有限元计算

采用 Midas/GTS 软件建立整体有限元模型，珠江新城 B1-7 项目基坑模型见图 8.4-6，计算结果见图 8.4-7 和图 8.4-8。

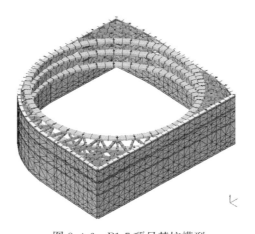

图 8.4-6　B1-7 项目基坑模型

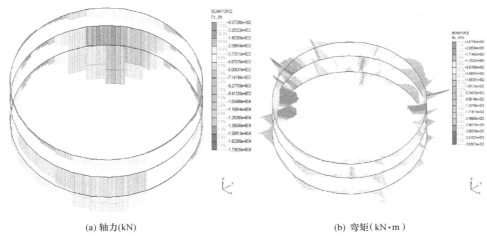

(a) 轴力(kN) (b) 弯矩(kN·m)

图 8.4-7 B1-7 项目基坑支护结构环梁内力图

4）计算结果分析

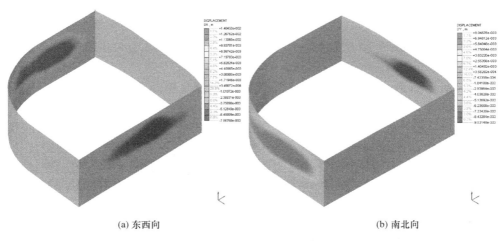

(a) 东西向 (b) 南北向

图 8.4-8 B1-7 项目基坑最大位移云图（m）

5）综合效益

本基坑周边为道路、房屋。支护深、土方量大、周边环境复杂、工期紧，在广州市基坑工程施工中具有典型的代表意义。

与对撑方式比较，采用的角撑和大直径圆环撑布置合理，根据刚度和内力选择的构件截面尺寸经济，减少了支撑数量，节省了造价。同时，将内支撑作为地下室钢结构施工吊装平台，节省钢结构施工费用，大直径无梁柱支撑的开挖环境为出土提供了方便，加快挖运土速度，节省费用。

基坑的施工过程验证了所选择的技术方法，满足了位移变形控制要求，保证了邻近地铁正常运行，对周边环境未有影响，加快了基坑施工，为主体工程提早开工和组织施工提供了有利条件，达到了围护效果好、施工安全快速的结果。同时，保证了施工的总工期，为项目的顺利建成打下了坚实的基础。

本项目运用的环撑支护方法，在成功解决本项目基坑支护难题中发挥了决定性作用，经济和社会效益显著，具有新颖性、合理性、先进性和突出的示范作用和推广价值。

8.4.7 总结

在基坑工程中采用环形结构支撑体系，环形结构内空间方便土方开挖和主体结构施工，环形结构支撑受力合理。采用两种软件进行分析计算，计算结果表明：基坑位移没有超出规范和地铁要求的限值。为保证安全，在施工中进行同步监测，监测结果表明：位移值和环形梁受力结果在计算分析结果范围内，可见计算结果是可靠的。该工程证明采用环形结构支撑体系是可行的，对周边建筑物、地铁隧道产生的影响很少，为同类工程提供了经验。

8.5 华南国际港航服务中心二期项目

8.5.1 工程概况

华南国际港航服务中心二期项目位于广州市黄埔大道东南侧与鱼珠东路交界处。本项目基坑面积为11000m²，周长为420m。开挖深度为17.5～18.5m，局部加深5m处距离地铁隧道结构边线仅为15m。

本项目场地西侧为鱼珠东路及煤场铁路支线，北侧为黄埔大道，南侧距离珠江120m，东侧为物流货柜码头。北侧相邻规划地铁区间，地铁线于2016年9月通过盾构装置与基坑开挖、地下室施工同时进行，隧道底部与基坑底部标高基本持平。基坑四周均有市政管线，特别是基坑西侧及北侧为市政主干道，市政管线密集。场地现状标高为7.50m，比珠江抗洪警戒水位低0.3m，基坑安全等级高。地块距离化龙—黄阁断裂仅800m，断裂露头倾角为60°～70°，与场地范围内岩面倾角一致，基坑支护工程复杂程度高。场地内特殊性土品种繁多，有填土、软土、砂土、残积土及风化岩，岩土层埋深及层厚变化大，为不均匀地基。设计、施工时应注意地基不均匀性造成的不利影响。同时，场地临近珠江边，与深厚砂层存在水力联系，基坑降水截水安全等级高。项目工程设计及施工技术难度大，工期紧、要求高。华南国际港服务中心二期项目基坑施工照片见图8.5-1。

图 8.5-1 华南国际港服务中心二期项目基坑施工照片

8.5.2　地质、水文情况

拟建场地原为珠江三角洲冲～洪积平原地带，位于广州市黄埔大道东与鱼珠东路交界处，现为广州港务集团船务公司船厂。交通便利，地面平坦，孔口高程在 7.45～7.61m 变化。

根据场地钻孔揭露，上部第四系覆盖土层主要有人工堆积成因的素填土，冲～洪积成因的淤泥、粉细砂、中粗砂，残积成因的粉质黏土，下伏基岩为白垩系含砾粉砂岩。

广州地处南亚热带，全年降水丰沛，雨季明显、日照充足，降水量大于蒸发量，大气降水是地下水的主要补给来源，场地的地下水量取决于地层的渗透性。场地紧临河道，地下水位与河涌水位有一定的联系，会受河涌和涨退潮水位高低的影响。经钻探揭露，场地地下水主要为第四系孔隙水和基岩裂隙水。

8.5.3　基坑设计方案及重难点

1）周边环境非常复杂，场地西侧为鱼珠东路及煤场铁路支线，北侧为黄埔大道，南侧距离珠江 120m，东侧为物流货柜码头。

2）场地现状标高 7.50m，比珠江抗洪警戒水位低 0.3m，基坑安全等级高。

3）北侧相邻有规划地铁区间，地铁左右线在 2016 年 9 月通过盾构装置与基坑开挖、地下室施工同时进行，隧道底部与基坑底部标高基本持平，基坑及地铁安全等级高。基坑四周均有市政管线，特别是基坑西侧及北侧为市政主干道，市政管线密集。

4）地块距离化龙—黄阁断裂仅 800m，断裂露头倾角为 60°～70°，与场地范围内岩面倾角一致，基坑支护工程复杂程度高。

5）支撑拆除须考虑对地铁正常运营及安全的影响。

8.5.4　支护设计平面图、剖面图

华南国际港服务中心二期项目基坑平面图及典型剖面见图 8.5-2 及图 8.5-3。

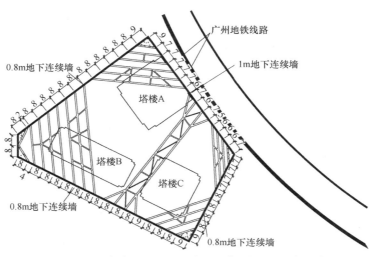

图 8.5-2　华南国际港服务中心二期项目基坑平面图

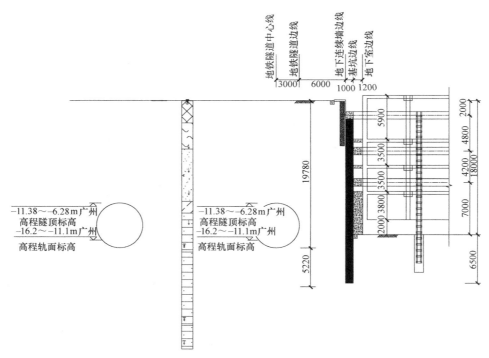

图 8.5-3 华南国际港服务中心二期项目基坑典型剖面图

8.5.5 项目特点及创新性

鉴于复杂的工程地质条件和周边环境，本项目基坑支护方案为地下连续墙＋3 道环形支撑；地下连续墙兼作截水帷幕。主要技术特点如下：

1）基坑支护方案采用地下连续墙＋3 道环形支撑，通过地下连续墙不对称刚度，保证基坑北侧地铁隧道边线位移可控。基坑北侧地铁区域采用 1m 厚地下连续墙，其他侧采用 0.8m 厚地下连续墙；基坑北侧地铁区支撑间距为 7m，其他侧支撑间距为 8m。本项目将北侧地铁区支护刚度提高，降低其他侧刚度，有利于控制地铁侧变形，将土压力往地铁区支顶，减少基坑开挖变形对地铁的变形影响。同时，本项目将北侧支撑间距减少，增加其他侧支撑间距，也起到同样的效果，通过支撑布置达到控制位移效果，节省了工程造价，保证了地铁安全。基坑与地铁同期施工的有限元分析图见图 8.5-4。

2）基坑支撑为独立系统支撑，将 3 个塔楼列入独立支撑系统中，使得建设单位可以根据工期需要，独立提前完成某一塔楼，其他塔楼均不受影响，保证主体塔楼按需施工，满足工期需要。

3）地块距离化龙—黄阁断裂仅 800m，断裂露头倾角为 60°～70°，与场地范围内岩面倾角一致（图 8.5-5），基坑支护工程复杂程度高。地下连续墙具有良好的抗冲切能力，能抵抗高倾角地层带来的不利影响。本项目基坑工程利用不对称刚度的地下连续墙及不对称土压力的支撑结构，与产状倾向相反，避免了基坑沿地层滑动的不稳定因素。

4）本项目距离珠江水道最近处仅一百余米，珠江降水潮差高达 4m，在动水压力作

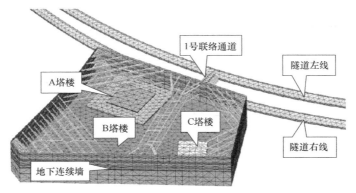

图 8.5-4 基坑与地铁同期施工的有限元分析图

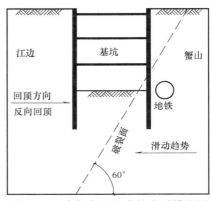

图 8.5-5 高倾角基坑支护应对措施图

用下，常规搅拌桩及旋喷桩成桩质量差。本方案可杜绝基坑漏水导致周边地面沉降开裂，保证基坑周边道路及管线安全，保证交通、通信、给水排水等安全，保证生活维系正常运行。使用地下连续墙作为截水帷幕的优点有：①利用地下连续墙自防水特点，实现截水效果，取消额外截水帷幕，节约造价；②取消额外截水帷幕，缩短了工期；③其他支撑方案及截水方案均采用三种以上的施工机械同时作业，但是地下连续墙使用的施工机械少，减少不同施工机械施工时互相带来的不利影响。

5）基坑东侧在塔式起重机吊装半径内存在一个12m 高的龙门架，它恰好影响到地面以上第一节塔式起重机支锚点，因此需要将该支锚点锚固在基坑冠梁。而作为高支模的重要构件，塔式起重机承担着较大的风荷载和偶尔水平荷载，对基坑存在着一定的风险。经分析，通过三角节点处理，在既满足基坑安全的同时，也兼顾到施工需求。

6）基坑有很多的市政管线，特别是大型给水管线及铁路线路对位移的敏感性要求高。本项目既保证了基坑及管线的安全，又保障了人民的安全及正常生活。经检测，周边管线的变形量满足设计要求。

8.5.6 总结

1）通过地下连续墙不对称刚度及不对称土压力的支撑结构，保证基坑北侧地铁隧道边线位移可控。

2）建立基坑独立支撑系统，将 3 个塔楼分别列入独立支撑系统中，保证主体塔楼按需施工。

3）攻克了高地层倾角区域基坑整体稳定性的安全问题。

4）通过地下连续墙截水帷幕避免了珠江水道动水压力下深厚砂层地区带来不利影响。

5）避免了龙门架给塔式起重机带来的不利影响。

6）有效地保护市政管线、铁路线路。

8.6 广州市琶洲 PZB1401 项目

8.6.1 工程概况

本项目场地位于广州市海珠区新港东路会展中心三期西面，凤浦路的北侧，新港东路的南侧，北侧有通道与会展三期相连（图 8.6-1）。基坑采用地下连续墙＋预应力锚索＋混凝土内撑支护，地下连续墙兼作地下室外墙；基坑周长为 680.5m，基坑开挖面积为 28902.5m²，开挖深度为 14.00m。

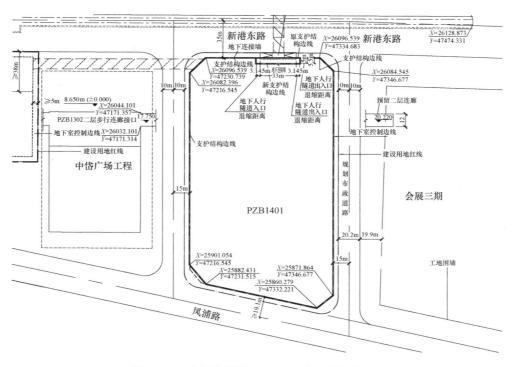

图 8.6-1 广州市琶洲 PZB1401 项目基坑平面图

8.6.2 地质、水文情况

场地位于广州市海珠区新港东路会展中心三期西面，凤浦路的北侧，交通十分便利。场地地貌单元属珠江三角洲海冲积平原地貌。经人工填土，地形较平坦。

场地岩土层由第四系人工填土层、第四系海陆交互相沉积层、第四系冲积层和白垩系基岩组成。场地内地下水主要赋存于第四系海陆交互相和冲积层砂层中，透水性较强，但含泥质较多，富水性较弱。基岩的全、强中风化带中有一定的承压裂隙水，地下水不丰富。钻探期间测得地下水位埋深为 1.90～5.10m，地下水位标高为 3.25～6.51m。建议抗浮设计水位为 9.00m。地下水的补给来源主要为大气降水的垂直渗透及含水层之间的侧向补给。

8.6.3 基坑设计方案及重难点

1) 基坑周边环境非常复杂,基坑北侧为新港东路,路下为地铁二号线琶洲—新港东区间隧道,地铁边距基坑边最近约 32m,地铁埋深约 11m;新港东路地下有较多市政管线经过;该侧中部有一条人行过街隧道。东侧与会展中心三期隔一条宽约 20m 市政路,路下有管线经过,基坑边距会展中心三期地下室约 50m,会展中心三期为一层地下室,深约 6m。南侧紧临凤浦路,基坑边距道路边约 14m,凤浦路下有市政管线经过。西侧为正在施工的中岱广场工程,中岱广场工程设两层地下室,约 12m 深,本工程基坑边距中岱广场工程基坑边约 25m。中岱广场工程基坑支护采用桩锚支护结构,目前基坑已回填,正在进行上部结构施工。

2) 截水控制。本场地地质条件非常差,场区存在厚 20m、透水性很强的粉砂层,南侧有沙良河充裕的侧向补给。

3) 变形控制。北侧地铁结构距基坑边最近约 32m,地铁埋深约 11m,对变形非常敏感,需严格控制变形。

4) 环境保护控制。东侧及南侧为市政路,路上管线较多,需要重点保护,施工锚索时需要特别谨慎,防止管线下沉开裂。

5) 支撑拆除控制。支撑拆除须考虑对地铁正常运营及安全造成的影响。

8.6.4 支护设计平面图、剖面图

广州市琶洲 PZB1401 项目基坑支护平面图及典型剖面图见图 8.6-2 和图 8.6-3,广州市琶洲 PZB1401 项目基坑现场图片见图 8.6-4。

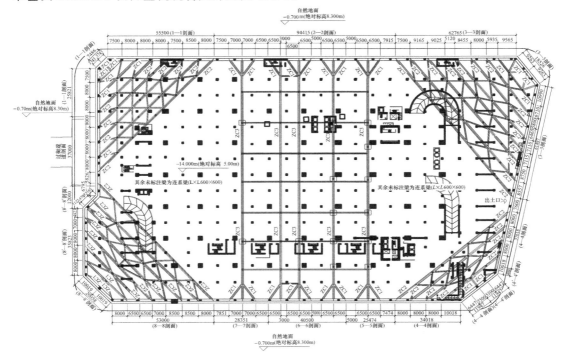

图 8.6-2 广州市琶洲 PZB1401 项目基坑支护平面图

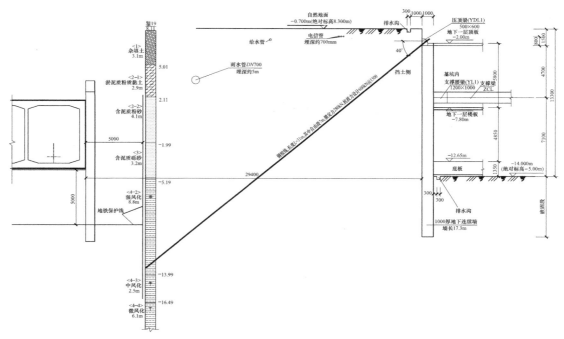

图 8.6-3　广州市琶洲 PZB1401 项目基坑典型剖面图

图 8.6-4　广州市琶洲 PZB1401 项目基坑内支撑施工图

8.6.5　项目特点及创新性

1）大跨度混凝土支撑梁体系。本基坑工程南北向最短直线距离约为 216m、东西向最短直线距离约为 132m（图 8.6-5），大跨度的平面形状给基坑支撑体系布置，给支撑体系平面内、平面外稳定系及温度应力影响等设计选型带来新的挑战。根据对比分析，最终选择对撑＋角撑＋斜撑的组合支撑体系（局部角撑长度达 96m），完整地解决了支撑体系平面内及平面外稳定系、温度对支撑应力影响的问题。经过工程实践检验，该设计合理，具有一定先进性。

2）采用混凝土内支撑及地下连续墙严格控制变形，采用两墙合一，能在一定程度上

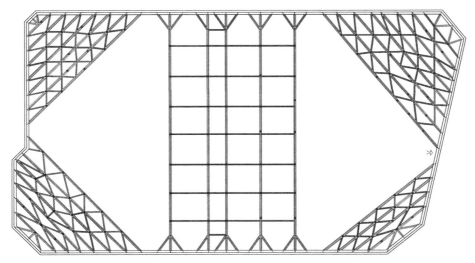

图 8.6-5 广州市琶洲 PZB1401 项目基坑支撑平面布置图

节省工程投资；施工时振动小、噪声低，对地基扰动小，适应市区环境。

3）地下水控制。广州地区的砂层和富含水土层中，如果作为基坑围护结构发生渗漏水，不但会给基坑开挖和主体结构施工带来极为不利的影响，而且会导致基坑变形及周围建筑物沉降过大，严重时会发生基坑失稳、垮塌等安全事故，给工程各方带来极大的经济损失和社会影响。我们采用了地下连续墙的新技术及新工艺对深达 20m 厚砂层进行截水，并在开挖之前进行抽水试验检验其截水效果。

4）地铁保护控制。采用信息化动态设计方法，在施工期间加密布置监测点，加强对地铁范围监测，并及时反馈至设计院进行调整。同时，加强泥浆、槽壁的检测，确保泥浆质量和槽壁稳定。导墙施工和液压抓斗施工振动小，不影响地铁安全运营；由于冲桩机振动大，因此槽段底部入岩严禁用冲机施工，考虑本工程的中微风化岩层硬度不大，改用旋挖钻机密排钻孔施工、抓斗修边成槽的施工方法。

5）紧邻基坑安全的保护控制。中岱广场工程基坑支护采用桩锚支护结构，目前基坑已回填，正在进行上部结构施工。该侧施工锚索时需要避让已施工完成的锚索，采取措施保护中岱广场工程支护结构安全。

6）锚索施工套管跟进技术。从工艺、质量保证、工期、成本造价、施工难易程度等方面综合考虑，建议采用泥浆护壁成孔，在个别砂层淤泥层厚处可采用套管跟进；在业主未有另行通知前先采用套筒跟进成孔施工，150mm 以上可采用泥浆护壁成孔施工，减少锚索施工时涌沙、坍孔。

7）支撑梁拆除控制。采用爆破拆除基坑钢筋混凝土内支撑，施工难度较大，对安全及爆破效应的分析必须充分，且支撑拆除须考虑对地铁正常运营及安全的影响。由于施工工序及工期安排，将结构底板在支撑方向后浇带未施工时进行支撑拆除，为确保支护结构安全，特在后浇带设置临时传力带。为避免支撑拆除瞬时卸荷对地下连续墙的损伤，特在支撑拆除前，在靠近地铁连续墙侧 2m 范围内用人工凿出支撑梁构成缓冲带，让地下连续墙渐进承受卸荷的影响。由于本工程地下连续墙兼作永久侧壁，故腰梁的拆除对地下连续墙的影响很大，特采取切割法进行拆除，减少对结构的损伤，保证结构的有效性。

8.6.6　总结

基坑采用地下连续墙＋预应力锚索＋混凝土内撑支护，地下连续墙兼作地下室外墙；基坑周长约680.5m，基坑开挖面积约28902.5m²，开挖深度为14.00m。

1）本基坑工程南北向最短直线距离约216m、东西向最短直线距离约132m，大跨度的平面形状给基坑支撑体系布置、支撑体系平面内、平面外稳定系及温度应力影响等设计选型带来新的挑战。根据对比分析，最终选择对撑＋角撑＋斜撑的组合支撑体系（局部角撑长度达96m），完整地解决了支撑体系平面内及平面外稳定系、温度对支撑应力的影响等问题。

2）严格做好地铁保护控制。加强泥浆、槽壁的检测，确保泥浆质量和槽壁稳定；导墙施工和液压抓斗施工振动小，不影响地铁安全运营；由于冲桩机振动大，因此槽段底部入岩严禁用冲桩机施工。

3）采用套筒跟进成孔施工，150mm以上可采用泥浆护壁成孔施工，减少锚索施工时涌沙、坍孔。

4）采用支撑梁拆除控制新技术。在后浇带设置临时传力带，避免支撑拆除瞬时卸荷对地下连续墙的损伤，特在支撑拆除前，靠近地铁地下连续墙侧2m范围内用人工凿出支撑梁构成缓冲带，让地下连续墙渐进承受卸荷的影响。

8.7　南丰国际会展中心

8.7.1　工程概况

本工程场地位于广州市海珠区新港东路南侧，会展中心三期西侧，凤浦中路的北侧。北侧为地铁二号线新港东站，目前正常运行。场地用地面积为24862m²，拟建3层地下室，基坑支护采用地下连续墙＋2道混凝土支撑支护，基坑开挖面积约为18290m²，基坑开挖深度为16.5m，基坑周长约670m。南丰国际会展中心基坑平面图见图8.7-1。

8.7.2　地质、水文情况

本基坑工程北侧距珠江边65m，西侧距已运行的地铁三号赤岗站最近仅为13m，最远为26m。该场地地质条件差，紧挨珠江边，开挖深度范围内自上而下地层主要为填土层、淤泥层厚砂层，其下岩层为钙质泥岩和粉砂质泥岩，破碎裂隙水发育，其中，砂层直接与珠江水连通，场地地下水位受珠江涨退潮的影响明显。根据钻孔揭露，本场地自地面向下由第四系覆盖层和白垩系基岩组成，第四系覆盖层由人工填土层（①杂填土层）、第四系海陆交互相沉积层（②-1淤泥质粉质黏土、②-2含泥质粉砂层、②-3含泥质中砂层）、第四系冲积层和白垩系基岩（④-1全风化泥质粉砂岩层、④-2强风化泥质粉砂岩层、④-3中风化泥质粉砂岩层、④-4微风化泥质粉砂岩层）组成。南丰国际会展中心地质剖面图见图8.7-2。

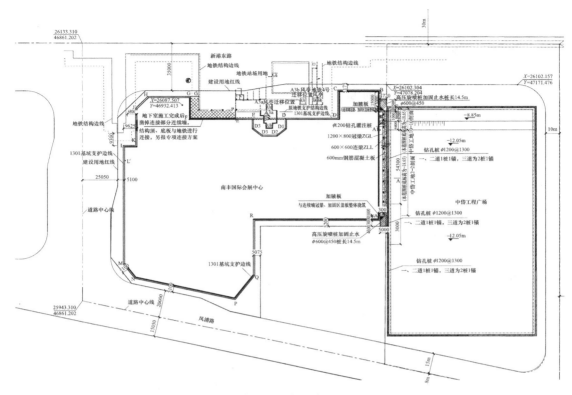

图 8.7-1 南丰国际会展中心基坑平面图

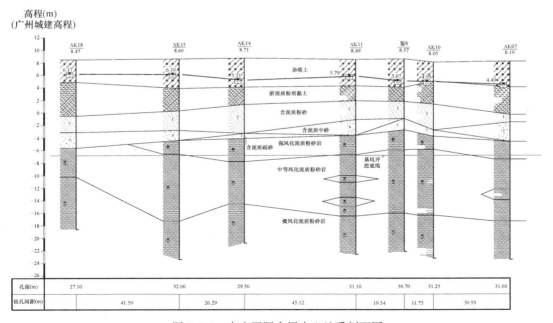

图 8.7-2 南丰国际会展中心地质剖面图

广州地处南亚热带，全年降水丰沛、雨季明显、日照充足，降水量大于蒸发量，大气降水是地下水的主要补给来源，场地的地下水量取决于地层的渗透性。场地位于珠江水道南侧，紧临河道，地下水位与河涌水位有一定的联系，受河涌和涨退潮水位高低的影响；经钻探揭露，场地地下水主要为第四系孔隙水和基岩裂隙水。

8.7.3 支护设计平面图、剖面图

南丰国际会展中心基坑平面图及典型剖面图见图 8.7-3 和图 8.7-4。

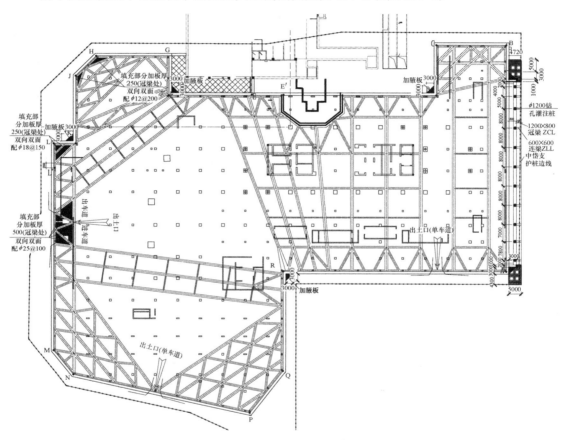

图 8.7-3 南丰国际会展中心基坑平面图

8.7.4 项目特点及创新性

1）大跨度混凝土支撑梁体系

本基坑工程南北向最短直线距离约为 75m，东西向最短直线距离约为 91m，平面形状极不规则（图 8.7-5）。大跨度不规则的平面形状给基坑支撑体系布置，给支撑体系平面内、平面外稳定系及温度应力影响等设计选型带来新的挑战。根据对比分析，最终选择对撑＋角撑＋斜撑的组合支撑体系（局部角撑长度达 93m），完整地解决了支撑体系平面内及平面外稳定系、温度对支撑应力的影响等问题。经过工程实践检验，该设计合理，具有一定先进性。

2）采用混凝土内支撑及地下连续墙严格控制变形

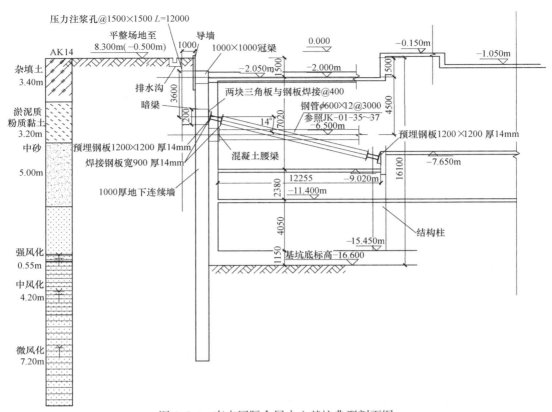

图 8.7-4　南丰国际会展中心基坑典型剖面图

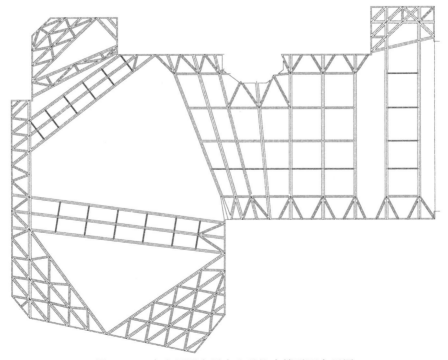

图 8.7-5　南丰国际会展中心基坑支撑平面布置图

3）地下水控制

广州地区的砂层和富含水土层中，如果作为基坑围护结构发生渗漏水，不但会给基坑开挖和主体结构施工带来极为不利的影响，而且会导致基坑变形及周围建筑物沉降过大，严重时会发生基坑失稳、垮塌等安全事故，给工程各方带来极大的经济损失和不好的社会影响。我们采用了地下连续墙的新技术及新工艺对深达 20m 厚砂层进行截水，并在开挖之前进行抽水试验检验截水效果。

4）地铁保护控制

采用信息化动态设计方法，在施工期间加密布置监测点，加强对地铁范围监测，并及时反馈至设计院进行调整。针对北侧地铁车站支护结构锚索引起的地层扰动，在现场选取代表性地段进行试验，以确定各项设计参数，同时，加强泥浆、槽壁的检测，确保泥浆质量和槽壁稳定。导墙施工和液压抓斗施工振动小，不影响地铁安全运营。由于冲桩机振动大，因此槽段底部入岩严禁用冲桩机施工。考虑本工程的中微风化岩层硬度不大，改用旋挖钻机密排钻孔施工，抓斗修边成槽的施工方法。

5）紧邻基坑安全的保护控制

中岱广场工程目前已完成地下室施工，但地下室与支护结构尚有 1m 的空隙尚未回填，现处于停工状态。故必须清除中岱广场侵入本工程地块的多排锚索，应采取措施保护中岱广场工程支护结构的安全。

由于中岱广场工程业主不允许在支护结构与地下室外墙之间进行连接支撑，除在清除锚索之前采取锚索固脚、高压旋喷桩截水外，再增加支护桩与中岱广场工程支护桩进行连接形成门架支护体系，确保中岱广场工程结构安全。

6）支撑梁拆除控制

采用爆破拆除基坑钢筋混凝土内支撑，施工难度较大，对安全及爆破效应的分析必须充分，且支撑拆除须考虑对地铁正常运营及安全的影响。由于施工工序及工期安排，将结构底板在支撑方向后浇带未施工时进行支撑拆除，为确保支护结构安全，特在后浇带设置临时传力带。为避免支撑拆除瞬时卸荷对地下连续墙的损伤，特在支撑拆除前，在靠近地铁地下连续墙侧 2m 范围内用人工凿出支撑梁构成缓冲带，让地下连续墙渐进承受卸荷的影响。由于本工程地下连续墙兼作永久侧壁，故腰梁的拆除对地下连续墙的影响很大，特采取切割法进行拆除，减少对结构的损伤，保证结构的有效性。

8.7.5 总结

基坑支护采用地下连续墙＋2 道混凝土支撑支护，基坑开挖面积约为 18290m²，基坑开挖深度为 16.5m，基坑周长约为 670m。采用大跨度混凝土支撑梁体系，选择对撑＋角撑＋斜撑的组合支撑体系（局部角撑长度达 93m），完整地解决了支撑体系平面内及平面外稳定系、温度对支撑应力的影响等问题，并经过工程实践检验，该设计合理，具有一定先进性。严格做好地铁保护控制，加强对泥浆、槽壁的检测，确保泥浆质量和槽壁稳定；导墙施工和液压抓斗施工振动小，不影响地铁安全运营；由于冲桩机振动大，因此槽段底部入岩严禁用冲机施工。采用支撑梁拆除控制新技术。在后浇带设置临时传力带，避免支撑拆除瞬时卸荷对地下连续墙的损伤，特在支撑拆除前，靠近地铁地下连续墙侧 2m 范围内人工凿出支撑梁构成缓冲带，让地下连续墙渐进承受卸荷的影响。

9 深厚砂层基坑工程

9.1 深厚砂层基坑工程特点

调查表明，基坑工程事故大多是由于地下水处理不当造成的，尤其是渗透性较好的深厚砂层基坑工程。常见的基坑工程事故包括突涌、流砂、管涌、坑壁土体坍塌及围护结构破坏等。对于深厚砂层的基坑工程，地下水控制设计和施工是重中之重。

首先，基坑设计前应查明基坑周边可能与之发生联系的水文地质条件，以及地下水位变化对基坑周边环境可能产生的影响。深厚砂层中地下水的渗入和补给与邻近的江河湖海有密切联系，受大气降水的影响，并随着季节变化而变化。深厚砂层地下水可分为潜水和承压水两种，大多数情况下，深厚砂层地下水都具有一定的承压性。在基坑工程中，主要通过岩土工程勘察或专门的水文地质勘察了解场地的地下水，这两种途径分别用于不同的场地、不同的工程。当基坑深度不大、水文地质条件简单、场地及其周边地区有较丰富的资料，则采用岩土工程勘察资料基本可以满足基坑工程的需要。当基坑深度较深、水文地质条件复杂、当地已有资料很不丰富时，岩土工程勘察资料不能满足基坑工程需要，就应进行专门的水文地质勘察。

目前，在基坑工程中孔隙水的渗流理论是地下水对周边环境影响分析最常见的，具体可分为流网分析法、解析法和数值分析法等，其中以数值分析法适用性最强、应用最广。对于不同水力条件下的基坑渗流场进行数值分析表明，渗流作用的存在对于基坑工程安全是很不利的，通过设置防渗体（截水帷幕）可以改善渗流场的分布，但是由于各种原因造成渗流场的变化也很可能成为安全隐患，通过数值分析的方法，进行不同工况下的渗流场的计算分析，对基坑的设计和施工具有一定的指导意义，通过渗流分析可以预测地下水的变化及其对环境的影响。

其次，针对深厚砂层的基坑工程难题，基坑设计应综合考虑各种因素选择合适的地下水控制方案。常见的地下水控制方案包括：基坑明沟排水、基坑降水、基坑截水。基坑明沟排水适用于基坑不深、涌水量不大、坑壁土体比较稳定、不易产生流砂、管涌和坍塌的基坑工程。基坑降水可采用轻型井点降水或管井井点降水，轻型井点降水适用于含水层渗透系数小于 20m/d、水位降深小的基坑工程；管井井点降水适用于含水层渗透系数较大且厚度较大、水位降深大的基坑工程。基坑截水可在支护体中间或外侧采用连续搭接的深层搅拌桩、高压喷射注浆体、素混凝土防渗墙等形成截水帷幕，或直接利用地下连续墙、咬合桩、水泥土墙、钢板桩等支护结构的截水功能；当含水层厚度较大时，基坑截水可采用竖向截水与水平封底联合的截水方法，也可采用竖向截水与坑内井点降水相结合的方法。对于深厚砂层的基坑工程，应根据地下水位降低后对周边环境的影响程度和可能采取的措施综合考虑，本着基坑工程安全和周边环境安全至上的原则选择合适的地下水控制方案。在地下水控制方案中应优先选择帷幕截水，其次，选择封底或坑内降水＋帷幕截水，再次，选择明沟排水。

最后，深厚砂层基坑地下水控制效果好或不好，不仅取决于设计方案的合理性，而且也取决于地下水控制施工质量和管理水平，在基坑施工前应详细了解基坑支护结构体系对地下水控制的技术要求，必要时采取有效的措施，防止因地下水的改变而引起地面下沉、道路开裂、管线移位、建筑物倾斜损坏等危害。同时，设计如发现地下水位变化的影响超过相关规定时，可在基坑外围设置截渗帷幕、回灌地下水等防护措施。以下几个项目为深厚砂层地区的基坑工程，设计和施工都取得了较好的效果，满足了建设单位需求，且地下水渗流、周边变形控制良好，现分述如下。

9.2 复星南方总部项目

9.2.1 工程概况

复星南方总部项目基坑工程地块位于广州市海珠区北东侧、珠江啤酒有限公司近东侧，均为商务设施用地。该地块东侧为电商总部基地各拟出让地块，规划为超高层写字楼，目前已出让土地为国内知名互联网企业，西侧隔海洲路为广州珠江啤酒厂旧址，北侧隔闽江西路及珠江遥望广州珠江新城。本项目周边多为建设中及待建设用地（图 9.2-1）。

本项目 223 地块基坑面积约为 8070.8m²，周长约为 371.0m，开挖深度为 17.9～18.4m；227 地块基坑面积约为 9677.4m²，周长约为 418.7m；开挖深度为 15.9～18.1m。采用地下连续墙＋钢筋混凝土内支撑的支护结构。

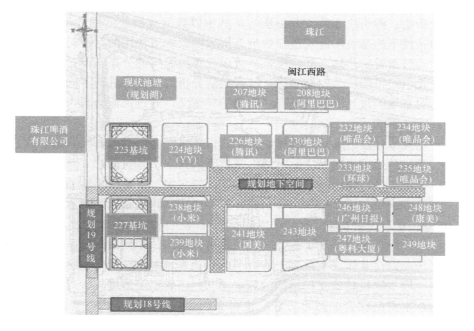

图 9.2-1 复星南方总部项目基坑周边关系图

9.2.2 地质、水文情况

场地为海陆相交互冲积平原,较为平整,场地地面标高约为 4.73～8.07m。场区岩土层自上而下可分为:第四系人工填土层(①-1 杂填土、①-2 层素填土)、第四系冲洪积层 [②-1 淤泥(流塑)、②-2 层(淤泥质土)、②-3-1 细砂(松散)、②-5-3 粗砂(中密)、泥质粉砂岩(③-1 全风化泥质粉砂岩、③-2 强风化泥质粉砂岩、③-3 中风化泥质粉砂岩、③-4 微风化泥质粉砂岩]。

北侧地块的场地内有一涌沟,沟边植被发育,沟中储存有一定量的地表水,补给来源主要为大气降水。场地北侧以外 10m 左右是一个鱼塘,场地南侧以外约 50m 是一河涌,水量丰富,场地水源补给充足。

按含水介质特征划分,地下水类型主要为第四系覆盖层孔隙性承压水、基岩裂隙水,即拟建场地地下水主要表现为:一是上层滞水,赋存于填土的中下部,受场地附近地表水及降雨的补给,地表水泄流、蒸发是其主要排泄水方式;二是第四系的孔隙水,水量不大,主要附存于第四系土层砂层中,勘察揭露的砂层黏粒含量较大,初步判断为微～中透水;三是基岩的裂隙水,基岩裂隙水主要赋存于强、中风化岩的风化裂隙中,强、中风化岩裂隙较发育,风化岩层内赋存基岩裂隙水。

9.2.3 支护设计及计算分析

采用地下连续墙支护结构,钢筋混凝土内支撑,对内支撑结构形式应用进行研究:
1) 根据基坑支护平面,布置结构内支撑。布置考虑四种内支撑(图 9.2-2～图 9.2-5):

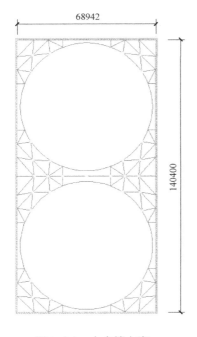

图 9.2-2 内支撑方案一

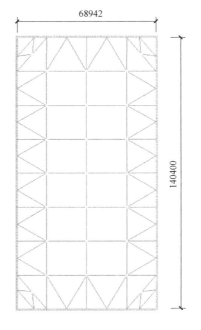

图 9.2-3 内支撑方案二

189

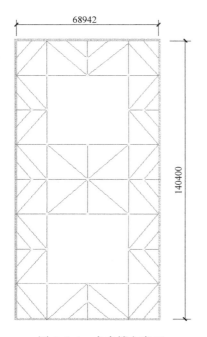

图 9.2-4 内支撑方案三

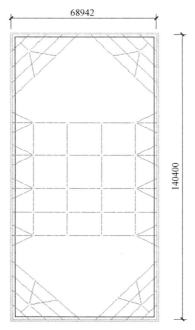

图 9.2-5 内支撑方案四

复星南方总部项目基坑典型剖面图见图 9.2-6 和图 9.2-7。

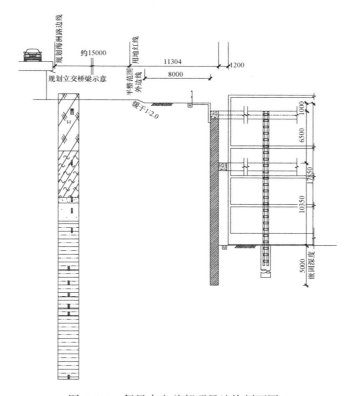

图 9.2-6 复星南方总部项目地块剖面图 1

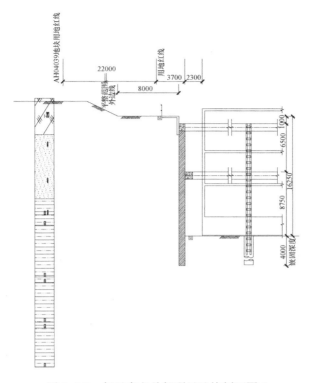

图 9.2-7　复星南方总部项目地块剖面图 2

2）计算结果及分析

① 支撑结构最大轴力

根据计算结果，总结基坑及支护结构受力及其变形情况，其最大轴力变化曲线如图 9.2-8 所示。

② 主要应力集中及变形点

方案一：在基坑支护中部支撑梁受力较大，主要的作用力均传递到中间那个支撑梁中，产生应力集中，结构破坏。可采取增大基坑中部面积来降低应力集中程度。基坑边与圆周相切的地方产生大位移，主要与该点支撑较为稀疏有关，可采用增加支撑点的方式控制较大位移。

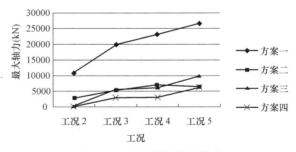

图 9.2-8　支撑结构最大轴力

方案二：在基坑支护中部支撑梁受力较大，变形相对较小，主要发生在地下连续墙墙根处，支撑形式较为稳定。其主要缺点是支撑结构均匀布置，塔楼施工空间较少。

方案三：在第二次开挖后，基坑中部支撑结构产生较大的应力集中。变形主要集中在基坑长边地下连续墙中部位置。

方案四：支撑体系稳定，应力分布均匀，未出现严重的应力集中现象，基坑及其结构变形小，支撑结构较为合理。主要应力集中在基坑中部。

3）支撑结构弯矩分析

从有限元模拟结果可看出，方案一和方案二的支撑结构最大弯矩值较大，出现失稳现象，方案三和方案四的支撑结构弯矩较小，受力结构较为合理。

4）对比分析

通过对比分析，发现：

（1）相同深度下越接近基坑中点，位移变形越大，越接近基坑阴角变形越小。在相同位置，不同深度时，支护结构越接近地表变形越大，越接近坑底变形越小。

（2）土体抗剪强度越大，对于基坑支护结构变形约束效果越好，因为土体自身稳定性提高了。但是随着抗剪强度的增加，对支护结构的约束效果越加不明显。

（3）增加围护结构尺寸、嵌固深度和支撑强度，可以有效地抑制基坑位移，但是增加到一定程度时，抑制基坑变形的效果不但有限，还会增加成本。

（4）地表最大竖向变形随支护桩插入比的增大而增大，这显然不符合一般规律。根据经验，插入比对基坑变形的影响是必然的，然而，插入比是反映支护桩的嵌固情况的主要指标，因此，其对支护桩变形的影响比较直接，而对地表变形的影响比较间接。同时，由于土体的强度较高、压缩性较小，单一因素如果作用较弱，则无法在基坑地表变形上有所表现。由此判断：支护桩插入比对深基坑开挖引起的地表最大竖向位移的影响较弱，采用提高插入比的方法限制地表竖向变形是不经济的。相反，插入比对支护桩最大侧向变形的直接作用表现为插入比越大，支护桩最大侧向变形越小，排除个别异常数据，支护桩最大侧向变形与插入比具有明确的线性关系。因此，如果实际工程中需要限制支护桩的最大侧向变形，可以考虑适当增大支护桩插入比。

9.2.4　施工及监测

1）基坑全景现场照片

图 9.2-9 为复星南方总部基坑全景现场施工照片。

图 9.2-9　复星南方总部基坑全景现场施工照片

2）监测情况

在整个施工过程中，开挖揭示：地下连续墙截水效果好，基坑的变形、沉降、受力、测斜、地下水位变化、地面变形等都在设计控制范围内，各项监测数据发展趋势一致，各监测点的沉降变化及位移变化均呈收敛趋势。顶部水平位移最大值约 20mm，斜测最大值约 27mm。

9.2.5 总结

基坑支护一个大的原则是首先根据基坑的开挖深度、地质条件、周边环境、施工条件采取合适的支护形式保证基坑的安全，在同样保证基坑安全的情况下，考虑合适的造价。

从上述四个方案来看，方案一与方案四是可施工的方案，能够顺利施工。方案二与方案三施工困难。对于高层建筑中间有核心筒的情况，方案一有可能使施工总工期缩短，提早产生效益。方案四的支护结构应力分布均匀，变形较小，基坑及其结构稳定，基坑支护结构对后续施工影响较小，是较为理想的方案。

9.3 唯品会总部大厦基坑支护与降水工程

9.3.1 工程概况

唯品会总部大厦位于海珠区琶洲互联网创新集聚区内（图 9.3-1），占地面积为 13000 m^2，总建筑面积为 160000 m^2。本项目由两座超高层塔楼（最高高度为 168.6m）及裙楼组成，裙楼通过横向设计元素将项目连接成一个整体。

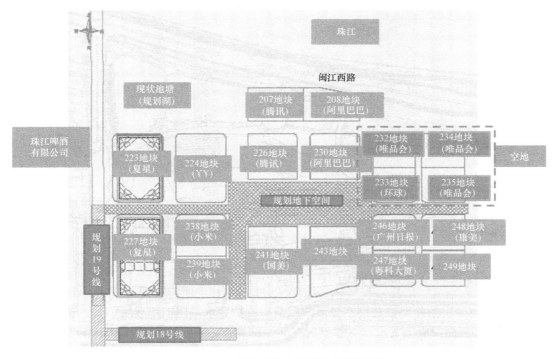

图 9.3-1 唯品会总部大厦周边环境关系图

9.3.2　地质、水文情况

本项目位于广州市海珠区琶洲阅江东路，紧邻珠江。区域内主要为泥质粉砂岩或粉砂质泥岩、第四系冲洪积层等。场区岩土层自上而下可分为：第四系人工填土层（第①-1杂填土、①-2素填土）、第四系冲积层［②-1淤泥（流塑）、②-2淤泥质土（软塑）、②-3-1细砂（松散）］、泥质粉砂岩、粉砂质泥岩和细砂岩（③-1-1全风化泥质粉砂岩、③-2-1强风化泥质粉砂岩、③-2-2强风化粉砂质泥岩、③-2-3强风化细砂岩、③-3-1中风化泥质粉砂岩、③-3-2中风化粉砂质泥岩、③-4-1微风化泥质粉砂岩、③-4-2微风化粉砂质泥岩、③-4-3微风化细砂岩）。唯品会总部大厦地质剖面图见图9.3-2。

按含水介质特征划分，地下水类型主要为第四系覆盖层孔隙性承压水、基岩裂隙水，即拟建场地地下水主要表现为：一是上层滞水，赋存于填土的中下部，受场地附近地表水及降雨的补给，地表水泄流、蒸发是其主要排泄水方式；二是第四系的孔隙水，主要附存于第四系土层砂层中，勘察揭露的砂层黏粒含量较大，初步判断为微～中透水；三是基岩的裂隙水，基岩裂隙水主要赋存于强、中风化岩的风化裂隙中，强、中风化岩裂隙较发育，风化岩层内赋存基岩裂隙水。

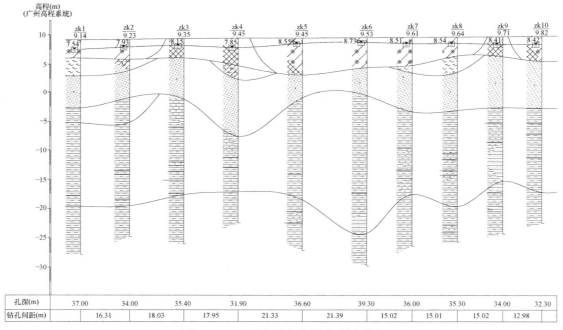

图 9.3-2　唯品会总部大厦地质剖面图

9.3.3　基坑设计方案及重难点

基于场地地质条件差以及存在受潮汐影响，支护截水采用上部放坡，1000mm厚地下连续墙+2道钢筋混凝土支撑；支撑设置在同一标高上，同时内部布置疏干井降水方案。

1）与环球基坑联合开挖支护

由于唯品会三个地块（232、234及235地块）与环球基坑（233地块）紧邻，相邻地下室紧贴，基于经济节约、合理施工的原则，经与两业主单位沟通确认，将上述四个地块作为一个整体进行基坑支护设计，联合开挖支护，交界处不设置支护，按一个大基坑设计施工。大基坑须考虑地块不同挖深，唯品会基坑开挖深度为 22.65～26.05m；环球基坑开挖深度为 24.9m，需包络设计。

2）采用大跨度角撑体系

考虑基坑为类正方形，同时使各地块施工相对独立，项目支撑采用四个大角撑。最外一跨角撑总长约 90m，受力体系复杂，解决了角撑受力变形的问题，为超长、超大基坑角撑在支撑稳定性及应力裂缝等问题提供了借鉴价值和科研价值。

3）与周边地块及地下空间紧邻且开发不同步

基坑西侧为阿里巴巴大楼基坑，相隔约 22m，开挖深度为 18m，开挖不完全同步。基坑南侧与西侧紧邻地下空间，与本项目仅相隔一片地下连续墙，开挖施工不同步，基坑设计须考虑协调传力可靠，保证各方基坑安全。

4）内部分地块开挖及拆撑

233 地块为环球市场地块与另外三个地块有不同的业主，开挖及主体施工与唯品会三个地块有差异。在唯品会三个地块中，南北塔楼所在的 232 及 235 地块须早于 234 裙楼地块先施工，须解决以上基坑开挖施工及拆撑问题。开挖施工须考虑各地块交界区域临时支护对未施工支撑及冠腰梁影响，支撑拆除须考虑主体地下室楼板换撑传力有效。

9.3.4　支护设计平面图、剖面图

与环球基坑联合支护，统一采用：上部放坡，1000mm 厚地下连续墙＋2 道钢筋混凝土支撑；支撑设置在同一标高上，同步挖土、架设支撑以及拆除支撑。唯品会基坑和环球基坑支撑平面图见图 9.3-3，典型剖面图见图 9.3-4。

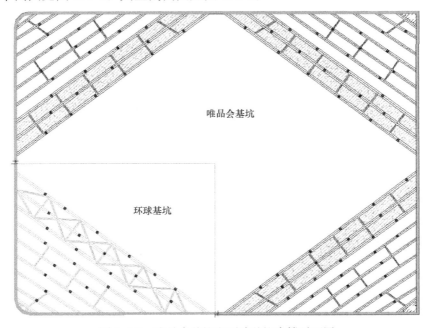

图 9.3-3　唯品会基坑和环球基坑支撑平面图

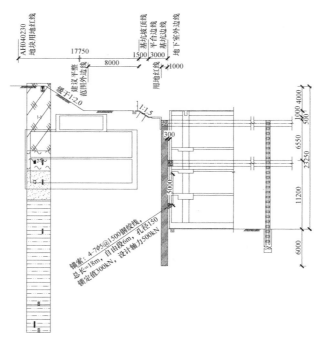

图 9.3-4　唯品会基坑和环球基坑典型剖面图

9.3.5　施工及监测

图 9.3-5 为唯品会总部大厦基坑现场施工的照片。

图 9.3-5　唯品会总部大厦基坑现场施工的照片

9.3.6　项目特点及创新性

1）采用地下连续墙入岩截水支护应对动水压力

砂层下伏强风化岩，截水桩难以进入强风化岩，截水桩不能穿过基坑底形成吊脚。由于紧邻珠江，基坑地下水环境为动水，本项目采用地下连续墙截水，减少渗漏水及基岩裂隙水影响。

2）与环球基坑合二为一，作为大基坑共同开挖支护

（1）从技术方面考虑，唯品会与环球基坑地下室均为4层，开挖深度接近，四周承受土压力基本相等，可考虑整体支撑体系；后经计算复核确认，连续墙＋内支撑形式技术可行，满足强度要求。

（2）从安全方面考虑，联合支护设计在安全上有保证，整体基坑采用1m厚地下连续墙＋2道混凝土支撑（图9.3-6），支撑刚度大，控制变形能力强，后经计算复核确认，变形控制满足规范要求。

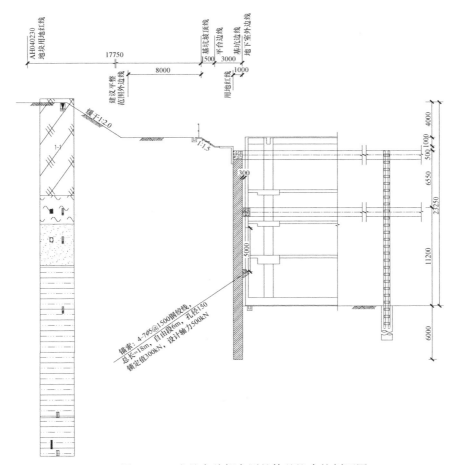

图 9.3-6 唯品会总部大厦整体基坑支护剖面图

（3）从经济方面考虑，联合支护设计可节约成本，节省了相邻部位临时支护的地下连续墙，符合可持续发展的原则。

（4）从施工组织方面考虑，四个地块采用角撑体系支顶（图9.3-7），施工相互干扰较小，第二道支撑底到基坑底为11m，提供了较大的土方开挖空间。

3）板撑结合桁架解决大跨度角撑结构

最外一道角撑总长约91m，属于超长、超大支撑，且受力复杂，针对不同地块情况，在唯品会基坑设置了大板支撑，环球基坑采用桁架支撑，基坑变形考虑叠加温度效应影响，后期观测两道支撑处地下连续墙位移接近计算值。

197

图 9.3-7　整体基坑基坑支撑

4）支撑与周边地块及地下空间竖向协调传力

为确保力被可靠传递，协调阿里巴巴基坑及地下空间，使各方支撑在同一标高，同时要求在阿里巴巴基坑每支撑层的土方开挖前期，对土方先分段、分块进行试挖，试挖期间加强监测与巡查，保证两侧基坑安全可控后，再进行大面积开挖。先拆撑一方，应回填支顶可靠、确保传力措施后，在连续监测下，抽条分区进行拆撑，监测值应在可控范围内，再进行后序拆撑工作。

5）与主体设计协调补强各地块拆撑后受力

为满足大基坑内四个地块不同施工的进度要求，联合主体地下室结构设计，对先拆撑地块竖向受力构件及开洞口进行验算，对柱及剪力墙配筋及截面加强，对洞口布设临时型钢支撑，在临空面设置角撑板等措施，解决地下室产生不平衡力的问题（图 9.3-8）。

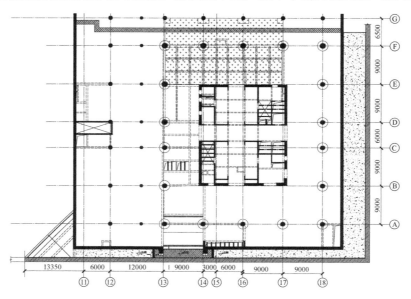

图 9.3-8　拆撑补强局部平面图

9.3.7　总结

本项目建设后，将成为唯品会全球总部，负责唯品会全球战略及集团核心业务的运营。作为互联网创新集聚区的首批启动项目之一，唯品会总部大厦的奠基，是唯品会打造全球一流电子商务平台发展历程中的重要里程碑，基坑设计为项目建设打下了坚实的基础。

从现有设计、施工工艺技术的可行性及安全、经济、工期等方面综合考虑，采用地下连续墙＋2 道内支撑，联合开挖设计，总结了如下的特点：

1）从技术方面考虑，两个项目开挖深度接近，四周承受土压力基本相等，可考虑整体支撑体系。后经计算复核确认，地下连续墙＋内支撑形式技术可行，满足强度要求。

2）从安全方面考虑，联合支护设计在安全上有保证，整体基坑采用 1m 厚地下连续墙＋2 道混凝土支撑，支护刚度大，控制变形能力强，后经计算复核确认，变形控制满足规范要求。

3）从经济方面考虑，联合支护设计可有效节约成本，大大节省了相邻部位的临时支护的地下连续墙，符合社会可持续发展的原则。

4）从施工组织方面考虑，各方可制定互相配合的施工计划，满足设计工况控制要求，并可加快地下室建设，同时四个地块采用角撑体系支顶，施工相互干扰较小。

9.4 星河湾集团总部基坑工程

9.4.1 工程概况

星河湾集团总部工程位于广州市天河区珠江与新港东路之间，场地面积为 $11839m^2$，总建筑面积为 $116497m^2$。其中，地上建筑面积为 $90046m^2$，地下建筑面积为 $26451m^2$，建筑总高度约为 279m，总层数为 48 层，基础形式拟采用钻（冲）孔桩基。结合地质钻探情况，工程重要性等级为一级，场地等级为一级，地基等级为一级，岩土工程勘察等级为甲级，地基基础设计等级为甲级，基坑侧壁安全性等级为一级。

9.4.2 地质、水文条件

场地为冲积平原，地形较为平整。岩土层自上而下分别为人工填土层、淤泥（流塑）、细砂、粉质黏土（可塑）、粗砂、泥质粉砂岩（全、强、中、微），基坑开挖深度范围主要为填土、淤泥、细砂、粉质黏土及粗砂等。地下水主要由填土中潜水、砂层中承压水及基岩裂隙水组成，地下水水位埋深为 1.98～9.27m，起伏较大。场地地质、水文条件较复杂，不利于基坑土方开挖施工。

9.4.3 周边环境

基坑位于广州市海珠区琶洲阅江东路，紧邻珠江，见图 9.4-1。东侧紧贴赫基基坑（已竣工回填），二者支护结构净距仅为 5.4m；南侧紧邻驾校，地下室边线距离用地红线 3.0m，用地红线即驾校围墙；西侧为广州市蔬菜科学技术研究中心，最近位置基坑距离研究中心外墙仅 1.8m；北侧临近双塔路。周边环境十分复杂，施工场地十分紧张。

9.4.4 基坑设计方案及重难点

基坑面积为 $9447.79m^2$，周长 389.2m，开挖深度 15.2～17.2m。基坑支护安全等级为一级、侧壁重要性系数为 1.1，采用 800mm 厚地下连续墙＋2 道钢筋混凝土支撑，且地下连续墙兼作主体结构地下室侧壁、为永久性结构。

因基坑地下连续墙兼作地下室侧壁，节省了地下室侧壁，但要求水电专业各种管线穿墙时预留 PVC 套管，避免二次凿墙。

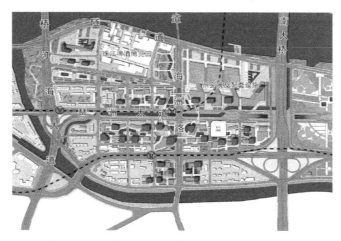

图 9.4-1 星河湾集团总部基坑周边环境平面图

9.4.5 支护设计平面图、剖面图

星河湾集团总部基坑工程平面图及典型剖面图见图 9.4-2 和图 9.4-3。

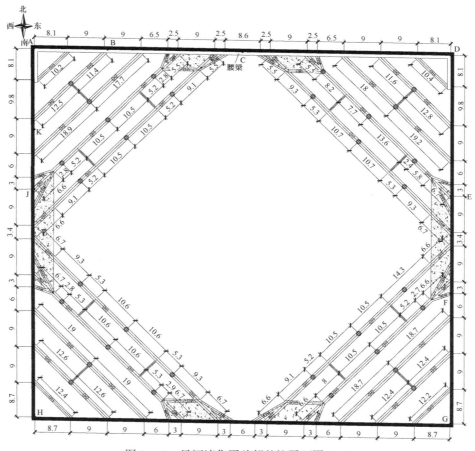

图 9.4-2 星河湾集团总部基坑平面图（m）

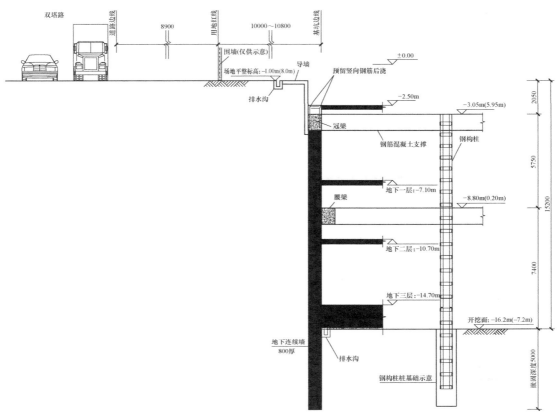

图 9.4-3 星河湾集团总部基坑典型剖面图

9.4.6 完成情况及监测结果

图 9.4-4 为星河湾集团总部基坑施工照片。

图 9.4-4 星河湾集团总部基坑施工照片

9.4.7 项目特点及创新性

1）桁架角撑创新

常规角撑间距通常为 5.0～8.0m。本工程在桁架角撑两端增加八字撑，并铺设盖板（图 9.4-5），提高角撑刚度，增加角撑间距（角撑间距为 9.0～10.0m），节省工程造价，缩短工期，方便出土。

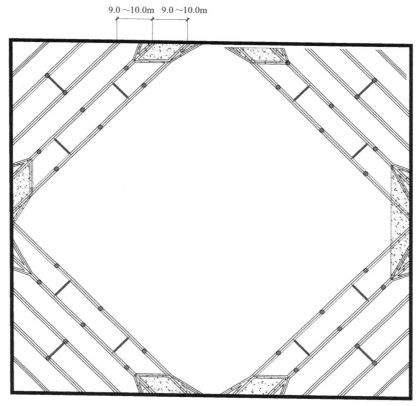

图 9.4-5 星河湾集团总部基坑桁架角撑改进

2）角撑土压力不平衡处理

基坑东侧紧贴赫基地下室（本基坑开挖时赫基基坑已竣工回填），净距仅为 5.4m，东北角角撑北侧的土压力和东侧的有限土体土压力之间无法平衡，用常规的内支撑力学分析方法已不满足相关规范要求。因此，调整东北角角撑布置标高，使本基坑角撑与赫基结构板尽量处于同一标高，东北角北侧的土压力先传到赫基的西侧侧壁，再通过赫基地下室楼板传递到东侧的无限土体，见图 9.4-6，保证角撑传力连续性。

3）地下连续墙与主体结构首层板节点防水处理

地下室北侧首层板面较基坑冠梁顶高约 1.0m，新旧混凝土之间存在渗水隐患。因此，在基坑冠梁顶预留截水钢板（图 9.4-7），解决了地下室侧壁渗水的问题，且冠梁浇筑前预留上部侧壁竖向钢筋；同时，由于截水钢板影响了冠梁矩形框箍筋绑扎，所以相应调整了冠梁箍筋布置（图 9.4-8）。

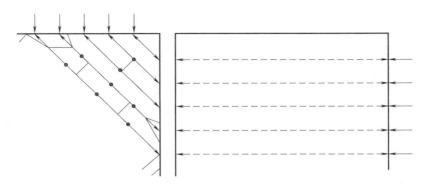

图 9.4-6 土压力不平衡分析

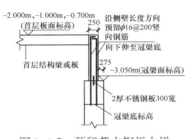

图 9.4-7 预留截水钢板大样

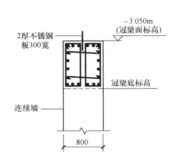

图 9.4-8 调整冠梁箍筋

4）地下连续墙（兼作地下室侧壁）悬臂 4.0m 高的处理

基坑南侧驾校场地较东、西、北侧地面高 2.0m，不具备放坡空间，故设计时将基坑南侧地下连续墙墙顶标高上抬 2.0m，使基坑南侧冠梁面以上地下连续墙悬臂高度为 4.0m。而本工程地下连续墙兼作主体结构侧壁，为永久性结构，一旦地下连续墙变形，势必影响到以后地下室侧壁（仅允许裂缝宽度 0.2mm）的正常使用，故在南侧地下连续墙顶新增一道预应力锚索（图 9.4-9），既严格约束了悬臂段地下连续墙的变形，又满足将来地下连续墙兼作地下室侧壁的要求。

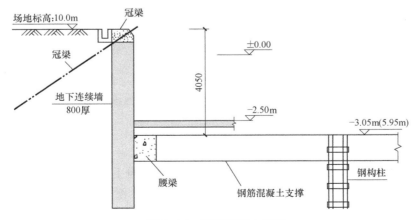

图 9.4-9 新增预应力锚索

9.4.8　总结

1）采用两墙合一的支护方式，为业主节省了工程造价，也是琶洲电商区第一个采用两墙合一支护方式的项目，具有参考意义，更为电商区基坑群设计提供了有价值的示范作用。

2）两墙合一的支护方式需要基坑专业与主体结构、给排水等专业密切配合。本工程在设计过程中针对新旧混凝土截水、预留给水排水洞口等一系列难题，提出了有价值的解决方案，满足业主需求，为类似工程提供了参考。

3）开创性地提出在桁架角撑两端增设八字撑，为未来内支撑支护体系设计提供十分有价值的参考。

4）针对有限土体内支撑传力的工程难题，提出了解决方法，为岩土工程界在该领域做了有意义的探索。

9.5　阿里巴巴华南运营中心基坑工程

9.5.1　工程概况

阿里巴巴华南运营中心位于广东省广州市海珠区琶洲地区。项目被分为南北两个地块，分别是：AH040208（以下称北地块）和 AH040230（以下称南地块）地块，总用地面积为 11671m²。本项目南塔楼有 44 层，北塔楼有 12 层，裙楼有 4 层，采用框架核心筒结构，拟建四层地下室，现地面标高为 7.62～12.77m，基坑开挖深度为 21m（已考虑承台、底板及垫层）。阿里巴巴华南运营中心基坑鸟瞰图见图 9.5-1。

图 9.5-1　阿里巴巴华南运营中心基坑鸟瞰图

9.5.2　地质、水文条件

本项目所处的海珠区位于广州市区南部，场区岩土层自上而下可分为：第四系人工填土层（①-1 杂填土、①-2 素填土），第四系冲积层［②-1 淤泥（流塑）、②-2 淤泥质土（软塑）、②-3-1 细砂（松散）、②-4-1 粉质黏土（可塑）、②-5-3 粗砂（中密）］，泥质粉砂岩（③-1-1 全风化泥质粉砂岩、③-1-2 全风化粉砂质泥岩、③-2-1 强风化泥质粉砂岩、

③-3-1 中风化泥质粉砂岩、③-3-2 中风化粉砂质泥岩、③-3-3 中风化细砂岩、③-4-1 微风化泥质粉砂岩、③-4-2 微风化粉砂质泥岩、③-4-3 微风化细砂岩）。

按含水介质特征划分，地下水类型主要为第四系覆盖层孔隙性承压水、基岩裂隙水，即拟建场地地下水主要表现为：一是上层滞水，赋存于填土的中下部；二是第四系的孔隙水，主要附存于第四系土层砂层中；三是基岩的裂隙水，基岩裂隙水主要赋存于强、中风化岩的风化裂隙中，强、中风化岩裂隙较发育，风化岩层内赋存基岩裂隙水。场地地下水埋藏深度较深，起伏较小，实测钻孔地下混合水位埋深为 0.4～2.9m，测钻孔地下混合水位标高为 5.96～11.24m。根据地区经验，地下水位年变化幅度约为 3～5m。

9.5.3　基坑设计方案及重难点

场地等级（复杂程度）为一级（属复杂场地），地基等级为一级（属复杂地基），岩土工程勘察等级为甲级，工程重要性等级为一级。基坑面积为 15400.22m²，周长为 519.62m，开挖深度为 17.1～21.8m，最终开挖深度以最终底板、承台及地基处理施工需要确定。基坑支护安全等级为一级，基坑侧壁重要性系数为 1.1，采用地下连续墙（1000mm 厚）+2 道钢筋混凝土支撑支护形式。设计过程中存在技术重难点如下：

1）采用地下连续墙入岩截水支护应对动水压力

砂层下伏强风化岩，截水桩难以进入强风化岩，截水桩不能穿过基坑底形成吊脚紧邻珠江，基坑地下水环境为动水，本项目采用地下连续墙截水，减少渗漏水及基岩裂隙水影响。

2）南北地块合二为一，作为大基坑共同开挖支护

（1）从技术方面考虑，南北地块均为三层，开挖深度接近，四周承受土压力基本相等，可考虑整体支撑体系；后经计算复核确认，地下连续墙+内支撑形式技术可行，满足强度要求。

（2）从安全方面考虑，联合支护设计在安全上有保证，整体基坑采用 1m 厚地下连续墙+2 道混凝土支撑，支护刚度大，控制变形能力强，后经计算复核确认，变形控制满足规范要求。

（3）从经济方面考虑，联合支护设计可节约成本，节省了相邻部位临时支护的地下连续墙，符合可持续发展的原则。

（4）从施工组织方面考虑，南北地块采用角撑体系支顶，施工相互干扰较小，第二道支撑底到基坑底为 7m，提供了较大的土方开挖空间。

3）支撑与周边地块及地下空间竖向协调传力

为确保力被可靠传递，协调唯品会基坑及地下空间，使各方支撑在同一标高，同时要求在唯品会基坑每支撑层的土方开挖前期，对土方先分段、分块进行试挖，试挖期间加强监测与巡查，保证两侧基坑安全可控后，再进行大面积开挖。先拆撑一方，应回填支顶可靠、确保传力措施后，在连续监测下，抽条分区进行拆撑，监测值应在可控范围内，再进行后序拆撑工作。

4）与主体设计协调补强各地块拆撑后受力

为满足大基坑内南北地块不同施工的进度要求，联合主体地下室结构设计，对先拆撑地块竖向受力构件及开洞口进行验算，通过对柱及剪力墙配筋及截面加强，对洞口布设临时型钢支撑，在临空面设置角撑板等措施，解决地下室产生不平衡力的问题。

9.5.4　支护设计平面图、剖面图

阿里巴巴华南运营中心基坑平面图及典型剖面图见图 9.5-2 和图 9.5-3。

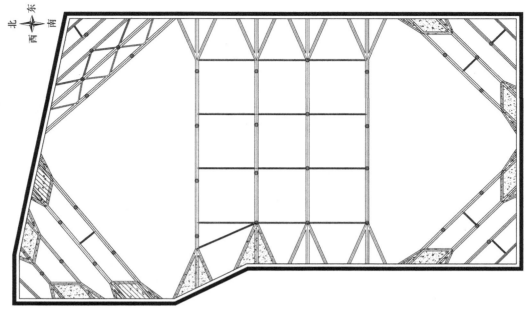

图 9.5-2 阿里巴巴华南运营中心基坑平面图

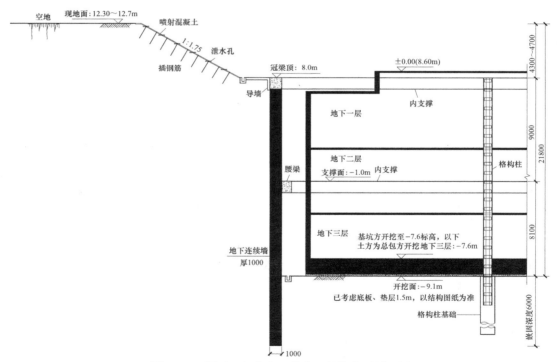

图 9.5-3 阿里巴巴华南运营中心基坑典型剖面图

9.5.5 项目特点及创新性

1) 南北地块联合开挖支护

由于南北地块邻近，净距约为 22.0m，基于经济节约、合理施工的原则，将上述两个地块作为一个整体进行基坑支护设计，联合开挖支护，在交界处不设置支护，按一个大基坑设计施工。

2）桁架角撑创新

常规角撑间距通常为 5.0～8.0m，本工程在桁架角撑两端增加八字撑，并铺设盖板，提高角撑刚度，增加角撑间距（角撑间距为 9.0～10.0m），节省工程造价、工期，方便出土。

3）与周边地块及地下空间紧邻且开发不同步

基坑东侧为唯品会基坑，相隔约 22m，开挖深度为 22m，开挖不完全同步。基坑南侧与西侧紧邻地下空间，与本项目仅相隔一片地下连续墙，开挖施工不同步，基坑设计须考虑协调传力的可靠，保证各方基坑安全。

4）内部分地块开挖及拆撑

南北地块工期不同，北地块先施工，须解决基坑开挖施工及拆撑问题。开挖施工须考虑各地块交界区域临时支护对未施工支护及冠腰梁影响，支撑拆除须考虑主体地下室楼板换撑传力的有效。

9.5.6 总结

本项目建设后，作为互联网创新集聚区的首批启动项目之一，阿里巴巴华南运营中心的奠基，是阿里巴巴打造全球一流电子商务平台发展历程中的重要里程碑，勘察及基坑设计为项目建设打下坚实的基础。

9.6 广东小米互联网产业园基坑支护工程

9.6.1 工程概况

广东小米互联网产业园基坑支护工程（以下简称"小米互联网产业园"），位于广州市海珠区琶洲电商园区 A 区，地块周边均为市政道路或规划路，场地内部平整；本项目基坑面积为 9950m²，周长为 417m，开挖深度为 25.3m。

项目四周紧贴拟建的琶洲西区地下空间，项目西侧为复星南方总部项目南地块，北侧为 YY 项目，南侧为公共空间，东侧为国美智慧城东塔项目。紧邻用地的道路尚未建成，施工期间将与其他地块及公共空间连通。

9.6.2 地质、水文情况

本项目地形地貌条件为海陆相交互冲积平原，场区岩土层自上而下可分为：第四系人工填土层（杂填土、素填土），第四系冲洪积层（流塑淤泥、淤泥质土），松散细砂，中密粗砂，泥质粉砂岩（全风化泥质粉砂岩、强风化泥质粉砂岩、中风化泥质粉砂岩、微风化泥质粉砂岩）。小米互联网产业园基坑地质剖面图见图 9.6-1。

本项目地下水类型按含水介质特征划分，地下水类型主要为第四系覆盖层孔隙性承压水、基岩裂隙水，拟建场地地下水主要表现为：一是上层滞水；二是第四系的孔隙水；三是基岩的裂隙水。

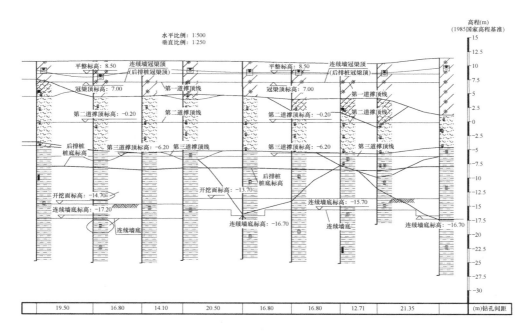

图 9.6-1　小米互联网产业园基坑地质剖面图

9.6.3　基坑设计方案及重难点

本基坑项目采用双排桩（前排地下连续墙）＋3 道支撑（图 9.6-2）。

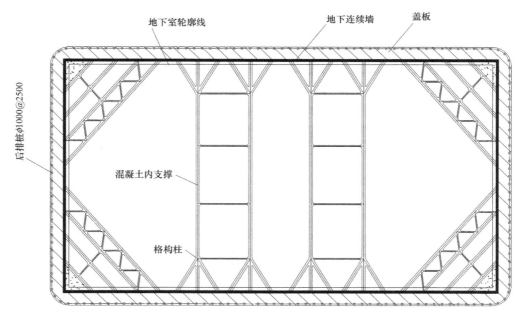

图 9.6-2　小米互联网产业园基坑支撑平面布置图

9.6.4 施工及监测

1）现场照片

图 9.6-3 为小米互联网产业园基坑施工现场照片。

图 9.6-3 小米互联网产业园基坑施工现场照片

2）监测情况

在整个施工过程中，开挖揭示：地下连续墙截水效果好，基坑的变形、沉降、受力、测斜、地下水位变化、地面变形等都在设计控制范围内，各项监测数据发展趋势一致，各监测点的沉降变化及位移变化均呈收敛趋势。

9.6.5 项目特点及创新性

1）项目特点、主要问题及技术难点

本项目基坑工程项目特点、主要工程问题及技术难点分述如下：

（1）本基坑工程周边条件复杂。项目四周紧贴拟建的琶洲西区地下空间及在建项目，施工期间将与其他地块及公共空间连通。设计及施工期需考虑与周边的协同关系，包括协同受力、协同施工、协同运作、协同建筑功能等关系。

（2）本基坑工程地质条件差。有深厚的淤泥及淤泥质土，土层性质差。

（3）本基坑工程需兼顾施工需求。①淤泥基坑挖土困难，挖土机械及运土车在淤泥中驾驶艰难。基坑面积大，当采用软基处理及换填块石时，工期长、费用大、环保效益差。②主体及基坑工期紧，但是基坑周边限载要求高，不利于基坑出土。③基坑周边施工堆场少，基坑周边限载要求高。④塔式起重机与基坑支护冲突，应保护塔式起重机安全。

本基坑支护设计重点解决两个问题：①在地质条件差、周边环境复杂的前提下，在确保工程造价合理的基础上,使基坑支护结构安全和周边环境正常。②在紧迫的工期条件下,确保土方开挖和塔楼主体结构按时完成,又兼顾施工及主体建筑、管线设计特殊要求。

2)项目技术创新

本基坑工程采用双排桩(前排800mm厚地下连续墙)+3道混凝土支撑的整体设计思路。双排桩盖板作为栈桥,形成一组封闭的挖土平台、物料土方运输网、施工平台、临时材料堆场及拟建管线软基处理平台。在作为支护结构的情况下,同时解决基坑流动淤泥的开挖、运输和其他地下室施工材料转运、运输的问题,大大缩短了深厚软土地区基坑开挖和地下室施工的工期,解决销售时间节点紧张、施工、建筑设计等难题。技术创新分述如下:

(1)支护桩采用双排桩、疏密桩、长短筋结合的方式,节省工程造价。本工程地下室深8m,若采用单排地下连续墙则需1.2m厚地下连续墙方可满足变形要求。但是加设后排疏短桩,形成双排桩方案(图9.6-4)则大大地减少地下连续墙厚度,节约造价。

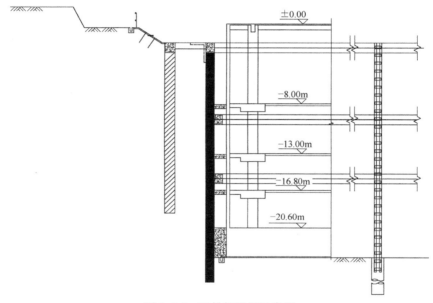

图 9.6-4 双排桩设置示意图

(2)将双排桩支护结构的盖板作为施工便道,解决基坑周边限载问题和拟建管线地基处理问题。双排桩支护结构的盖板宽度达5m。一方面,在严格论证计算基础上,提出了将支护作用的双排桩盖板兼作施工便道,充分利用双排桩盖板上方空间及双排桩的竖向承载力,解决了基坑周边限载的问题(图9.6-5)。

另一方面,软弱土层之中的拟建管线地基处理耗时耗财。本项目考虑拟建管线与盖板位置关系、标高关系,将管线置于板上或吊挂于板外,避免管线的地基处理,节约了造价,节省了工期(图9.6-6)。

该方案实现了"一板三用"的功能,在充当支护结构、保护基坑安全的同时,也作为土方及物料施工车道、堆场,以及主体建筑管线的软基处理。该方案能节省造价、实现施工的便利性、节省软基处理的时间、减少软基处理的地层污染,实现淤泥减排、水土保持的绿色环保效益。

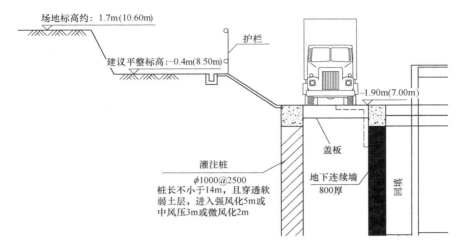

图 9.6-5 施工期的双排桩盖板车道方案（多功能盖板）

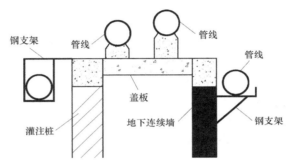

图 9.6-6 施工后的管线吊挂安装示意图（多功能盖板）

（3）通过地下连续墙，有效地解决了珠江水道动水压力下深厚砂层地区不利的影响及地下裂隙水问题。本项目与珠江水道距离近，常规搅拌桩及旋喷桩成桩质量差。使用地下连续墙作为截水帷幕优点：①利用地下连续墙自防水特点，实现截水效果，取消额外截水帷幕，节约造价。②取消额外截水帷幕，节省了工期。③地下连续墙方案施工机械品种少，减少不同施工机械交错叠加的不利影响。

（4）通过双排桩及其盖板与塔式起重机支座节点的设缝、加强肋的特殊处理，有效地解决了基坑变形及大型塔式起重机的变形协调问题，减少相互干扰的影响（图 9.6-7）。

（5）独立的支撑系统。基坑支撑为独立系统支撑，将主体塔楼分别列入独立支撑系统中，使得建设单位可以根据工期需要，独立提前完成塔楼，其他群楼均不受影响，保证主体塔楼按需施工，满足工期需要。

3）项目实施效果及成果：

本项目有效解决深厚软弱土层大型深基坑项目的安全问题、变形问题和工期问题。实施效果及成果具体分述如下：

（1）解决了复杂周边环境下基坑变形控制问题、节约工程造价。基坑周边紧贴拟建的琶洲西区地下空间及在建项目，施工期间将与其他地块及公共空间连同，变形要求高，应保证周边环境在复杂条件下基坑及周边环境安全。采用双排桩（前排地下连续墙）+3道

211

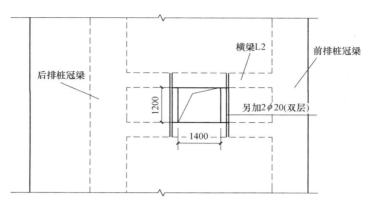

图 9.6-7　盖板穿洞加固图

内支撑方式保证基坑及地铁安全；采用加强盖板、设缝处理，保证塔式起重机与盖板交叉影响的安全问题。

（2）解决了珠江水道动水压力下深厚砂层地区不利影响及地下裂隙水问题。本项目距离珠江水道近，珠江潮差约 4m，在动水压力下，常规搅拌桩及旋喷桩成桩质量差。通过地下连续墙，能有效地解决珠江水道动水压力下深厚砂层地区的不利影响及地下裂隙水问题。

（3）解决基坑周边限载要求、施工开挖工作面问题、土方搬运问题。本项目采用支护结构盖板作为便道，形成一圈挖土平台、物料土方运输网、施工平台及临时材料堆场，实现支护、施工一体化。施工荷载作用在盖板之上，可避免额外的施工荷载，对基坑的安全、基坑的造价都产生了积极的影响。

（4）解决了土方机械材料运输、长臂挖掘机施工作业宽度要求。本项目设置栈桥，使得基坑内大部分土方开挖及土方机械材料运输均在盖板上完成。

（5）解决建筑物拟建管线（特别是给水、燃气管线）地基处理难题。拟建管线位于软弱土层之中，而管线地基处理耗时、耗财、本项目利用支护结构，避免管线的地基处理，节约造价、节省工期。

（6）解决了业主对塔楼先施工及销售的时间节点问题。通过调整支撑布置，避让主体塔楼位置，让塔楼先行施工，满足节点要求。

（7）双排桩方案中采用长短桩支护方式，并采取分段配筋方式，节省工程造价。

9.7　启德威尔顿酒店基坑工程

9.7.1　工程概况

本项目位于生物岛岛嘴位置，为仓头水道和官洲水道汇集口处，三面环水，一侧为湿地公园。本工程拟建 17 层酒店建筑，含 2 层地下室，局部为别墅区。基坑开挖边线周长为 730m，基坑开挖面积为 27000m²。基坑开挖深度为 7.85～8.85m；基坑平面呈不规则多边形。

9.7.2 地质、水文条件

场地地貌单元属珠江三角洲冲积平原地貌，原为河间滩涂地带，后经人工堆填平整，勘察时场地地形基本平坦，钻孔的孔口标高为 6.42～7.85m。根据岩土报告揭露，基坑开挖与支护主要影响土层有：

人工填土层、淤泥质土、粉细砂和中粗砂、全风化花岗片麻岩层、强风化花岗片麻岩层、中风化花岗片麻岩层、微风化花岗片麻岩层。

9.7.3 周边环境

本项目位于生物岛岛嘴位置，为仑头水道和官洲水道汇集口处，三面环水，一侧为湿地公园。项目周边环境如图 9.7-1 所示。

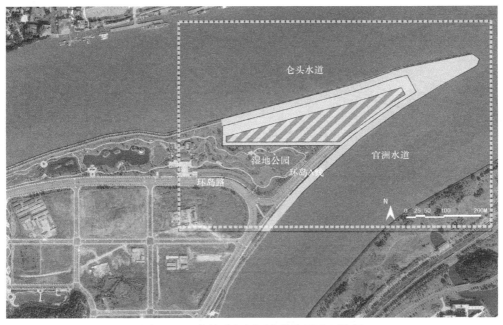

图 9.7-1 启德威尔顿酒店基坑周边环境图

9.7.4 基坑设计方案及重难点

由于本工程重要性强，工程规模大，工期紧，工程所在区域无类似工程经验可借鉴。

1）基坑三面环水，开挖面积大，深度较深，基坑平面呈不规则多边形

本项目三面环水，场地覆盖厚达 17m 的砂层（粉细砂和中粗砂），基坑开挖范围主要为砂土，基坑开挖底为砂层。地下水受潮汐影响大。基坑截水难度大。基坑开挖边线周长为 730m，基坑开挖面积为 27000m^2，呈不规则形状。

结合本工程的地质条件、周边环境及基坑自身的平面几何形状，确定本基坑采用地下连续墙＋内支撑的支护方案，在保证安全、确保工期、满足业主要求的同时，兼顾了经济性。

2）竖向支护结构兼作截水结构和主体结构

业主要求本基坑竖向支护结构兼作地下室侧壁的承重结构（即两墙合一），因此在基坑支护设计时，不仅需要考虑支护变形对该永久地下连续墙的影响，同时需要考虑主体结构与地下连续墙的连接大样。

经反复核算，作为基坑竖向支护结构的地下连续墙可满足作为主体结构外侧壁的要求，有效地解决了地下连续墙与主体结构的连接问题和防水问题。

9.7.5　支护设计平面图、剖面图

启德威尔顿酒店基坑平面图及典型剖面图见图 9.7-2 和图 9.7-3。

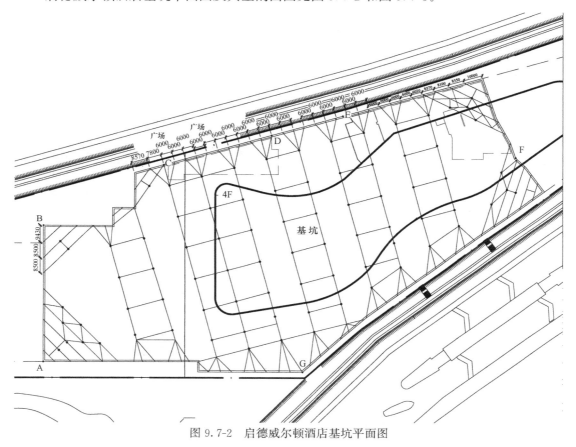

图 9.7-2　启德威尔顿酒店基坑平面图

9.7.6　项目特点及创新性

针对本项目的特点和难点，基坑支护根据场地地质条件、周边环境和基坑自身特点，有针对性地提出了基坑支护方案。

1）场地地质条件复杂

场地覆盖厚达 17m 的砂层（粉细砂和中粗砂），基坑开挖范围内土质主要为砂土，基坑开挖底为砂层。经判别场地各钻孔的液化指数为 0.69～120.13，液化等级多为严重，部分中等，少量轻微，综合划分本场地地基的液化等级为严重。基坑地质剖面图见图 9.7-4。

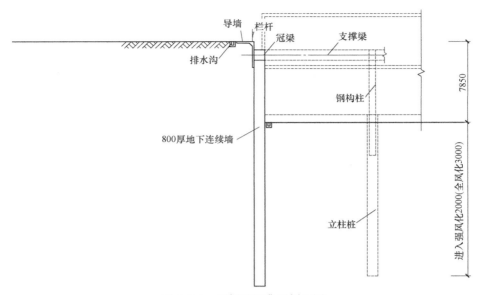

图 9.7-3 西侧基坑典型剖面图

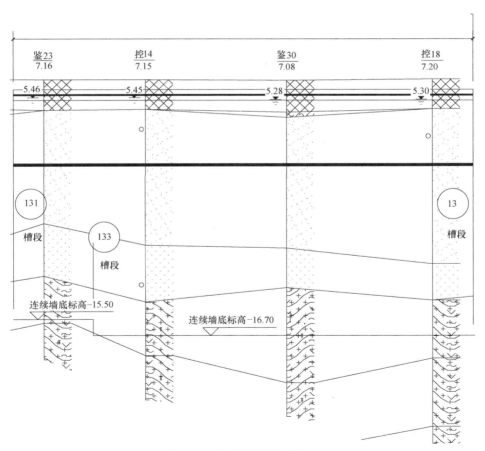

图 9.7-4 典型地质剖面图（m）

2）场地水文地质条件复杂

本场地砂层厚度大，透水性强；同时周边为仑头水道和官洲水道汇集口处，三面环水，地下水与周边水道联系密切。地下水位的变化主要与潮汐相关，涨潮时水位抬升，退潮时水位下降。根据区域水文地质资料进行分析，勘察区地下水位动态变化一般为1~2m。

3）基坑开挖面积大，深度较深，基坑平面呈不规则多边形

基坑开挖边线周长为730m，基坑开挖面积为27000m^2。基坑开挖深度为7.85~8.85m；基坑平面呈不规则多边形（图9.7-5）。针对本基坑场地地质条件、水文地质条件、周边环境、基坑自身特点和要求，采用地下连续墙＋1道混凝土支撑支护方案。

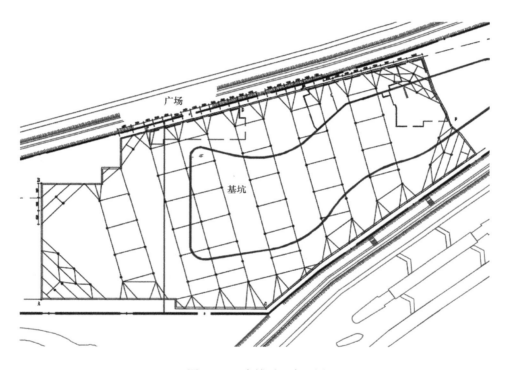

图9.7-5 支撑平面布置图

4）竖向支护结构兼作截水结构和主体结构

业主要求本基坑竖向支护结构兼作地下室侧壁承重结构（即两墙合一），因此在基坑支护设计时，不仅需要考虑支护变形对该永久地下连续墙的影响，同时需要考虑主体结构与地下连续墙的连接大样。

经与主体结构商议，确定主体结构与地下连续墙的连接大样实施如图9.7-6~图9.7-8所示。

作为基坑支护结构，同时兼作地下室外侧壁，这对本基坑支护的地下连续墙在抗弯、抗剪和变形要求提高了一个等级。经反复核算，连续墙可满足基坑支护和主体结构要求。计算结果详见图9.7-9和图9.7-10。

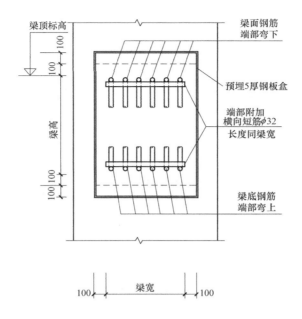

图 9.7-6 单梁与地下连续墙连接立面示意图

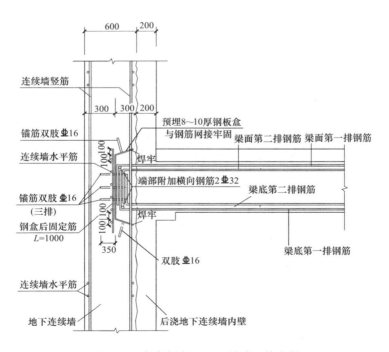

图 9.7-7 框架梁与地下连续墙连接大样

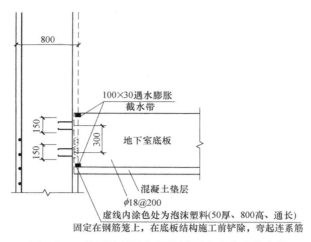

图 9.7-8　地下连续墙与后浇地下室内壁连接大样

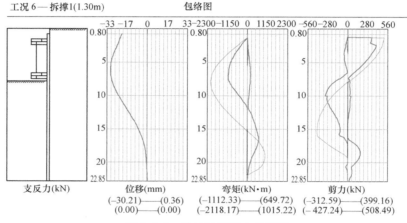

图 9.7-9　单元计算受力分析图

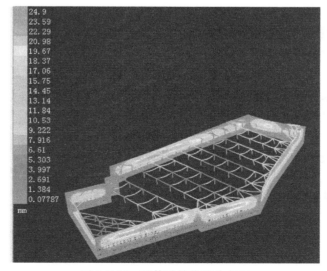

图 9.7-10　整体计算位移分布图

9.8　总结

　　本章几个工程案例都是珠江边深厚砂层、开挖深度大、工期紧张的项目，为应对深厚砂层、地质条件差、周边环境复杂，在几个案例中，基坑支护设计不约而同采用了以下措施：

　　1）综合采用了双排桩方案，支撑作为栈桥兼作出土通道，双排桩盖板兼作施工便道。利用支护结构放置新建管线避免管线地基处理，确保基坑支护结构安全和周边环境正常使用，满足工程工期进度要求并大幅节省工程造价，为类似工程提供了借鉴之处。

　　2）考虑通过采用地下连续墙，有效地解决了珠江水道动水压力下深厚砂层地区不利影响及地下裂隙水问题，有条件情况下采用两墙合一，节省造价与工期。

　　3）解决了业主对塔楼先施工及销售的时间节点问题，通过调整支撑布置，避让主体塔楼位置，让塔楼先行施工，满足节点要求。

10 地铁基坑工程

10.1 概述

地下工程主要指深入地面以下为开发利用地下空间所建造的地下土木工程，它包括地下房屋和地下构筑物、铁道交通、公路隧道、水下隧道、地下管廊和过街地下通道等。其中，地铁车站一般被设置在人流量大的区域，同时为了避让已有建（构）筑物，地铁车站越埋越深，明挖地铁车站深基坑自身风险是整个建设期间最大的风险。

10.2 A车站（明暗挖工法结合）

10.2.1 工程概况

A车站位于广州市越秀区，呈东西走向，明暗挖工法分界里程为YDK9＋550.610，车站暗挖部分采用暗挖一层车站，采用暗挖矿山法施工；明挖部分采用明挖5层车站。全长为176m，车站有效站台宽度为13m，车站共设置2个出入口、2组高风亭及1个安全出口。车站明挖部分为地下5层岛式站台，车站东端设盾构吊出井，基坑开挖深度为39.30m。

10.2.2 地质、水文条件

拟建车站场地范围地势较为平坦，站址位于广州市越秀区，本工点位于黄花岗碎屑岩台地和海陆交互相沉积平原交界处，场地范围内陆地标高为7.50～8.20m。

本区间场地属海陆交互相沉积平原，地形较平坦，周边地表水不发育，站点西侧240m处发育杨箕涌。地下管线众多，沿线周边有高层建筑（含地下室）、居民楼，道路狭窄且交通繁忙。场地范围主要地层为人工填土①、淤泥质土②-1B、中粗砂②-3、粉细砂③-1、中粗砂③-2、粉质黏土④-N-2、淤泥质土④-2B、残积土⑤-N-1、残积土⑤-N-2、全风化泥质粉砂岩⑥、强风化泥质粉砂岩⑦-3、中风化含砾粗砂岩⑧-1、中风化泥质粉砂岩⑧-3、微风化含砾粗砂岩⑨-1、微风化泥质粉砂岩⑨-3。地下水主要为第四系松散孔隙水和基岩裂隙水，其中砂层主要为潜水，局部略具承压性，基岩裂隙水多为承压水，地层渗透性弱～中等；特殊岩土为人工填土、软土、风化岩和残积土；基坑和附属结构岩土施工分级为Ⅰ～Ⅴ级，主体结构暗挖段围岩分级为Ⅲ～Ⅴ级。暗挖段地层主要为中风化泥质粉砂岩⑧-3、微风化泥质粉砂⑨-3，局部夹中风化泥质粉砂岩⑦-3、强风化含砾砂岩⑦-1和中风化含砾砂岩⑧-1，施工过程中可能产生开挖面坍塌、边墙失稳、围岩松动等风险。

本项目场地范围内的地表水系较不发育，仅在站点西侧240m处发育杨箕涌。地表水体流量受季节影响较大，丰水季节流量较大，枯水季节则水量较小。工点范围内陆相冲—洪积砂层厚度较小～较大，局部呈层状分布，与周边地表水体有一定程度上的地下水力联系。根据详细勘察资料，线路沿线地下水水位埋藏深浅不一，初见地下水位一般埋深为1.90～4.10m（高程为3.52～5.86m），稳定地下水一般埋深为2.20～5.10m（高程为2.52～5.56m）。

10.2.3 周边环境

A车站位于越秀区主要市政路上，周边以商业高层建筑物为主。周边主要建筑包括佳地华苑大厦、广信美景大厦、广信豪景大厦、广信汇景大厦等，均为24层以上的商业建筑物，如图10.2-1所示。

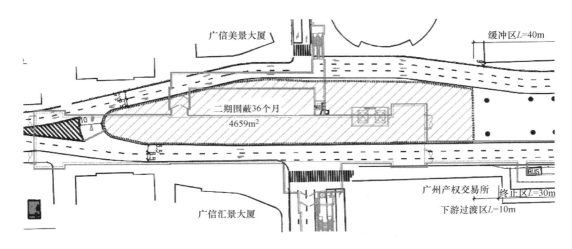

图 10.2-1　A车站周边环境图

10.2.4 基坑设计方案及重难点

A车站基坑位于主要的市政路，路宽15.6m，部分位于中央绿化带。作为五羊新城主要连接南北的主干道相对狭窄，从西往东至五羊邨中央绿化带前为双向四车道，绿化带把双向四车道分为双向六车道。

基坑采用明挖半铺盖法施工，分为两期施工，一期围蔽车站小里程端主体结构南侧，施工围护结构及盖板，工期为5个月。二期利用铺盖板以及人行道和空地恢复原双向六车道市政路，保证原六车道通行。

在A车站主体基坑开挖范围内的排水管、给水管、雨水管、电力、军用光纤以及通信等管线进行迁改或悬吊保护，完工后尽量改移回原位，排水管局部永迁。对于位于A车站主体基坑施工开挖范围内的通信等管线，选用钢筋、钢管、钢桁架或钢梁悬吊处理。对邻近基坑的管线，特别是重要的电力、通信等管线，在A车站施工期间必须及时与管线权属部门联系，加强保护，迁改方案需征得相关权属单位同意方可施工，并按管线权属部门要求做好监测。

10.2.5 支护设计平面图、剖面图

A 车站基坑平面布置图及基坑剖面图见图 10.2-2 和图 10.2-3。

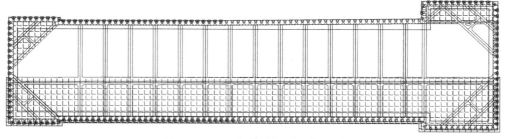

图 10.2-2 A 车站基坑平面布置图

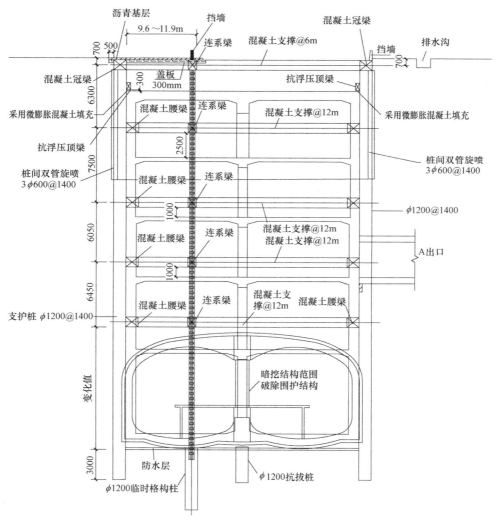

图 10.2-3 A 车站基坑剖面图

10.2.6　风险管控及监测方案

基坑施工尽量对现有道路线形有较好的适应性，减少施工拆迁和对环境景观的影响。对于地下车站，可采用明挖、盖挖法施工。当地质条件较好但交通疏解困难、地下构筑物或管线难以改迁时，可采用暗挖法或明暗结合法施工。在可能存在的不良地质段，或者地下管线、建筑基础复杂地段，采取专项加固处理措施，尽量减小工程与既有建（构）筑物或重要地下管线的相互影响范围和影响程度，降低施工风险，确保施工期间周边环境和工程自身的安全。

车站标准段基坑开挖深度为 39.12m，车站结构宽度为 23m，总长为 115m。基坑开挖影响范围内的土层局部存在 0.9m 厚淤泥质土以及 5m 厚的中粗砂，基底持力层为微风化泥质粉砂岩。主要存在以下风险：①基坑开挖深度较深，在施工过程中围护结构水平位移超限，周边地面沉降过大；②需静力爆破开挖基坑，对周边环境会造成影响。对此的主要应对措施有：

1）基坑支护设计采用 ϕ1.2m 的旋挖桩＋高压双管旋喷桩＋5 道钢筋混凝土内支撑；整体刚度大，防止支护失稳。

2）对周边建筑物及重要管线，如广信美景大厦、广信汇景大厦、金桥大厦、广州产权交易所等采用袖阀管跟踪注浆加固；对影响基坑开挖的管线（军用光纤、给水管、雨水管等）进行改迁。

3）在附近重要建（构）筑物及管线上布置监测点。

4）对周边建筑物进行房屋鉴定。

5）采取坑内降水。对渗漏较为明显的基岩裂隙水渗漏水，采用钢花管跟踪注浆截水。

10.2.7　总结

1）建议施工图阶段根据详细勘察资料和最新边界条件，针对项目可能存在的重大风险源，进一步完善设计方案，制定有效的应对措施，尽可能降低风险。

2）由于广州地区地层复杂多变，详勘资料受技术标准的局限性，不能完全反映真实的地质情况，在施工过程中，当实际地质情况与详勘资料有出入时，应及时通知设计单位调整设计参数。

3）对全线重大风险点处理措施要落实到位，且做到专款专用，并根据现场实际发生工程量予以计费。

10.3　B 车站（明挖铺盖法、预留后期换乘节点）

10.3.1　工程概况

广州某地铁站位于市中心主干道的交叉路口，车站总长为 163m，车站顶板覆土为 3.1～5.2m，车站基坑底部埋深为 28.86m。车站为地下三层单柱车站，采用明挖铺盖法施工，与后期规划车站呈 X 形换乘。根据地铁工程进度计划，本站基坑分两期实施，一期实施车站主体围护结构，按明挖设计；二期施工后期规划地铁站。

该地铁站的车站有效站台中心里程处轨面高程（绝对值）为－18.000m，标准段基坑宽度为23.30m，地面平整后的高程为8.600m，轨面距离底板面高度为1.88m，基坑深度为30.90m。换乘节点处的基坑宽度为25.30m，基坑开挖深度为46.80m。该车站地面道路繁忙，周边建筑物距离车站较近，需要通过交通疏解及铺盖板以满足明挖施工条件，因而车站主体结构主要采用局部盖挖顺筑法施工，基坑采用地下连续墙＋内支撑体系。

10.3.2 地质、水文条件

拟建车站位于广州市海珠区，地势较平坦，稍有起伏，属于海陆交互相沉积平原地貌。场地范围内陆地标高为7.368～11.012m。

根据地质资料，各层的地层岩性及其特点自上而下依次为：淤泥层②-1A，淤泥质土层②-1B，淤泥质粉细砂层②-2，淤泥质中粗砂层②-3。

10.3.3 周边环境

该站周边地质环境复杂，建筑物密集。B车站基坑总平面图如图10.3-1所示。

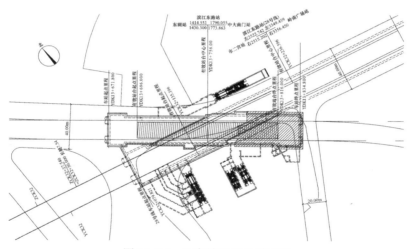

图 10.3-1　B车站基坑总平面图

10.3.4 基坑设计方案及重难点

本工程难点在于以下几个方面：

1）基坑埋深大，地下换乘节点位置基坑埋深为46.5m，地下三层基坑埋深为31.5m。

2）车站施工场地狭小，为满足施工需要及保障地铁运营，车站需要被分期施工，先施工一期基坑（含标准三层段及五层段），后施工规划地铁站5层结构。

B车站基坑分期施工示意图见图10.3-2。

3）二期基坑需利用一期施工车站结构板作为传力构件。为此，在一期车站主体结构需设置支撑牛腿。

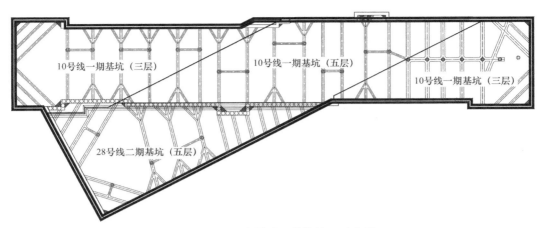

图 10.3-2　B车站基坑分期施工示意图

4）本站为大跨度车站，需要设置钢管柱，为施工方便，支撑需要避让钢管柱，部分支撑与结构柱冲突部位要采用板撑加强处理。

5）为节省投资，将临时立柱桩兼作抗拔桩，支撑布置会受临时立柱的影响。

10.3.5　支护设计平面图、剖面图

B车站基坑平面图及典型剖面见图 10.3-3～图 10.3-6。

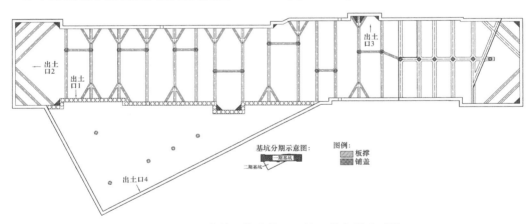

图 10.3-3　B车站一期基坑——第一道支撑平面图

10.3.6　风险管控及监测方案

B车站风险主要如表 10.3-1 及表 10.3-2 所示。

10.3.7　总结

1）本站周边环境复杂，社会影响性大，采用刚度较大的地下连续墙作为支护结构可以较好地控制变形。另外，因本站换乘节点为斜交结构，三层以下因地层条件较好（均已入岩），采用支护桩能较好地处理斜交位置的接口，能达到加快施工的目的。

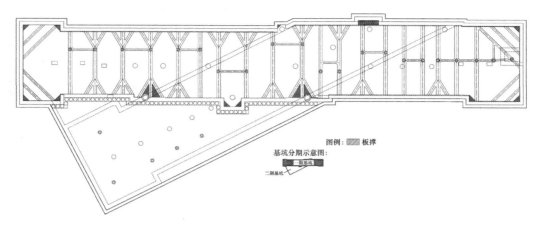

图 10.3-4　B 车站一期基坑——第二～三道支撑平面图

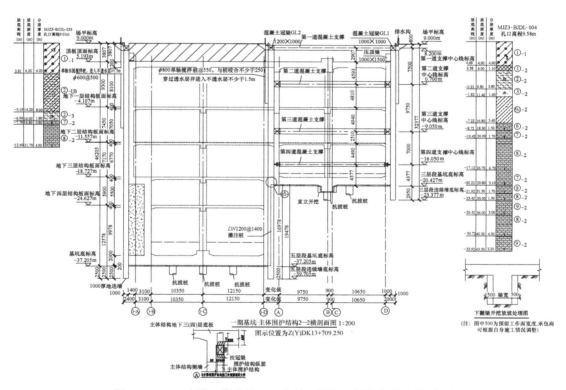

图 10.3-5　B 车站一期基坑——车站三层与五层交接处基坑剖面图

2）临时立柱的布置需要同步考虑抗拔桩的布置，在设计过程中需要与结构永久抗浮同步考虑。

3）车站施工场地狭小，基坑分期施工，要求承包商在一期基坑土方开挖前，二期地下连续墙已同步完成，中间分隔墙由 1m 厚地下连续墙优化为 $\phi 1200@1400$ 支护桩＋大直径搅拌桩。

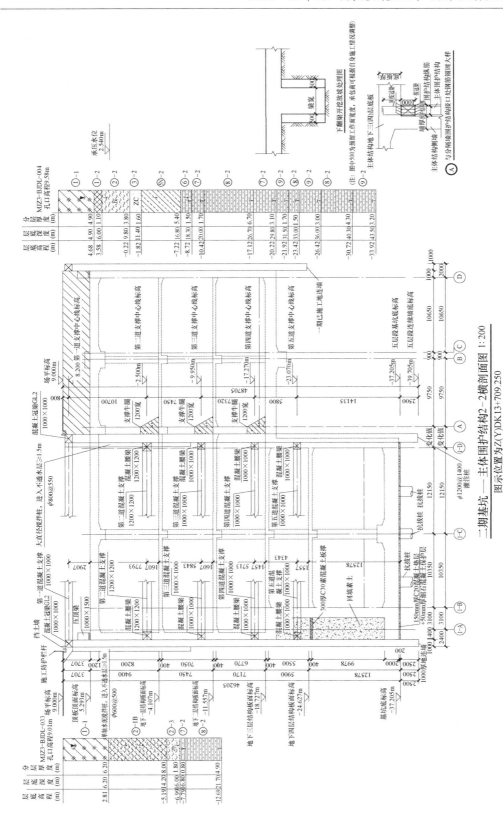

图10.3-6 B车站二期基坑——车站三层与五层交接处基坑剖面图

自身风险梳理表　　　　　　　　　　　　　　　　　　　表 10.3-1

序号	风险工程名称	位置、范围	风险基本状况描述	风险工程等级	风险工程控制措施
	车站主体基坑	车站主体范围	车站明挖部分基坑长为179m,标准段基坑深为32.6m,换乘部分基坑深度为47.9m。地质自上面下依次为:杂填土、淤泥质土、淤泥、粉质黏土、强风化粉砂质泥岩、中风化粉砂质泥岩等。岩面较高,地下一层底板以上约1m即为强风化层	Ⅰ级	1. 采用地下连续墙+内支撑支护形式,并采用搅拌桩成槽护壁。 2. 预埋袖阀管跟踪注浆,必要时注浆。 3. 使用信息化施工,加强监控量测,严格控制基坑变形

周边环境风险梳理表　　　　　　　　　　　　　　　　　表 10.3-2

序号	风险工程名称	位置、范围	风险基本状况描述	风险工程等级	风险工程控制措施
1	A8 居民楼	位于车站主体东北侧	结构为框架结构桩基础,具体桩深不详。该楼建于1982年,共建4层,1984年续建至8层,1986年全部完工。地质资料显示该位置地质自上面下依次为:杂填土、淤泥质土、淤泥质中粗砂、全风化碎屑岩、中风化粉砂质泥岩。其中淤泥质土层厚度达6.1m。由于年代久远,现楼房外墙及结构各层均有明显裂缝	Ⅰ级	1. 基坑开挖墙应对其进行拆除方可进行围护结构施工。采用地下连续墙+内支撑支护形式,并采用搅拌桩成槽护壁。 2. 建筑物与围护结构基坑间设回灌井。 3. 地下连续墙成槽分幅控制在4m以内,调仓施工。 4. 施工开挖前28d进行预注浆加固保护。 5. 使用信息化施工,加强监控量测,严格控制基坑变形
2	某半岛花园A45	位于车站主体西北侧	地上45层,地下3层,桩基础,地下室边线与车站主体距离13.7m	Ⅰ级	1. 采用地下连续墙+内支撑支护形式,并采用搅拌桩成槽护壁。 2. 预埋袖阀管跟踪注浆,必要时注浆保护。 3. 使用信息化施工,加强监控量测,严格控制基坑变形
3	某雅苑一期A10	位于车站东端头	为9~10层住宅,桩基础,距离主体基坑东端头15.74m	Ⅱ级	1. 采用地下连续墙+内支撑支护形式,并采用搅拌桩成槽护壁。 2. 建筑物与附属结构基坑间设回灌井。 3. 预埋袖阀管跟踪注浆,必要时注浆保护。 4. 使用信息化施工,加强监控量测,严格控制基坑变形
4	某河涌及水闸工程	位于车站西端头南侧	南北走向,贴近车站主体以及A出口基坑	Ⅱ级	1. 采用地下连续墙+内支撑支护形式,并采用搅拌桩成槽护壁。 2. 预埋袖阀管跟踪注浆,必要时注浆保护。 3. 使用信息化施工,加强监控量测,严格控制基坑变形

10.4　C 车站（明挖铺盖法）

10.4.1　工程概况

拟建 10 号线某地铁 C 车站位于广州市越秀区，呈西北向东南走向，为地下 4 层无柱车站，顶板埋深为 3.4m，采用明挖铺盖法施工。车站基坑全长为 153m，基坑宽度为 21.8m，主体标准段基坑深度为 36.26m，附属出入口基坑深度为 22m。车站共设置 2 个出入口、2 组高风亭、1 组低风亭及 2 个安全出口。

10.4.2 地质、水文条件

根据场地内所揭露地层的地质时代、成因类型、岩性特征、风化程度等工程特性，将场地内岩土层自上而下分为：人工填土层①，淤泥质土层②-1B，粉质黏土层④N，粉质黏土层⑤N，全风化碎屑岩⑥，强风化泥质粉砂岩⑦-3，中风化泥质粉砂岩⑧-3，微风化泥质粉砂岩⑨-3。

车站周边地表水不发育，软土层和粉质黏土层透水性较弱，赋水性较差；中风化层赋水性差，透水性弱～中等，其余基岩层赋水性差，透水性弱。

地下水按赋存方式分为第四系潜水，层状基岩风化裂隙水、块状基岩风化裂隙水。

10.4.3 周边环境

车站主要位于市政道路北侧范围，该市政道路为单行道，交通繁忙。车站南、北侧为密集的建（构）筑物，建筑年代久远，基础多为天然基础，较为老旧。西侧为既有 6 号线区间结构，站位周边分布众多中小学校。C 车站总平面图如图 10.4-1 所示。

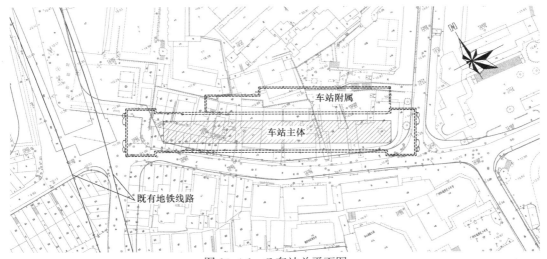

图 10.4-1 C 车站总平面图

10.4.4 基坑设计方案及重难点

车站位于广州市城市中心，周边环境复杂。车站南侧的市政道路仅为 6m 宽的单向车道，交通运输繁忙。根据前期管线物探资料显示，道路下方管线分布密集，道路狭窄，管线迁改难度大、保护要求高。站位周边房屋众多，且多为年代较为久远的天然基础，对变形控制要求高。车站周边分布众多中小学校，西侧为正在运营的既有 6 号线区间结构，周边环境较为敏感复杂。根据钻孔显示，车站范围内地面以下约 15m 即为中风化岩面，岩面相对较浅，支护结构施工及坑内土石方开挖难度大。

综合考虑，对 C 车站基坑拟采用围护结构刚度较大的地下连续墙＋内支撑，地下连续墙方案工艺成熟，支护结构变形较小，基坑施工对邻近建筑与地下管线影响相对较小，抗渗截水效果好。在施工前均采用基坑内管井降水措施，把地下水位降低，然后再进行围护结构施工。地下连续墙成槽通过控制泥浆相对密度、液面高度、泥浆成分等保护槽壁稳定，维持槽壁泥皮的黏性和整体性。因岩面较浅，地下连续墙考虑采用双轮铣工艺施工，对坑内石方采用静力爆破开挖，振动较小，最大限度地降低对周边环境影响。

10.4.5　支护设计平面图、剖面图

车站基坑全长为 153m，基坑宽度为 21.8m，主体标准段基坑深度为 36.26m，主体围护结构采用 1m 厚地下连续墙＋5 道内支撑的支护方案，其中第一、第三道为钢筋混凝土支撑，最大水平间距为 9m；第二、第四和第五道为壁厚 16mm 的钢管支撑，水平间距为 3.0m。附属基坑深度为 22m，采用 0.8m 厚地下连续墙＋3 道内支撑支护，其中第一、第二道为钢筋混凝土支撑，第三道为壁厚 16mm 的钢管支撑。

C 车站基坑支护平面布置图、标准段剖面图如图 10.4-2 和图 10.4-3 所示。

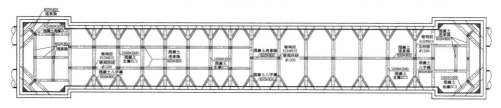

图 10.4-2　C 车站支撑平面布置图

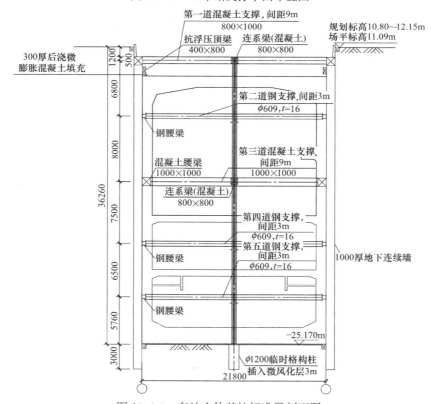

图 10.4-3　车站主体基坑标准段剖面图

10.4.6 风险管控及监测方案

C车站风险主要如表10.4-1及表10.4-2所示。

工程自身风险梳理表 表 10.4-1

序号	风险工程名称	位置范围	风险基本状况描述	风险工程等级	风险工程控制措施
1	车站主体基坑	车站主体范围	车站主体基坑长为153m,标准段基坑宽为21.8m,坑深为36.26m。地质自上而下依次为:填土、软塑粉质黏土、中粗砂、可塑粉质黏土、全风化泥质粉砂岩、强风化泥质粉砂岩、中风化泥质粉砂岩、微风化泥质粉砂岩等。地下二层底板以下约1m即为微风化层	Ⅰ级	主体基坑采用明挖顺作法,围护结构采用1000mm厚地下连续墙+内支撑,其中标准段第一、第三道支撑采用钢筋混凝土支撑,其余采用钢支撑。车站两端头支撑区域均采用钢筋混凝土支撑。整体刚度大,防水效果好
2	车站附属基坑	车站附属范围	附属基坑长为97m,宽为7.2~11.5m,坑深为22m。地质自上而下依次为:填土、软塑粉质黏土、中粗砂、可塑粉质黏土、全风化泥质粉砂岩、强风化泥质粉砂岩、中风化泥质粉砂岩、微风化泥质粉砂岩等	Ⅱ级	附属基坑采用明挖顺作法,围护结构采用800mm厚地下连续墙+内支撑,其中第一道支撑采用钢筋混凝土支撑,其余采用钢支撑。整体刚度大,防水好

工程周边环境风险梳理表 表 10.4-2

序号	风险工程名称	风险基本状况描述	重要程度	邻近关系	风险等级	风险工程控制措施
1	既有6号线区间	主体基坑西侧紧邻6号线区间,最小净距为3.8m,区间结构可能产生变形、沉降、渗漏等危害,影响6号线正常运营	重要	非常接近	Ⅰ级	1. 车站主体围护结构采用整体刚度较大的1m厚地下连续墙+内支撑支护,控制基坑变形,降低对6号线区间的影响; 2. 对6号线区间进行自动化监测,动态调整设计
2	某商住楼	20层,距离车站主体为21m,距离车站附属为9.4m,2层地下室,人工挖孔桩基础,桩长为17~25m,桩径为1.2~1.5m	重要		Ⅰ级	
3	工商银行大楼	8层,距离车站主体为17m,1层地下室,人工挖孔桩基础,桩长为28m			Ⅱ级	
4	某少年宫	8层,距离车站主体为11.8m,灌注桩基础,桩长为12m,桩径为0.48m		非常接近	Ⅱ级	1. 施工期间加强监测; 2. 进行房屋鉴定,采取袖阀管跟踪注浆加固
5	某中学教学楼	7层,距离车站主体为3.6m,人工挖孔桩基础,桩长为12~18m,桩径为1~1.2m	一般		Ⅱ级	
6	某小学教学楼	6层,距离车站主体为14m,距离车站附属为5.9m,基础形式未明			Ⅱ级	
7	住宅楼建筑群	2~7层,基础形式未明,距离车站为3.5~27m			Ⅱ级	

序号	风险工程名称	风险基本状况描述	重要程度	邻近关系	风险等级	风险工程控制措施
8	重要管线	重要管线主要有军用光纤、煤气管，距离车站主体为1.5～2m，埋深为0.22～0.95m	重要	非常接近	Ⅰ级	1. 控制车站基坑变形，基坑采用地下连续墙＋内支撑方案； 2. 加强对管线的监测
9	一般管线	管线主要有给水管、排水管等，距离车站主体为1.5～2m，埋深为1～2m	一般		Ⅱ级	

10.4.7　总结

车站地处城市中心，周边房屋众多、管线密集，建（构）筑物和管线对变形控制要求较为严格，基坑设计应更多地考虑采用刚度较大的支护结构形式，以控制对周边环境的影响。

车站西侧距既有6号线区间结构非常近，对6号线区间进行自动化监测，实时动态调整设计。对区间结构的自动化监测是施工效果的直接反映，是地铁基坑开挖施工中对区间结构进行保护的重要手段。所谓信息化施工是指通过监测数据的反馈分析，判断当前的施工状况是否科学合理，及时发现工程中存在的问题，为采取有效的防范措施提供基础信息，指导施工安全顺利进行。

本项目岩面较浅，石方开挖工程量大，基坑土体的开挖应尽量采用对周边构筑物影响小的开挖方式——静力爆破，同时要对称开挖，尽量采用小型开挖机械。

随着经济的发展和城市规模的扩大，在城市中心兴建地铁车站的情况也越来越多。面对日益复杂的周边环境，在地铁基坑设计过程中更需要因地制宜，应对不同风险源，采取有针对性的措施。

10.5　D车站（盖挖顺筑法）

10.5.1　工程概况

广州某地铁D车站为地下两层岛式站台车站，总长度为510.20m，配线段长度为120m，车站标准段基坑底部埋深为21.47m，标准段基坑宽度为23.1m。车站顶板覆土为5.9～6.2m，配线段覆土厚度为11.57m。车站小里程区间采用盾构法施工；大里程区间采用盾构法＋矿山法施工，大里程端两口均为吊出井。

D车站采用局部盖挖顺筑法施工，基坑采用地下连续墙＋内支撑体系。主体围护结构采用厚度为800mm地下连续墙加竖向4道内支撑方案，局部采用逆作顶板方式/5道支撑/换撑处理。由于南北两侧地质情况有差异，故南侧标准段采用4道支撑。

10.5.2　地质、水文条件

拟建车站现状地势较为平坦，局部略有起伏，车站站址属于海陆交互相沉积平原地貌。地层自上而下为：人工填土层，海陆交互相沉积层，冲—洪积相沉积层，残积层，岩石全风化带，岩石强风化带，岩石中风化带，岩石微风化带，断层破碎带Ⓕ。本项目在YDK16+250.0～终点区段范围揭露到广三断层破碎带，根据岩芯状态，将破碎带分为三种，分别是：土状断层破碎带Ⓕ-1、角砾状断层破碎带Ⓕ-2、碎块状断层破碎带Ⓕ-3。车站基坑底主要位于角砾状断层破碎带Ⓕ-2及强风化凝灰岩⑦H，车站基坑影响范围内的不良地质主要有：人工填土、淤泥②-1A和淤泥质土②-1B、粉细砂③-1、砾砂层③-3及断层破碎带。

车站场地范围内存在多层地下水，第四系孔隙水多为承压水，基岩裂隙水和构造裂隙水均具有一定承压性，根据现场抽水试验结果，构造裂隙水的承压水头为9m，承压水水位埋深为2.00～3.80m（标高4.36～5.12m），第四系孔隙水与基岩裂隙水及构造裂隙水的水力联系较少，基岩裂隙水和构造裂隙水的水力联系较为密切。

10.5.3　周边环境

车站沿道路走向敷设，周边以商城和城中村建筑为主。D车站周边主要建筑物见图10.5-1，车站周边主要建筑物见表10.5-1。

D车站周边主要建筑物 表10.5-1

序号	结构类型	有无地下室及埋深	基础形式及埋深	与车站基坑边水平距离(m)
L1	混凝土4～6	无地下室	暂无资料，预估扩大基础，基础深度约1m	15.76～18.40
L2	混凝土2	无地下室	扩大基础，基础深度约1m	10.87
L3	混凝土1	无地下室	扩大基础，基础深度约2m	9.06
L4	混凝土6	地下2层，埋深：10.2m	桩基础，旋挖桩桩长大于6.0m	8.69
L5	混凝土6	地下2层，埋深：10.2m	筏板基础	7.12
L6	混凝土3	无地下室	桩基础，承台面埋深为0.7m，桩长为8～22m	6.02

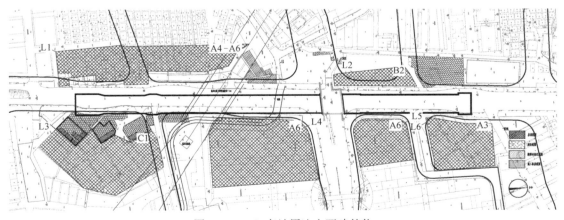

图10.5-1　D车站周边主要建筑物

车站沿道路走向敷设，周边管线交织密布，主体基坑施工影响范围内管线见D车站周边主要管线表10.5-2。管线迁改原则在车站主体基坑开挖范围内的给水管、排水管以及煤气管等管线进行迁改或临时废弃，完工后尽量改回原位。对于位于车站主体基坑施工开挖范围内的电力、通信等管线，同样进行迁改或临时废弃，完工后尽量改回原位。对邻近基坑的管线，特别是对重要的电力、通信等管线，在车站施工期间必须及时与管线权属部门联系，加强对管线的保护，并按管线权属部门要求做好管线监测。

D车站周边主要管线表 表 10.5-2

序号	名称	管径	管材	管底埋深	影响长度	与车站的关系	迁改方案	处理长度
P-1	污水管	500～800mm	PVC	3.67～6.11m	约550m	主体结构上方	临时迁改	550m
P-2	雨污合流管	1200mm	混凝土	2.91～3.54 m	约548m	主体结构上方	临时迁改	548m
P-3	污水管	700～800mm	PVC	3.67～6.11m	约291m	车站西侧	临时迁改	291m
P-4	雨污合流管	1200m	混凝土	2.7～3.1m	约292m	车站西侧	临时迁改	292m
P-5	燃气管	500mm	钢	0.92m	约108m	横跨主体结构	悬吊保护/临时迁改	108m
P-6	军用光缆	300mm×400mm	—	1.42m	约160m	横跨主体结构	悬吊保护/临时迁改	160m
P-7	D800铸铁给水管	800mm	铸铁	2.16	约546m	主体结构上方	临时迁改	546m

10.5.4 基坑设计方案及重难点

D车站基坑位于商业繁华地段，周边道路人车拥堵，在满足交通疏解和管线迁改条件下可用于施工的场地有限，且施工场地被分隔成零星小块。同时，与同步施工的换乘站存在交叉作业面，管线对接问题凸显。车站基坑影响范围内民房众多，开挖范围存在众多不良地层，且南段基坑底位于断层破碎带上。

D车站的重难点及应对分析详述如下：

1）D车站施工场地狭窄且被分隔

D车站地下连续墙采用套铣接头工艺，钢筋笼减少了接头工字钢的重量，减少起重吊装吨位。本车站基坑长为510.2m，在基坑南侧增设封堵墙提前封闭基坑，施工车站结构，覆土回填后将道路硬化，并用作施工场地。

2）车站基坑底位于断层破碎带，基坑有地下水突涌的风险

车站基坑位于广三断层破碎带，且基坑底下断层破碎带深厚，勘察抽水试验揭露其具有承压性。故在地下连续墙墙底预理3根ϕ48mm注浆钢管，在提前封闭的基坑中进行现场管井抽水试验，根据抽水试验结果决定是否使用坑底袖阀满堂管注浆加固及墙底注浆加固方案。

3）车站周边管线密布如织，管线迁改需满足两站工期和围蔽要求

将车站周边管线迁移到车站基坑影响范围外，在两站换撑节点南北各施工一跨逆作顶板，以满足两站管线路由及车站施工要求。

10.5.5 支护设计平面图、剖面图

D车站基坑平面图及剖面图见图10.5-2～图10.5-4。

图 10.5-2 D车站基坑平面图

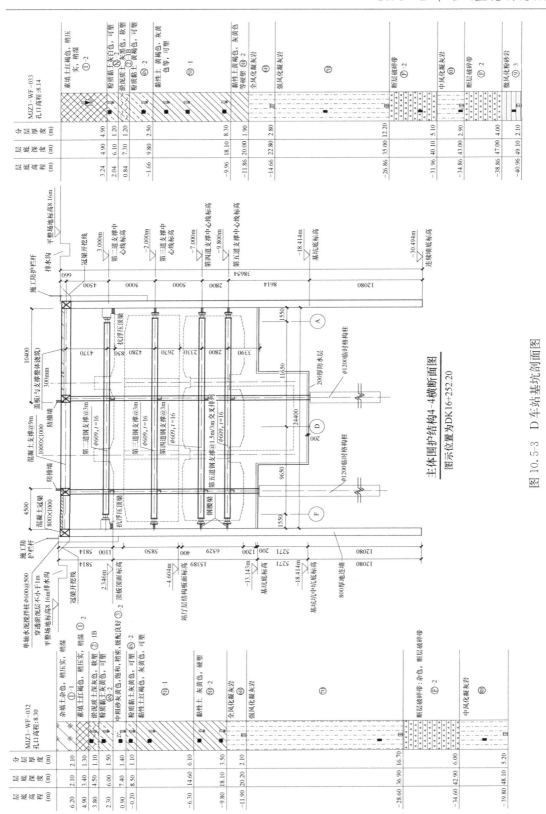

图 10.5-3 D车站基坑剖面图

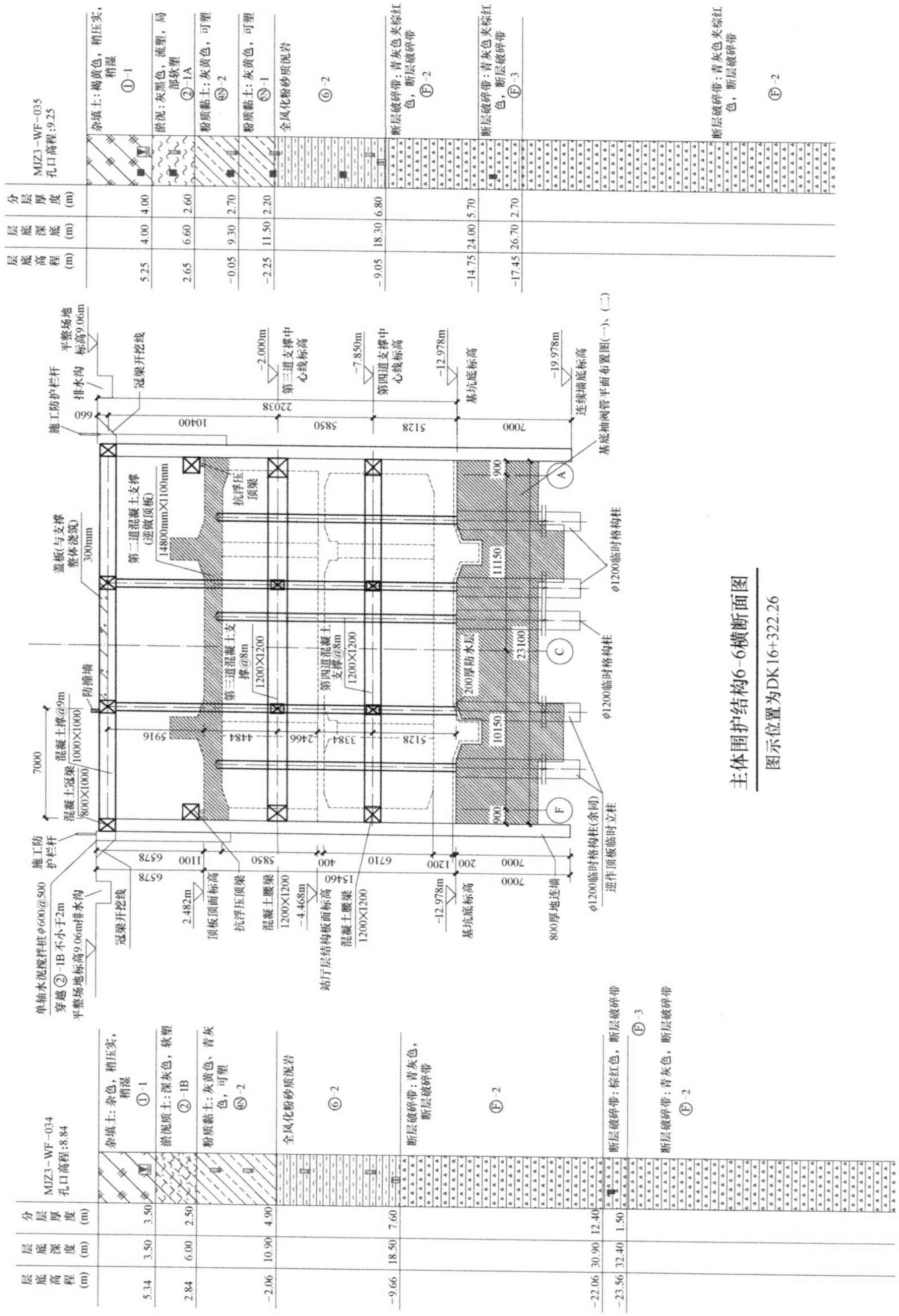

主体围护结构6-6横断面图

图示位置为DK16+322.26

图10.5-4 D车站基坑逆作顶板区域剖面图

10.5.6 风险管控及监测方案

根据 D 车站自身特征，结合工程地质条件及周边环境因素，采用安全工程学评估办法对本站风险源进行梳理形成车站风险表（表 10.5-3）。

D 车站风险表　　　　　　　　　　　　　　　表 10.5-3

序号	风险工程名称	位置、范围	风险基本状况描述	风险工程等级	风险工程控制措施
1	车站主体基坑	车站主体范围	D 车站主体基坑长为 510.20m，深为 21.97m，宽度为 23.60m；地质揭露地层有填土层、淤泥质土层、粉质黏土层和残积土层，揭露到的下伏基岩为粉砂质泥岩、英安斑岩、粉砂岩，分别有全、强、中、微风化层，利用钻孔揭露到广三断裂断层破碎带，地下水位较高，主要存在以下风险：①基坑开挖深度较深，施工过程中存在围护结构水平位移超限，周边地面沉降过大；②基坑开挖期间对周边环境造成影响	I级	1. 采用明挖顺作法，围护结构采用 800mm 厚地下连续墙＋内支撑，整体刚度大，防水好；第一道支撑采用混凝土，第二、第三、第四道支撑采用钢支撑，破碎带区域采用袖阀管注浆加固； 2. 采用坑内降水； 3. 施工期间加强监控量测，严格控制基坑变形。加强管线附近地表沉降、隆起的监测，如发现超标，及时查明原因； 4. 对周边重要建（构）筑物采用袖阀管跟踪注浆，减少对周边建（构）筑物的影响
2	自身风险断裂层破碎带地质	车站南段	主体开挖范围存在广三断裂断层破碎带等不良地质，持力层为断裂层破碎带；周边地表水不发育；断层破碎带透水性较好，地下水位较高。存在风险有：破碎带区域涌水；断层破碎带位于建筑物基础范围内时，由于强度低，造成建筑物不均匀沉陷，引起不利的应力分布，严重时引起建筑物及基础开裂。若在高压水作用下，破碎带内物质可能产生管涌，冲刷基础，危及建筑物安全	I级	1. 断层破碎带采取袖阀管加固方法的原因如下：提高其承载能力和阻滑能力，防止建筑物和基岩因局部应力过大产生不均匀沉陷，或因阻滑能力不足而产生滑移，同时形成混凝土防渗区域，达到安全的目标； 2. 施工期间加强监测，控制车站基坑变形
3	周边环境风险周边建筑物风险	车站周边	车站周边有影响的建筑物有：L1-A4～6、L2-B2、L6-某某大厦 A3、L4-广州长江（中国）轻纺城南区 A6、L5-广州长江（中国）轻纺城北区 A6、L3-集体仓库群 C1，距离车站主体为 3.43～17.589m，建筑物有 1～6 层。基坑开挖深度较深，施工过程中引起既有结构变形	I级	1. 基坑支护采用刚度大的地下连续墙＋内支撑的支护方案； 2. 地下连续墙采用搅拌桩成槽护壁； 3. 对管线进行临迁处理； 4. 信息化施工，加强监控量测，严格控制基坑变形
4	周边环境风险周边管线风险		车站周边有影响的管线有：煤气管、混凝土雨污合流管、塑料污水管、铸铁给水管和军用光纤。管线距离车站主体为 0～11.2m（部分横跨结构主体或者附属主体）	I级	
5	周边环境风险暗渠	车站内	位于车站主体与 11 号线五凤站相交处的南端，斜穿车站主体结构上方，截面为 9.1m×3.3m，埋深为 4.4m	I级	1. 车站南段局部第二道支撑改为混凝土支撑，并在其中相邻两道支撑上安装一块板，将直径 2m 的管通过板横跨车站； 2. 控制暗渠迁改段上方的跟车荷载，土方车辆不得连续跟车； 3. 加强监测及现场巡视

10.5.7 总结

1）D车站位于商场密布、人流穿梭其中的交通繁忙区，车站施工场地狭窄，采用地下连续墙套铣工艺减少设备种类及减轻设备吨位。采用新增封堵墙提前施工部分地下车站，覆土硬化，从而改善施工场地狭小的局面。

2）D车站位于断层破碎带，为保证基坑安全开挖，提出了现场管井抽水试验。采用先分块、再抽水、判措施、再验证的动态设计理念，保证基坑开挖的顺利进行。

3）D车站周边管线多，且两站同步施工，采用设置逆作顶板，疏导管线。

10.6 E车站（盖挖顺筑法）

10.6.1 工程概况

广州某地铁E车站位于市中心次主道的交叉路口，周边为批发市场和众多的商铺，车流人流密集。车站总长度为177m，车站顶板覆土为4.5m，车站标准段基坑底部埋深为27.080～28.326m。车站呈南北走向，为地下三层岛式站台车站。

车站有效站台中心里程处轨面高程（绝对值）为－14.100m，标准段基坑宽度为23.3m，扩大端基坑宽度为27.4m。地面平整后的高程为10.75m，轨面距离底板面高度为0.82m，底板厚度为1.3m，垫层厚度为0.2m，标准段基坑深度为27.000～27.295m，扩大端基坑深度为27.782～28.136m。地面道路繁忙，周边建筑物距离车站较近，通过交通疏解及铺盖板可以满足明挖施工条件，因而E车站主体结构主要采用局部盖挖顺筑法施工，基坑采用围护桩＋内支撑体系。

10.6.2 地质、水文条件

1）地质条件

场地岩土层从上至下主要包括：人工填土层；河湖相沉积层；冲—洪积相沉积层；残积层；基岩。

根据详细勘察资料，线路沿线地下水水位埋藏深浅不一，初见地下水位一般埋深为1.80～2.90m（高程为7.79～8.89m），稳定地下水一般埋深为1.40～2.50m（高程为8.10～9.35m）。抽水试验分层观测的岩层水位埋深为4.10～4.30m（高程为6.30～6.35m）。

2）地下水类型、赋存方式

地下水属于块状基岩裂隙水。块状基岩风化裂隙水主要赋存在岩体的强、中风化带中，含水层无明确界限，埋深和厚度很不稳定，其透水性主要取决于裂隙发育程度、岩石风化程度和含泥量。风化程度越高，裂隙充填程度越大，渗透系数越低。基岩风化裂隙水为承压水，根据钻探揭露水位、地层情况及抽水试验结果，基岩裂隙水水头高度为9.00～13.40m，承压水水位埋深为4.10～4.30m（高程为6.30～6.35m）。

基岩裂隙水含水层岩性为凝灰岩，裂隙水多呈脉状，含水层无明确界限，具有不均匀性，受裂隙发育程度和裂隙开放～闭合程度影响，具有一定方向性，各个部位的地下水含水层埋深、厚度及透水性均不稳定，裂隙发育地段地下水丰富，裂隙不发育地段地下水贫乏。

场地范围内基岩裂隙水水量变化大，贫乏～中等，透水性变化大，属于承压水。

10.6.3 周边环境

场地周边环境复杂，有多栋建筑物紧贴基坑边，地下管线密布，E车站基坑总平面图如图 10.6-1 所示。

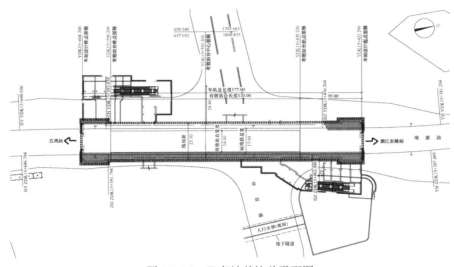

图 10.6-1 E车站基坑总平面图

10.6.4 基坑设计方案及重难点

本工程难点在于以下几个方面：

1) 基坑开挖深度较大，基坑深度为 27～28m，基坑周边建筑、管线密集，经管线改迁后，基坑外侧密布煤气、给水、污水、电缆通信等各类管线，对基坑稳定性和变形控制要求较高。本车站基坑采用 $\phi1200@1400$ 灌注桩＋内支撑形式支护，其中第一和第二道支撑为钢筋混凝土支撑，第三和第四道支撑为钢管撑，采用桩间高压旋喷桩做截水。

2) 原道路为双线四车道，车站开挖宽度为 23.3m，工点所在位置为大型批发市场中心，车流人流密集，为保证基坑开挖期间交通不中断，需分 4 期进行围蔽施工，对应 4 期交通疏解以及管线改迁措施。基坑需在东西两侧设置 300mm 厚钢筋混凝土铺盖板满足车流通行要求，并预留承担龙门式起重机移动荷载条件。

3) 本车站中微风化岩面变化剧烈，南高北低，支护桩长需要根据勘察钻孔岩面揭露情况详细划分，并制定入岩要求，本车站基坑围护桩入岩按坑底以下入中风化凝灰岩 2.5m，或微风化岩 1.5m 控制。

4) 为节省造价，将立柱桩同时作为抗拔桩考虑设计，在布置立柱桩同时考虑铺盖板、支撑以及抗浮的要求。

10.6.5 支护设计平面图、剖面图

E车站基坑平面图及标准段支护剖面图见图 10.6-2 和图 10.6-3。

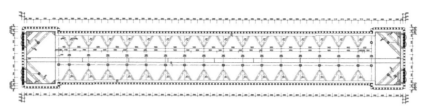

图 10.6-2　E 车站基坑平面图

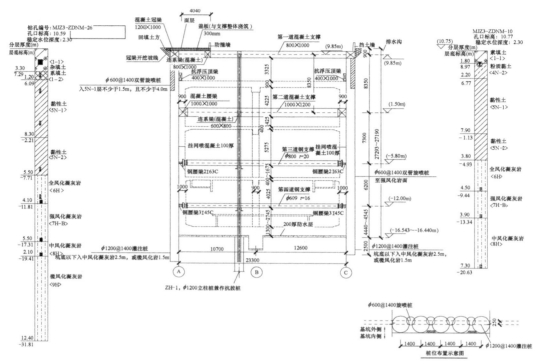

图 10.6-3　E 车站基坑标准段支护剖面图

10.6.6　风险管控及监测方案

E 车站风险梳理表内容如表 10.6-1 及表 10.6-2 所示。

E 车站风险梳理表　　　　　　　　　　　表 10.6-1

序号	风险工程名称	位置、范围	风险基本状况描述	风险工程等级	风险工程控制措施
1	车站主体基坑	车站主体范围	明挖基坑长度为 177m,宽为 23.3～27.4m,深为 27.000～28.136m,采用明挖顺作法(局部采用盖挖顺筑法)施工。基坑主要位于杂填土,素填土,淤泥质土层,可塑状粉质黏土层,可塑状残积黏性土层,硬塑状残积黏性土层,全风化凝灰岩,强风化半岩半土状凝灰岩,强风化碎块状凝灰岩,中风化凝灰岩,微风化凝灰岩。基底位于强、中、微风化凝灰岩	I 级	1. 车站基坑采用明挖顺作法,围护结构采用 $\phi1200mm@1400$ 的围护桩+4 道支撑; 2. 采取桩间旋喷桩 $\phi600@1400$ 截水控制坑外地下水; 3. 施工期间加强监控量测,严格控制基坑变形; 4. 临时沥青路面:在施工过程中,定期进行沉降观测,避免不均匀沉降而影响车辆通行安全。路两端设置限速、限载、单车通行等安全告示牌,严禁超载车辆通行

E车站周边环境风险梳理表 表 10.6-2

序号	风险工程名称	位置、范围	风险基本状况描述	风险工程等级	风险工程控制措施
1	某村委综合楼	车站西北	地上9层，人工挖孔桩基础距离坑边为9.89m，地铁施工期间对其有一定影响，房屋可能发生沉降、倾斜	Ⅱ级	基坑支护采用灌注桩＋内支撑控制周边变形。预埋袖阀管跟踪注浆，必要时注浆保护；施工过程信息化施工，加强监控量测，严格控制基坑变形
2	西侧村民房多栋	西侧	1～8层，缺少房屋调查资料。最近处距离坑边为24.86m，地铁施工期间对建筑物一定影响，房屋可能发生沉降、倾斜	Ⅱ级	
3	某市场综合楼	西北侧	3～7层，桩基础，旋挖桩，距离车站北端头为14.37m，地铁施工期间对建筑物有一定影响，房屋可能发生沉降、倾斜	Ⅱ级	
4	某国际轻纺城	东侧	地下2层，地上7层，人工挖孔桩基础距离基坑为8.36m，地铁施工期间对建筑物一定影响，房屋可能发生沉降、倾斜	Ⅱ级	
5	恒森辅料城	西侧	地上2层，独立基础距离主体结构边线为9.61m，地铁施工期间对结构有一定影响，区间可能发生沉降、变形	Ⅱ级	
6	某纺织城	西侧	地上3层，钢结构、钢管柱基础，条形基础，距离主体基坑为12.50m，地铁施工期间对建筑物有一定影响，房屋可能发生沉降、倾斜	Ⅱ级	
7	某住宅楼		桩基础，无地下室，距离基坑边为27.07m，地铁施工期间对建筑物有一定影响，房屋可能发生沉降、倾斜	Ⅲ级	
8	基坑周边管线风险	车站基坑周边	塑料煤气管，直径200mm，位于车站主体西侧；两条φ800、φ200铸铁给水管，位于基坑东西两侧；φ800塑料污水管，改迁后位于基坑西侧；φ1000、φ900、φ800混凝土雨水管改迁后位于基坑两侧。施工存在着扰动、爆管、切断等风险	Ⅰ级	1. 基坑支护采用灌注桩＋内支撑控制周边变形。施工时加强监测；2. 定期对管线进行监测，采用信息化施工
9	电力管沟	车站基坑东侧	尺寸为900mm×500mm/1000mm×1000mm，混凝土，电力管沟，位于基坑东侧	Ⅱ级	

10.6.7 总结

1）基坑开挖深度较大，基坑周边建筑、管线密集，对基坑稳定性和变形控制要求较

241

高。本车站基坑采用 ϕ1200@1400 灌注桩＋内支撑形式支护，其中第一和第二道支撑为钢筋混凝土支撑，第三和第四道支撑为钢管撑，采用桩间高压旋喷桩做截水。

2）为保证基坑开挖期间交通不中断，需分 4 期进行围蔽施工，对应 4 期交通疏解以及管线改迁措施。在第一道支撑上局部设置 300mm 厚钢筋混凝土铺盖板满足车流通行要求，并预留承担龙门式起重机移动的条件。

3）本车站中微风化岩面变化剧烈，南高北低，支护桩长根据勘察钻孔岩面揭露情况而被详细划分，并制定入岩要求。

4）将立柱桩同时作为抗拔桩考虑设计，节省了整个工程的造价。

11 复杂基坑群

城市地下空间呈现"多层次、深大化和立体化"的发展趋势，越来越多的工程项目出现在有限空间内有多个相邻基坑组成的基坑群，不可避免地出现多个基坑相继施工甚至同步开挖的问题。在基坑群施工过程中，各基坑的相互影响导致岩土体和围护结构受力状态更为复杂，若忽视这种群坑耦合效应将会给施工带来麻烦，严重时会影响基坑围护结构的正常使用和施工安全。同时，基坑工程是地质状况、周边环境、支护结构、施工行为、投资主体等相互作用的系统工程。因此，为确保基坑群工程项目的顺利完工，在施工时既要考虑基坑自身的安全、周边环境的保护及相邻基坑的影响，还应兼顾工程造价、工期协调及施工便利等因素。此外，深基坑支护工程具有典型的区域性。广州地区区域地质条件较为复杂，且差异显著，地势整体起伏大，基坑群工程施工难度大、风险高。

超深超大基坑群工程面临着群坑耦合效应显著、施工环境复杂、工序交错、时间和空间协调难等问题，如何加快各地块的施工进度，满足工期目标，降低工程造价，并妥善解决周边环境保护和相邻地块间的相互影响是确保工程安全经济的关键。本章基于对基坑群分类、工程施工设计重难点及解决措施进行归纳总结，使用广州地区三个典型超深超大基坑群工程案例，开展不同建设模式的方案对比，探讨在各工程建设过程中的重难点，并针对性地提出了设计施工解决方案。研究成果为后续工程的顺利施工保驾护航，同时也为后续施工的类似工程积累了宝贵经验。

11.1 基坑群分类

参考已有相关的研究，考虑施工相互影响方式，根据各基坑的相对位置和施工顺序将基坑群进行分类，其中，按相对位置分为邻近型、分隔型、连接型、重叠型基坑群；按施工顺序分为同步施工型、先后施工型、交替施工型基坑群。

在邻近型基坑群（图 11.1-1a）中，各子基坑互相靠近，且处于其他基坑的施工影响范围内，但不共用地下连续墙；为减少卸荷效应和控制变形，将单个大型基坑通过分隔墙分为多个小基坑先后或同时施工，称为分隔型基坑群（图 11.1-1b），其存在共用的地下连续墙，且该类型基坑群常被用于保护周边敏感建筑物。在连接型基坑群（图 11.1-1c）中，同时存在共用地下连续墙和不共用地下连续墙的情况。重叠型基坑群（图 11.1-1d）多为坑中坑，其施工统一，但开挖的深度不一样。对于同步施工型基坑群（图 11.1-1e），各子基坑的开挖进度基本保持一致。在先后施工型基坑（图 11.1-1f）中，各子基坑存在明显的先后开挖顺序，而在交替型基坑群（图 11.1-1g）中，各子基坑的施工顺序存在相互交叉。对于不同类型基坑群，各子基坑施工相互影响导致土体及围护结构受力状态不尽相同，合理安排施工顺序可加快施工进度，保证工期，提高工程效率。

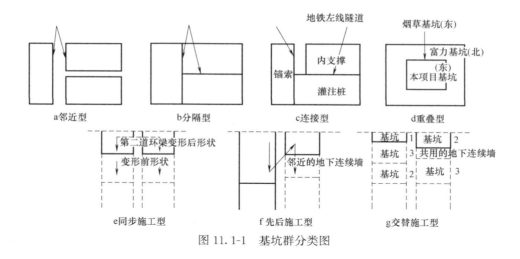

图 11.1-1　基坑群分类图

11.2　基坑群设计重难点及解决措施

　　大致可分为理论技术、工况管控两个层面。通过系统梳理基坑群设计中的重难点，合理制定基坑群设计方案，有效地控制支护体系的稳定和对周边环境的影响，确保基坑群项目被有条不紊、高效安全地实施。

11.2.1　理论技术重难点

　　基坑群开挖的作用结果与其子基坑形状、大小、空间相对位置、施工顺序等因素紧密相关，施工产生的相互作用及其影响共同组成"群坑效应"，理论技术方面的研究主要是针对"群坑效应"展开，具体包括：

　　1）群坑作用于围护结构上的土压力计算

　　在基坑群施工过程中，先开挖基坑，在坑周形成卸荷区。卸荷使得后续基坑土压力的计算难度较大，涉及有限宽度土体土压力的计算问题。卸荷后经典土压力理论的适用性与子基坑间的耦合关系密切相关，子基坑间距是重要的控制参数。在重叠型基坑群中，坑间土同时受先施工围护结构的挤压作用和后施工基坑的卸荷影响，内坑的存在将降低外坑围护结构上的被动土压力，需特别重视考虑内坑影响的外坑被动土压力的计算问题。

　　2）交叉施工基坑"时空效应"

　　复杂基坑群中"时空效应"更突出，且与大规模基坑的划分紧密相关。明确"时空效应"的作用机制，有助于指导工程总体部署和前期策划，确定围护结构的荷载、优化支护支撑体系及施工顺序，进而实现基坑变形、周边环境影响及施工安全风险的控制。

　　3）群坑围护结构受力平衡、支撑受力协调

　　相邻基坑的开挖使得围护结构承担不平衡土压力，基坑群的支撑布置对确保围护结构稳定至关重要。支护结构拆换过程的风险较大，确保临时隔断、封堵墙、内支撑在拆除过程中，应力被安全有序地调整、转移和再分配，明确拆除或凿除的时机及先后顺序，避免受力传递不均或不平衡。

4）群坑施工地下水的控制

群坑施工过程中地下水控制难度极大，相邻基坑间的水力联系、降水井的布置方式、降水深度、降水时机及截水帷幕深度对降水效果均存在影响，施工中应充分考虑基坑地下水控制与开挖的顺序关系，降低群坑降水的影响。

5）群坑施工相互作用

基坑群中岩土体、围护结构的力学响应受各分块开挖的叠加作用，邻近基坑交替或同步开挖必然产生相互影响，尤其是后开挖基坑对先开挖基坑支护体系、临时隔墙受力变形的影响，且相互影响程度与基坑间距存在较大关系。此外，相互影响的基坑失效机制和破坏模式也有待深入研究。

6）群坑施工环境耦合效应

邻近基坑相继开挖或同步开挖，存在明显的叠加效应，使得周边建（构）筑物产生附加变形，即群坑施工环境耦合效应。耦合效应的强弱及耦合区的分布情况与基坑间距、深度相关，有必要考虑叠加效应下基坑群施工环境影响的分区，通过划分强、弱环境耦合区及无影响区，继而完善基坑群施工中变形控制技术体系。

7）群坑信息化施工技术

基坑群施工存在诸多不确定性，通过多层次利用监测信息可有效地指导设计、施工方案的优化，同时确保施工安全。

11.2.2　管控重难点

管控重难点主要有：时间控制、空间控制及协调管理。

1）时间控制

整个项目工期紧、控制节点明确，根据基坑群特点及周边拆迁进度，在各业主前期方案设计、工程招标、施工时间相差甚大的前提下，开展前瞻性的、有效的统一策划，实现时间进度的控制。

2）空间控制

施工场地有限，不可避免地出现占地腾地、交通组织协调等情况，合理地组织、划分施工区域，实现空间利用的控制。

3）协调管理

基坑群工程投资主体众多，协调管理难度大。相邻基坑施工工序和工期协调面临较多难题，应兼顾未知基坑开挖时序下的安全控制问题，根据周边项目的情况动态调整。此外，应有效地协调项目参建单位与其他监管部门之间的工作。

11.2.3　基坑群设计解决措施

基于对基坑群设计中的技术、管理重难点，应系统全面地分析、梳理，确定基坑群开挖引起的"群坑效应"，整理、总结相应的处理措施，具体包括：

1）合理分区分块

根据基坑群周边的环境控制要求、项目开发进度控制节点、施工便利性、组织协调及施工相互影响等因素，通过设置封堵墙、分隔墙对大基坑进行分区，使各分块在面积、形状尽量保持对称。同时，借助"时空效应"理论合理地确定子基坑大小、数量及隔离带宽度。

2) 合理安排施工顺序

基坑群施工顺序的总原则是：先开挖环境保护宽松范围，后施工环境保护严格区域。先深后浅（先施工深的部位，再施工浅的部分）、分期分块开挖或抽条开挖，两侧基坑要间隔、对称、同步协调开挖，尽量避免偏载的出现。

3) 充分利用现有措施

利用预留反压土台、施加预加力等措施控制施工变形。当周边环境许可时，群坑外侧尽可能采用锚拉支护。采取坑底加固、围护结构墙脚注浆加固以及增加外侧围护结构及内支撑体系整体刚度等措施提高施工安全性。

4) 采取环境控制措施

严控各分区的施工工序，快速分段、分层开挖，且保证先撑后挖，必要时采用隔离封闭保护技术，设置回灌井保护周边环境。借助围护、支撑受力传力体系，先开挖远侧，围护结构向坑内变形，支撑受压，继而间接提高了对现有建（构）筑物的保护。分坑施工，先开挖远侧坑，及时接撑后施工近侧坑，确保建（构）筑物的安全。施工邻近保护建筑一侧的小基坑，快速开挖、快速支撑、快速浇筑底板混凝土。施工完毕后将已建地下结构作为隔离区，充分利用隔离区、过渡区的缓冲隔离作用，为后续基坑开挖提供环境保护。采用集束群锚锚定桁架撑，从而实现基坑安全施工及建筑物的保护。

5) 采取有效的地下水控制措施

合理布置截水帷幕，设计各基坑降水方案，统筹安排各阶段降水步骤，有效地控制地下水对周边环境的影响。深基坑群降水可采用"分区分块轻型井点降水＋真空大井疏干降水"的技术，对于需要大面积降水施工的基坑可采用"按需降水、动态反馈、内外结合、随挖随降"的降水技术。

6) 确保支护体系受力协调

相邻基坑开挖使围护结构承受不平衡土压力，采用对称与平衡施工措施，确保基坑整体受力平衡。在基坑群的支撑布置中，支撑体系受力协调，总体布局与局部落深布局协调统一，避免受力传递不均或不平衡。分隔墙尽可能将两侧支撑设置为同一标高，拆换撑时复核两侧不均匀支撑（换撑）引起的内力和变形。此外，在分隔墙被凿除的过程中，确保应力被安全有序地调整、转移和再分配，明确拆除或凿除时机、先后顺序，宜分区、分段凿除并及时将两侧板撑对接回顶。

7) 信息化施工

在施工过程中引入信息化施工技术，严密监控各项施工参数的发展变化情况，根据监测数据及时调整施工进度和施工工况，做到信息化施工并确保工程本体及周边环境始终处在安全受控状态。

根据工程场地的交通状况、工程地质与水文地质条件、各子基坑开挖深度及平面关系等因素，识别基坑群设计中的重难点，继而制定有效的支护设计及施工组织方案。深大基坑群设计应处理好以下内容：轨道交通、地下管线等的规划发展要求。市政道路、轨道交通、重要建（构）筑物等的环境保护需要。文明环保、材料堆放和运输、回填土临时堆放等施工需求。既有建（构）筑物拆迁及管线迁改要求。施工期的交通运输疏解及路面交通疏导，避免出现后期补栈桥及施工流线调整等情况。一次性完成所有分区的设计图纸，注意各个标段的分界，避免各个阶段工序及工程量存在冲突。在施工分区及工序上，避免出现内部"死分区",无法启动后续分区的情况。

11.3 琶洲电商区基坑群

11.3.1 工程概况

琶洲电商区（图11.3-1）位于琶洲岛上，东至华南快速路，南临新港东路，西接黄埔涌，北至阅江路，总用地面积为1590000m²。作为华南区互联网创新聚集区，包括了阿里巴巴、腾讯、复星集团、唯品会、国美集团、小米、环球市场集团等电商巨头总部。

图11.3-1 琶洲电商区区位图

11.3.2 基坑设计方案及重难点

1）重难点

琶洲电商区基坑群紧邻珠江，地下水受潮汐影响大，部分场地存在深厚淤泥、砂层。各地块地下室多为4～5层，基坑深度大，且开挖时序不确定，施工相互影响，时空效应显著，施工风险高。此外，项目投资主体众多，分属不同主管部门，开发进度存在差异，总体施工进度受各项目批复时间、资金、业主规划等因素的影响。

2）项目设计总体思路

琶洲电商区基坑群工程采用各建设主体独立施工，少数地块合并施工的建设模式，其中唯品会与环球市场、康美药业与科大讯飞采取合并施工。各子基坑的支护体系均为地下连续墙配合内支撑，为确保整体施工安全，地下连续墙采用包络最大开挖深度的设计思路。同期施工相邻基坑时，将支撑竖向对齐，且拆撑协调，以保证传力路径顺畅协调。此外，在各子基坑施工时，采用地块对称、动态开挖。

11.3.3 支护设计平面图、剖面图

1）基坑群公共空间支护设计

基坑群公共区域为1～2层地下空间，穿插在地块之间，地块基坑施工过程中对坑间土进行加固处理，而公共空间的支护则是直接利用相邻基坑已有的临时围护结构（图11.3-2）作为支护，其支护形式类似于双排桩，部分区段也采用对拉锚支护。

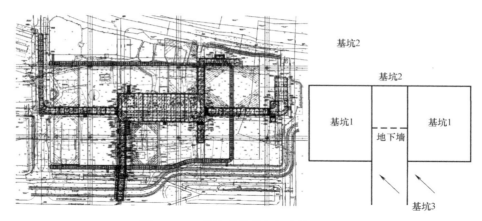

图 11.3-2 基坑群公共空间支护措施图

2）三坑紧邻工况支护设计

广商中心、南方传媒基坑均与地铁 18 号线基坑紧邻（图 11.3-3），三基坑的施工顺序为：广商中心先施工，地铁 18 号线和南方传媒基坑基本同期施工，这就使得基坑群呈现出典型的挖土、拆撑、主体施工、回填均不同步的情况，且地铁对施工变形控制要求更高。针对该工况条件，设计方案（图 11.3-4）中采取以下措施：①加厚地下连续墙，坑间土采用搅拌桩加固，减少偏压变形；②三个基坑的支撑高度基本一致，保证传力协调；③支撑的拆除时机不同，验算在最不利工况下围护结构的抗弯、抗剪能力。

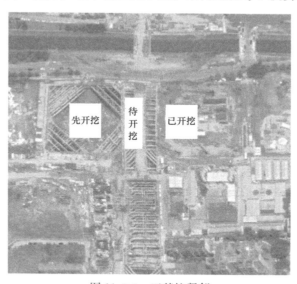

图 11.3-3 三基坑紧邻

3）联合基坑支护设计

应业主要求，唯品会与三个地块、环球市场地块作为一个地块整体进行联合支护开挖（图 11.3-5），其交界处不设置临时隔墙，同时该联合地块与周边地块及地下空间紧邻且开发施工不同步。针对此工况，设计采用板撑结合桁架作为大跨度角撑结构，且确保支撑与周边地下空间的竖向传力协调。在拆撑过程中，先拆撑一方，及时回填支顶。四个地块采用角撑体系支顶，施工相互干扰小，土方开挖空间大。

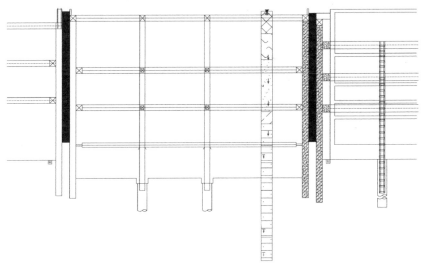

图 11.3-4 三基坑紧邻工况支护措施图

图 11.3-5 联合开挖工况图

11.4 广州国际金融城基坑群

11.4.1 工程简介

　　广州国际金融城（图 11.4-1）包括起步区和西核心区两部分。起步区北至黄埔大道，南至临江大道，东至车陂路，西至科韵路。西核心区北至花城大道，南至临江大道，东至员村四横路，西至员村大道。根据规划，金融城将开发全国最大的地下城，地下空间面积为 250 万 m^2，是广州珠江新城地下空间的 3.6 倍，深度也将是广州之最，共 5 层。

11.4.2 基坑设计方案及重难点

　　1）重难点

　　广州国际金融城基坑群为 PPP 项目，体量庞大，建设工作由建设管理单位统一筹划运行。受各地块规划影响，工程建设进度较慢，回填及出土受公共空间制约，沟通协调难度大。

图 11.4-1　广州国际金融城位置图

2）总体设计思路

基坑群在外围统一封闭截水。土方施工时，先整体开挖 15m，后续各地块独立施工，由此形成诸多坑中坑，即重叠型基坑群。在支护设计方面，内部采用放坡＋内撑，外围则采用桩撑或桩锚支护，因先期整体降土 15m，上层土性较差的地层被统一挖掉，基坑群的支护难度降低。

图 11.4-2　典型坑中坑照片图

11.4.3　支护设计平面图、剖面图

受先期整体降土施工的影响，基坑群支护形式为典型的坑中坑支护（图 11.4-2、图 11.4-3），内外坑多采用围护桩支护，且外围的桩体较长，内坑部分区域也采用放坡开挖。由于一期开挖面以下的地层较好，这种将 25m 深度分两次开挖的施工方式可有效地提高施工安全性。

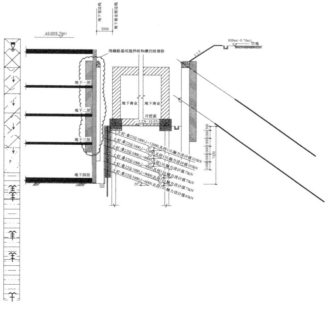

图 11.4-3　典型坑中坑支护剖面图

11.4.4　总结

基坑群采用不同的建设模式，其受力、变形规律有所差异，且基坑支护多为临时结构，投资太大易造成浪费，而支护体系不安全又势必会造成工程事故。恰当的基坑群建设开发模式需要建设管理单位从经济性、安全性及施工便利性等多角度对地块独立实施和合并实施模式进行比较。

（1）地块独立实施

在地块独立实施模式中，各地块的基坑面积相对较小，各子基坑采用单独支护施工，施工周期短，地块间相对独立，相互制约小，施工便利，可大大加快整体的施工进度，对节省工期和实现各地块的工期目标较为有利。同时，各地块可由不同的施工单位实施，形成相互竞争机制，也有利于加快工期。然而，地块独立施工时所需临时结构多，造价较高。

（2）地块合并实施

将几个相邻基坑合并成一个大基坑支护，地块间公共区的支护材料费用减少，可节约直接费，但地块合并实施导致基坑体量加倍，整体施工周期较长，基坑降水范围大，降水相互影响及对周边环境的影响均大于地块独立实施模式。此外，在合并实施模式中，各地块业主要求和使用功能等方面的个性化差异、建设管理单位和各地块业主的进度要求冲突等制约因素都会影响设计和施工进度，某一个地块进度出现拖延，将会牵制其他地块的开发进度，且合并实施的地块越多，相互影响越大。地块合并实施对整体工期和开发进度较为不利。

11.5　广州冼村基坑群（含融资区和复建区）

11.5.1　工程概况

冼村项目地铁合建基坑（图 11.5-1）位于广州市天河区冼村，北侧为黄埔大道，西侧为冼村路，紧临两条在建地铁。项目由三个地块组成，AT110310 北地块为地下 5 层，

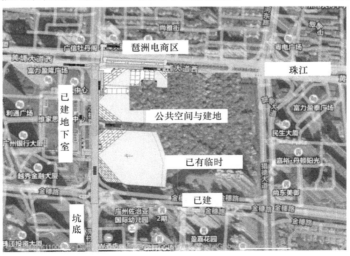

图 11.5-1　冼村基坑群区位图

坑深为 23.7m；AT110305 南地块为地下 4 层，坑深为 18.8m；AT110301 南地块为地下 5 层，坑深为 22.0m。

11.5.2 基坑设计方案及重难点

1）重难点

场地内待拆迁建筑繁多，受拆迁影响，大基坑被划分成数十个基坑，严重影响了施工进度。同时，规划地铁主体优先建设，且场地所处广州市黄金地段，对施工环境控制要求严苛。

2）总体设计思路

基坑群采用分坑动态设计，运用"化整为零"思路将地块进行细分，并分期开挖。考虑到地铁保护，按照区域进行支护设计，采用不同支护措施满足各区域的变形控制要求（图 11.5-2）。其中，AT110310 北地块西侧、AT110305 南地块西侧、AT110301 南地块西侧及北侧均采用与地铁共用地下连续墙结合内支撑的支护形式，部分远离地铁区段采用放坡开挖。受拆迁进度影响，结合所处位置，对建筑物进行 C 形孤岛保护，待拆迁完成后再与相邻基坑组合，继而接撑并统一开挖到底，以实现整合。

图 11.5-2 冼村基坑群支护措施图

11.5.3 支护设计平面图、剖面图

冼村基坑群紧邻在建地铁车站，规划地铁主体先期施工，冼村基坑群与车站基坑交界处采用共墙配合支撑的支护形式（图 11.5-3、图 11.5-4），内部区域采用桩锚或放坡处理，结合拆迁分区域架设支撑，相邻区域采用支顶传力。发明"一种混凝土支撑在腰梁处的接撑方案"（图 11.5-5）实现支顶传力。针对分期开挖、工期紧张且需要采用混凝土支撑的整体基坑，先施作有条件施工的一期基坑支护，后续基坑有开挖条件后进行施作。利用八字撑和主撑进行轮换受力，创造混凝土支撑在腰梁处植筋的条件，从而将正在服役期间的混凝土支撑加长，并将所受土压力传递到远端的不开挖土体中，达到平衡土压力的目的。

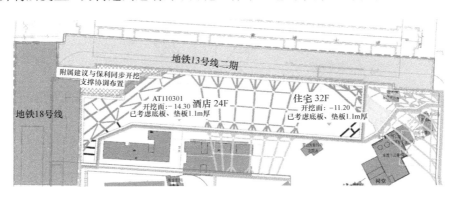

图 11.5-3 紧邻地铁车站基坑支护设计平面图

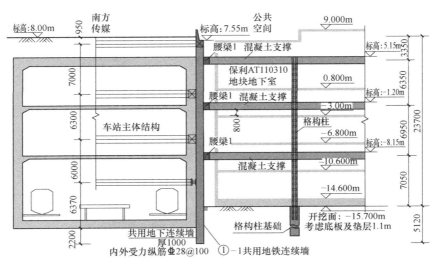

图 11.5-4 紧邻地铁车站基坑支护设计剖面图

此外，受各区域建筑物拆迁进度和子基坑施工进度的影响，部分区段无法采用常规的桩锚设计方案，同时考虑到建筑物与围护桩间仅存在有限土体，创新性地提出了"考虑有限土体土压力的支护设计"思路，选择合适的位置将桁架末端进行锚定，其方式可以为集束群锚或横梁，在本设计方案中（图 11.5-6），将桁架末端的锚固点锚入车道支护桩冠梁，以实现桩撑体系的协调受力。

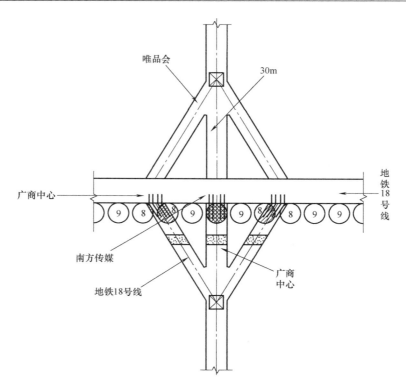

图 11.5-5　混凝土支撑在腰梁处的接撑图

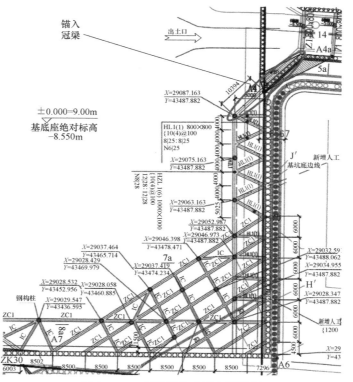

图 11.5-6　桁架撑体系锚入冠梁图

11.6 章节小结

本章通过对基坑群设计重难点及解决措施的深入研究，以广州地区三个超深超大基坑群工程为例，重点开展了基坑群工程设计的实践和探索研究。得出以下结论：

1）基坑群工程设计重难点大致可分为理论技术、工况管控两个方面。理论技术主要针对"群坑效应"，工况管控可分为时间控制、空间控制及协调管理。

2）卸荷后经典土压力理论的适用性与子基坑间的耦合关系密切相关，重叠型基坑群需重视考虑内坑影响的外坑被动土压力的计算。

3）基坑群分区时，对面积、形状等尽量保持对称与平衡。受拆迁影响大的复杂基坑群可采用分坑动态设计，先"化整为零"，再随后整合。

4）基坑群施工顺序宜先开挖环境保护宽松范围，后施工环境保护严格区域，先深后浅、分期分块、对称、同步协调开挖。

5）支护体系传力路径应清晰，支撑总体布局与局部落深布局协调统一。分隔墙尽可能将两侧支撑设置为同一标高。相邻基坑拆换撑过程宜均衡对称，且明确拆除或凿除时机、先后顺序。临时隔断宜分区、分段凿除，并及时将两侧板撑对接回顶。

6）地块独立实施模式，施工相对独立，相互制约小，施工便利，施工进度快，但所需临时结构多，造价较高。地块合并实施模式，支护结构材料费用减少，但整体工期和地块开发进度较慢。

限于基坑群工程的复杂性，相关问题仍有待更深层次的针对性研究，包括：有限土体土压力的计算方法；反压土台或坑内加固的计算方法；施工环境影响的精细化分区；地下水控制与开挖的耦合效应计算。结合现场监测数据，开展全方位的超深超大基坑群的安全风险评估研究，为后续基坑群设计理论的完善提供数据支撑。

附表 基坑工程专家评审常见意见汇总表

支护形式	常见意见
地下连续墙	1. 嵌固深度应双控或可被优化； 2. 应明确槽段分槽、接头位置及构造、防水； 3. 兼作主体承重结构时应进行验算； 4. 挡土侧配筋不够； 5. 外侧增设截水桩时，截水桩的施工质量应有保障； 6. 地下室楼板兼作支撑时，楼板质量应有保障； 7. 地下连续墙与腰梁连接偏弱； 8. 应补充施工阶段监测方案
桩撑支护	1. 应补充拆、换撑的工况计算； 2. 支撑、腰梁、冠梁的截面及配筋不合理； 3. 支撑布置不合理； 4. 支护结构与主体结构平面或标高有冲突； 5. 支护桩嵌固深度不合理或不明确； 6. 缺失连梁、立柱大样； 7. 应复核立柱稳定性； 8. 缺失支撑与冠梁、腰梁连接大样； 9. 缺失支撑体系及杆件的计算书； 10. 应补充桩间截水的措施； 11. 桩配筋不合理； 12. 完善基坑周边环境条件； 13. 基坑设计计算深度及支护桩嵌固深度应考虑坑中主楼基础承台、筏板及电梯井开挖的影响； 14. 建议增加剖面支护桩桩径； 15. 建议适当增大各支撑梁截面，提高支撑体系刚度。每幅对撑两侧支撑梁截面设计应考虑实际挡土宽度范围内的土压力； 16. 建议适当降低支撑面标高； 17. 立柱桩应避开桩基础及地下室剪力墙、柱网； 18. 砾砂层分布范围内应增设支护桩桩间旋喷塞缝截水，三轴搅拌桩截水帷幕嵌固深度应增加； 19. 出口处和坡道应考虑加固措施； 20. 完善基坑及周边建(构)筑物变形监测及补充水位回灌措施； 21. 应加深基坑截水帷幕深度及加强基坑截水结构； 22. 支护桩桩径加大至不小于1.2m； 23. 建议支护桩通长配筋； 24. 建议补充桩身应力监测； 25. 支护桩嵌固深度应考虑花岗岩风化土遇水软化的不利影响； 26. 补充电梯井坑中坑支护设计，出土坡道两侧边坡应被加固； 27. 应细化土方开挖及坑底施工要求，明确基坑周边荷载控制要求； 28. 细化锚索施工工况； 29. 板撑处的结构应做优化； 30. 与建筑物相邻处应设置搅拌桩，减少地下连续墙成槽时对相邻建筑物的影响； 31. 地下连续墙导墙可考虑提高标高； 32. 角撑之间增加一些连杆构件，增加支撑的平面稳定性； 33. 应验算地下连续墙的裂缝宽度； 34. 补充降排水措施； 35. 应注意坑中坑的截水措施
桩锚支护	1. 应查明周边环境，调整锚杆/锚索布置平面、倾角； 2. 预应力、抗拔力设计值不合理；

支护形式	常见意见
桩锚支护	3. 应避免涌水、涌砂和坍孔； 4. 锚杆/锚索长度不合理或未被双控； 5. 应增设锚杆/锚索以加强支护； 6. 位移控制值不合理； 7. 锚头、腰梁与主体结构发生冲突； 8. 缺失轴力监测； 9. 完善工程概况，工程与水文地质情况，岩土参数表； 10. 工程桩不宜用作支护桩； 11. 复核锚索的锁定值、桩的箍筋配筋、素填土水土分算； 12. 建议增加地质纵断面图，平面图应被细化，增加钢板桩打入与拔除的施工工艺； 13. 应根据实际主撑间距复核其受力安全，包括稳定计算，必要时进行加强； 14. 地下连续墙建议全部采用1.0m厚； 15. 复核腰梁受力，如腰梁西北角处必要时增加一道支撑； 16. 将复杂非对称的八字撑改板，改进受力。东北角支撑锐角较大，应适当加强； 17. 合理设置出土口位置，注意土方开挖的平衡； 18. 地质情况建议增加超前钻，以查明岩层分布和裂隙水情况。地质技术参数取值偏大，应复核
喷锚、土钉墙支护	1. 应加强支护以利变形控制； 2. 应避免群锚效应及平面布置出现过多阳角； 3. 应加长锚杆； 4. 搅拌桩内应加插钢管； 5. 应补充避免涌水、涌砂的措施； 6. 宜调整锚杆筋体材料； 7. 根据主体结构的基础形式，复核基础开挖深度； 8. 截水帷幕的三轴搅拌桩施工建议套打或加大穿过砂层的深度； 9. 复核挡土桩的嵌固深度； 10. 宜通过现场试验确定锚索的设计参数； 11. 细化降水排水方案
中心岛法	1. 未考虑周边环境限制，锚索平面布置、倾角设定不合理或忽视群锚效应； 2. 预应力值、抗拔力值不合理或与锚索规格不匹配； 3. 锚索长度不合理或未采取长度双控措施； 4. 未考虑防止坍孔、涌水、涌砂的具体措施； 5. 锚索提供的支锚刚度不足； 6. 缺失基本试验或锚索施工工艺要求； 7. 基坑侧壁位移控制值设定不合理； 8. 缺失锚索轴向力监测； 9. 未考虑软土层内锚索施工的具体措施； 10. 锚头、腰梁位置与主体结构构件位置冲突
紧邻基坑、双排桩	1. 局部双排桩区段前后排桩之间的跨度较大，应按受拉构件复核桩的受力； 2. 邻近地铁隧道区段可在双排桩顶外侧设置偏心压重，控制该侧基坑变形； 3. 应补充双排桩冠梁与盖板连接大样； 4. 基坑北侧双排桩支护区段可采用盖板或与支护桩连接处增加角板（牛腿结构）等措施以增加支护结构刚度，控制基坑变形； 5. 应复核双排桩门式刚架梁的计算及其节点构造设计；双排桩门式钢架梁截面高度偏小，钢架梁配筋与计算配筋不符，应复核调整；双排桩区段位移计算值偏大，应复核； 6. 北侧双排桩冠梁或盖板宜留空洞，形成栅格状； 7. 支护桩间距偏大，应采取有效措施防止桩间土体被挤出； 8. 双排桩顶宜采用厚板连接，双排桩支护区段计算位移偏大，应减小后排桩间距，加大后排桩嵌固深度和前后排排距，同时应加强桩顶连系梁设计； 9. 支护桩间距偏大，应减小；支护桩内侧桩间应挂网喷射混凝土； 10. 基坑西侧双排桩支护区段桩顶连系梁宜改为盖板，以便施工，应考虑双排桩变形对基坑底工程桩的影响； 11. 双排桩门式刚架跨度偏小且计算参数取值欠合理，应复核

支护形式	常见意见
岩溶地区	1. 支护桩、工程桩遇溶洞可能坍孔,应补充该工况下的应急预案; 2. 场地砂层深厚,土洞、溶洞多,可能存在砂层与岩层中土洞、溶洞直接连通的情况,因此截水帷幕施工宜穿透全部砂层,并于截水帷幕闭合后对截水效果进行检验; 3. 应明确土洞、溶洞预处理的标准要求,并明确处理后的检测效果; 4. 场地砂层深厚且多与微风化灰岩相连,岩面起伏大,土洞、溶洞多,必须在施工前进一步查明土洞、溶洞分布状况,并细化预处理方案; 5. 地下连续墙需穿过深厚砂层和薄顶溶洞,墙深40m,并要承担重要的截水作用,因此对槽段接头位置考虑加强截水设计; 6. 有两层溶洞的区段,应明确地下连续墙是否被穿越; 7. 钻孔多未沿基坑边布置,因此各支护段所反映的岩溶条件与实际情况可能存在较大差异,需在施工支护桩前进一步查明土洞、溶洞的发育情况,及时修改各桩孔的终桩深度及层位; 8. 明确成桩前及基坑开挖前应对已发现的土洞、溶洞进行注浆充填,控制成桩及基坑开挖前产生坍塌及涌水的风险,并补充土洞、溶洞注浆充填的方法及工艺要求; 9. 场区地质条件复杂,部分支护段富水砂层下接灰岩,搅拌桩较难进入灰岩形成有效的截水帷幕,基坑开挖仍存在涌水风险,应加强砂层及灰岩面交界位置的截水措施; 10. 在桩撑支护区段,对已发现有浅层溶洞的区段宜采用先注浆充填,后施工钻孔桩的工序,确保钻孔桩施工安全; 11. 部分支护区段桩端处于土洞上部,不合理,应复核桩的嵌固深度及嵌固层位; 12. 对工程勘察中已发现的土洞应先行注浆充填,避免支护桩施工时土洞坍塌;对后期施工中所发现的土洞应及时注浆充填;应明确注浆充填的工艺要求; 13. 场区浅层溶(土)洞发育,支护结构施工前加强对浅层溶(土)洞的探查与注浆封堵工作,对基坑内已发现的浅层溶(土)洞应注浆封堵,避免出现岩溶突涌; 14. 应补充岩溶突水的应急处理预案
软土基坑	1. 场地内基坑面积较大,可能会先在坑内放坡。应根据土方开挖方案,补充坑内放坡安全坡度的设计,并注意软土区土方开挖对已施工工程桩的影响; 2. 坑内加固搅拌桩在地面施工时,加固段大于15m,要采取有效措施确保搅拌桩的质量,并进行检测,同时要注意加固区搅拌桩与挡土桩要接触传力; 3. 注意复核实际基坑开挖深度,包括承台位置、软土区可能换填厚度的影响,完善局部承台挖深的支护方案; 4. 长度采取双控,要考虑入硬土锚固长度; 5. 阳角会影响施工,应采取处理措施; 6. 锚头锚固的可靠性要考虑支护时间长、坑内工程桩施工的影响,并采取一定的应对措施; 7. 下部锚索轴力设计值和预应力锁定值可被适当提高,改善桩身弯矩,提高支护的安全性; 8. 顶部冠梁可再适当放低,进行优化。场地有条件的地方可考虑放坡,以减少支护的工程量; 9. 基坑场区较大,开挖过程复杂,应完善施工过程的排水系统设计; 10. 应布置足够的锚索力的监测,以监测支护使用期间锚索力的变化,确保锚索受力的安全可靠; 11. 对工程桩中的预应力管桩可考虑采用锤击方法施工,减少对地基承载力的要求
边坡、基坑结合	1. 应完善坡顶、坡脚及中间平台的排水系统; 2. 应进一步完善总体区域地质构造和微观节理的分析,查明地层分布、断裂及潜在滑坡体,预测可能发生的地质灾害; 3. 应根据工程建设形成边坡的位置、高度、岩体结构、规模和特征等进行边坡稳定的定性和定量评估,并分区段进行场地边坡稳定性计算分析; 4. 永久性边坡锚杆所用钢筋的直径不应小于28mm; 5. 应充分考虑场地花岗岩残积土遇水易软化且沿坡体向开挖面顺层倾斜的特点; 6. 应进一步查明地层分布及潜在滑坡体; 7. 应增设检修道,并增加对边坡长期监测内容和监测点布置,对永久边坡的锚杆(索)应采取严格的防腐、防锈措施,并做好锚头防腐蚀和封闭设计与施工; 8. 应复核排水沟的排水量。场地的排水系统应按防山洪暴发标准进行设计。场地的排水系统应优先实施,以利于基坑安全; 9. 应复核邻近采石场采空区的范围,并复核锚杆(索)锚固段长度能否满足设计承载力要求;

续表

支护形式	常见意见
边坡、基坑结合	10. 建议调整总体布局,减少山体被破坏程度,减小高边坡面积,节约长期维护费用; 11. 应根据各侧支护结构面的组合特征相应调整锚杆和土钉的长度和倾角。对于向坑内倾斜的岩层和边坡坡体超载等结构面组合不利的支护区段,应增设预应力锚索,永久边坡坡脚挡土墙应设泄水孔; 12. 对局部区段建筑物与坡面之间的回填、美观等按永久边坡的要求进行设计。部分放坡区段放坡高度较大,应进行分级放坡; 13. 应明确永久性边坡的排水系统设计,并采用可靠措施防止桩间水土流失,应对永久性边坡的监测提出具体要求,定期分析边坡的稳定性,并做好监测资料的归档工作; 14. 对坡顶水沟进行经常性疏浚检查,确保不漏水、不溢水; 15. 永久性锚索伸出用地红线以外,对相邻地块的后续开发造成不利影响。相邻山体削坡及永久支护结构的施工应先于基坑支护工程完成; 16. 应采取有效措施避免雨水侵蚀遇水软化崩解的全风化岩层。场地细砂岩内存在少量炭质页岩夹层,在实际施工时应根据岩层节理面分布、夹层分布等现场地质条件及周边环境进行局部支护结构调整并确保安全; 17. 应补充临时边坡排洪设计并完善基坑排水设计。临时边坡应按规范要求设置马道;场地花岗岩残积土遇水易软化崩解,应采取坑底、坑顶土体表面硬化措施; 18. 应明确永久边坡支护区段与基坑支护区段的分界。应加强永久边坡支护区段的设计,永久边坡支护区段支护桩、冠梁、腰梁应加强,锚杆宜采用粗钢筋; 19. 应补充永久边坡支护区段的排水、监测、绿化设计。应明确基坑支护及其上接永久性边坡支护的施工顺序; 20. 应补充土地平整方案、坑顶及坑底排水设计、坡体孤石处理方案
基坑群	1. 应进一步复核本基坑及周边基坑在开挖时间及施工进程不同的情况下各工况支护结构的变形,相互协调施工进度,确保在最不利工况下两基坑支护结构安全; 2. 应根据本基坑及周边基坑开挖过程中的变形监测数据,合理调整本基坑开挖进度,严格控制基坑变形,必要时采取加强支护措施
排水减压系统	1. 应在充分考虑排水减压系统永久可靠性及其周边环境影响的情况下,采用排水减压方案; 2. 排水减压方案应结合可靠的截水措施; 3. 底板底疏水层及排水盲沟应保证其永久可靠; 4. 底板混凝土浇筑时应采取可靠措施防止混凝土浆阻塞疏水层; 5. 采用排水减压方案时,应保证本工程东南侧场地标高始终低于本工程排水系统标高; 6. 应布设底板相关监测系统,监控抗浮系统的有效性

参 考 文 献

[1] 中国土木工程学会土力学及岩土工程分会. 深基坑支护技术指南 [M]. 北京：中国建筑工业出版社，2012.

[2] 彭圣浩. 建筑工程质量通病防治手册（第四版）[M]. 北京：中国建筑工业出版社，2014.

[3] 王自力. 深基坑工程事故分析与防治 [M]. 北京：中国建筑工业出版社，2016.

[4] 《地基处理手册》（第二版）编写委员会. 地基处理手册（第二版）[M]. 北京：中国建筑工业出版社，2000.

[5] 王自力，周同和. 建筑深基坑工程施工安全技术规范理解与应用 [J]. 岩土力学，2015（7）：1958-1958.

[6] 陈伟，吴裕锦，彭振斌. 广州某基坑抢险监测及坍塌事故技术原因分析 [J]. 地下空间与工程学报，2006，2（6）：1034-1039.

[7] 徐宁. 广州市岩土工程地质条件分区及基坑支护方案选型 [D]. 华南理工大学，2009.

[8] 郭建辉，靳方景. 广州某基坑支护工程及事故处理 [J]. 岩土工程学报，2010（S1）：349-352.

[9] 杜宏森. 案例分析基坑底部隆起的原因及措施 [J]. 建筑工程技术与设计，2016（21）：1041-1041.

[10] 文东平，王岭. 广州地区基坑支护形式简述 [J]. 山西建筑，2007，07（19）：113-114.

[11] 吴庆令. 南京地区基坑开挖的变形预警研究 [D]. 南京航空航天大学，2006.

[12] 杨传宽. 深基坑变形监控与信息化施工研究 [D]. 河南理工大学，2010.

[13] 冯苏箭. 广州地铁某区间明挖段基坑信息化监测及变形预测 [D]. 广州大学，2016.

[14] 刘国辉. 深基坑动态设计及信息化施工技术研究 [D]. 中南大学，2005.

[15] 袁程. 深基坑工程过程控制和预警研究 [D]. 东南大学，2004.

[16] 侯学渊，陈永福. 深基坑开挖引起周围地基土沉陷的计算 [J]. 岩土工程师，1989，11（1）：76-80.

[17] 李亚. 基坑周围土体位移场的分析与动态控制 [D]. 同济大学，1999.

[18] 钱建固，王伟奇. 刚性挡墙变位诱发墙后地表沉降的理论解析 [J]. 岩石力学与工程学报，2013，31（S1）：2698-2703.

[19] 钱建固，周聪睿，顾剑波. 基坑开挖诱发周围土体水平移动的解析解 [J]. 岩土力学，2016，37（12）：3380-3386.

[20] 吴振君，王浩，王水林，等. 分布式基坑监测信息管理与预警系统的研制 [J]. 岩土力学，2008，29（9）：2503-2508.

[21] 宋建学，郑仪，王原嵩. 基坑变形监测及预警技术 [J]. 岩土工程学报，2006，（S1）：1889-1891.

[22] 江晓峰，刘国彬，张伟立，等. 基于实测数据的上海地区超深基坑变形特性研究 [J]. 岩土工程学报，2010，32（S2）：570-573.

[23] 周乐木，孙开武，殷源，李瑶，谭玉林，吴小翠，李杰. 大锚锭超深基坑降水施工关键技术及监测分析 [J]. 土木工程与管理学报，2020，37（02）：111-114.

[24] Wong K S, Broms B B. Lateral wall deflections of braced excavations in clay [J]. J. Geotech. Eng. Div.，ASCE，1989，115（6）：853-870.

[25] Ou C Y, Lai C H. Finite-element analysis of deep excavation in layered sandy and clayey [J]. Canadian Geotechnical Journal, 1994, 31 (2): 204-214.

[26] 俞建霖, 龚晓南. 基坑工程变形性状研究 [J]. 土木工程学报, 2002, 35 (4): 86-90.

[27] 李四维, 高华东, 杨铁灯. 深基坑开挖现场监测与数值模拟分析 [J]. 岩土工程学报, 2011, 33 (S1): 291-298.

[28] 程雪松, 郑刚, 邓楚涵, 等. 基坑悬臂排桩支护局部失效引发连续破坏机理研究 [J]. 岩土工程学报, 2015, 37 (7): 1249-1263.

[29] 张伏光, 蒋明镜. 基坑土体卸荷平面应变试验离散元数值分析 [J]. 岩土力学, 2018, 39 (1): 1-10.

[30] Peck R B. Advantages and limitations of the observational method in applied soil mechanics [J]. Géotechnique, 1969, 19 (2): 171-187.

[31] Long M. Database for retaining wall and ground movements due to deep excavations [J]. Journal of Geotechnical and Geoenvironmental Engineering, ASCE, 2001, 127 (3): 203-224.

[32] Wang J H, Xu Z H, Wang W D. Wall and ground movements due to deep excavations in shanghai soft soils [J]. Journal of Geotechnical and Geoenvironmental Engineering, 2010, 136 (7): 985-994.

[33] Tan Y, Wei B. Observed behaviors of a long and deep excavation construction by cut-and-cover technique in Shanghai soft clay [J]. Journal of Geotechnical and Geoenvironmental Engineering, 2012, 138 (1): 69-88.

[34] Tan Y, Wei B, Zhou X, et al. Lessons learned from construction of Shanghai metro stations: importance of quick excavation, promptly propping, timely casting and segmented construction [J]. Journal of Performance of Constructed Facilities, 2015, 29 (4): 04014096.

[35] Lee F H, Yong K Y, Quan K C N, et al. Effect of corners in strutted excavations: field monitoring and case histories [J]. Journal of Geotechnical and Geoenvironmental Engineering, 1998, 124 (4): 338-349.

[36] 郑刚, 邓旭, 刘畅, 等. 不同围护结构变形模式对坑外深层土体位移场影响的对比分析 [J]. 岩土工程学报, 2014, 36 (2): 273-285.

[37] 郑刚, 王琦, 邓旭, 等. 不同围护结构变形模式对坑外既有隧道变形影响的对比分析 [J]. 岩土工程学报, 2015, 37 (7): 1181-1194.

[38] 郑刚, 杜一鸣, 刁钰, 等. 基坑开挖引起邻近既有隧道变形的影响区研究 [J]. 岩土工程学报, 2016, 38 (4): 599-612.

[39] 刘国彬, 侯学渊. 软土的卸荷模量 [J]. 岩土工程学报, 1996, 18 (6): 18-23.

[40] 吉茂杰, 刘国彬. 开挖卸荷引起地铁隧道位移预测方法 [J]. 同济大学学报 (自然科学版), 2001, 29 (5): 531-535.

[41] Attwell P B Soil movement induced by tunneling and their effects or pipelines and structures [C]. Black Chapman and Hall, 1986: 20-46.

[42] NG C W W, SHI J W, HONG Y. Three-dimensional centrifuge modelling of basement excavation effects on an existing tunnel in dry sand [J]. Canadian Geotechnical Journal, 2013, 50 (8): 874-888.

[43] 陈仁朋, AL-MADHAGI ASHRAF, 孟凡衍. 基坑开挖对旁侧隧道影响及隔断墙作用离心模型试验研究 [J]. 岩土工程学报, 2018, 40 (S2): 6-11.

[44] 陈仁朋, 刘书伦, 孟凡衍, 叶俊能, 朱斌. 软黏土地层基坑开挖对旁侧隧道影响离心模型试验研究 [J]. 岩土工程学报, 2020, 42 (6): 1132-1138.

[45] 刘念武，龚晓南，楼春晖. 软土地区基坑开挖对周边设施的变形特性影响 [J]. 浙江大学学报（工学版），2014，48（7），1141-1147.

[46] 丁智，张霄，金杰克，王立忠. 基坑全过程开挖及邻近地铁隧道变形实测分析 [J]. 岩土力学，2019，40（S1）：415-423.

[47] 李云安. 深基坑工程变形控制优化设计及其有限元数值模拟系统研究 [J]. 岩石力学与工程学报，2001，20（3）：421.

[48] 刘维宁，张弥，华成. 开挖作用对基坑周围地层工程性质的影响 [J]. 岩石力学与工程学报，2002，21（1）：60-64.

[49] 徐杨青. 深基坑工程设计的优化原理与途径 [J]. 岩石力学与工程学报，2001，20（02）：248-251.

[50] 秦四清. 深基坑工程优化设计 [M]. 北京：地震出版社，1998.

[51] 刘炀镔，夏才初，徐晨，陈孝湘. 窄基坑围护墙插入深度优化解析及离心试验研究 [J]. 岩石力学与工程学报，2020，39（3）：593-607.

[52] 刘展羽. 考虑开挖过程的软土基坑变形监测分析与基坑施工优化研究 [D]. 同济大学，2017.

[53] 杨校辉，朱彦鹏，郭楠，黄雪峰. 西北地区某大型深基坑群优化设计与施工分析 [J]. 岩土工程学报，2014，36（S2）：165-173.

[54] 刘建航. 基坑工程手册 [M]. 北京：中国建筑工业出版社，2009.

[55] 龚晓南，高有潮. 深基坑工程设计施工手册 [M]. 北京：中国建筑工业出版社，1998.

[56] 张有桔，丁文其，王军，等. 基于模糊数学方法的基坑工程评审方法研究 [J]. 地下空间与工程学报，2009，5（S2）：1681-1685.

[57] 郑建业. 广州市基坑支护设计方案评审管理简介 [J]. 市政技术，2011，29（5）：137-140.

[58] 郑建业. 广州市基坑支护设计方案评审报告结论研讨 [J]. 市政技术，2012，30（3）：160-161.

[59] 华燕. 上海软土地区深基坑工程的环境影响因素分析 [J]. 中国市政工程，2011（4）：68-70.

[60] 何锡兴，周红波，姚浩. 上海某深基坑工程风险识别与模糊评估 [J]. 岩土工程学报，2006，28（S1）：1912-1915.

[61] 郑建业. 广州市基坑支护设计评审中锚索系统常见问题及评审管理研讨 [J]. 市政技术，2015，33（4）：120-122.

[62] 广州市建设科学技术委员会办公室. 广州市建筑工程基坑支护设计技术评审要点. 2012.

[63] 李栋. 如何加强深基坑工程安全监督管理 [J]. 山西建筑，2016，42（32）.

[64] 顾宝和. 岩土工程典型案例述评 [M]. 北京：中国建筑工业出版社，2015：51-181.

[65] 黄俊光，林祖锴，李伟科，等. 岩溶地区桩锚基坑支护动态设计 [J]. 建筑结构，2017（9）：94-97.

[66] 崔庆龙，沈水龙，吴怀娜，等. 广州岩溶地区深基坑开挖对周围环境影响的研究 [J]. 岩土力学，2015（S1）：553-557.

[67] 曹云云. 岩溶地区基坑涌水量数值模拟分析 [D]. 贵州大学，2016.

[68] 许岩剑. 坑底软土对基坑整体稳定性及变形的影响 [D]. 南华大学，2011.

[69] 龙喜安. 深厚软土地基条件下基坑围护结构设计优化方案 [J]. 路基工程，2015（2）：137-141.

[70] 彭华，吴志才. 关于红层特点及分布规律的初步探讨 [J]. 中山大学学报（自然科学版），2003，42（5）：109-113.

[71] 胡建华，李静. 广州"红层"地区地铁工程勘察应注意的问题 [J]. 西部探矿工程，2006（8）：13-14.

[72] 程强，寇小兵，黄绍槟，等. 中国红层的分布及地质环境特征 [J]. 工程地质学报，2004，12（1）：34-40.

［73］ 孙成伟. 花岗岩残积土工程特性及地铁深基坑设计技术研究［D］. 中国地质大学，2014.

［74］ 住房和城乡建设部. 建筑基坑支护技术规程 JGJ 120—2012［S］. 北京：中国建筑工业出版社，2012.

［75］ 广东省住房和城乡建设厅. 建筑基坑工程技术规程 DBJ/T 15—20—2016［S］. 北京：中国城市出版社，2017.

［76］ 广州地区建筑基坑支护技术规定 GJB 02-98［S］. 广州市建设委员会，广州市建筑科学研究院，1998.

［77］ 广州市建筑工程基坑支护设计技术评审要点. 广州市建设科学技术委员会办公室. 2012.12.

［78］ 住房和城乡建设部. 危险性较大的分部分项工程安全管理规定. 中华人民共和国住房和城乡建设部令第 37 号，2018.

［79］ 住房和城乡建设部. 住房和城乡建设部办公厅关于实施《危险性较大的分部分项工程安全管理规定》有关问题的通知. 建办质〔2018〕31 号，2018.

［80］ 广州市城乡建设委员会. 广州市城乡建设委员会关于废止基坑支护工程设计审查有关规定的通知. 穗建技〔2015〕129 号，2015.

［81］ 深圳市住房和建设局. 深圳市深基坑管理规定. 深建规〔2018〕1 号，2018.

［82］ 田美存. 基坑支护设计常见问题及分析［J］. 广东土木与建筑，2013（11）：24-27.

［83］ 上官士青，秦骞. 浅谈深基坑支护工程事故及预防［J］. 安徽建筑，2009，16（4）：95-96.